ZHINENG BIANDIANZHAN
YUANLI YU YINGYONG

黄新波　主　编

郭昆丽　张永宜　邵文权　副主编

智能变电站
原理与应用

中国电力出版社
CHINA ELECTRIC POWER PRESS

内 容 提 要

本书是推行和实施智能变电站建设的应用型参考书,书中全面分析了智能变电站关键技术的原理、实现和应用,并给出相应的具体设计与分析。全书共分 9 章,包括智能变电站概述、智能变电站基础、智能变电站数据通信网络、智能高压设备、智能辅助系统、智能控制装置、智能变电站信息一体化平台、智能变电站调试与运行维护、智能变电站设计实例。

本书可作为高等学校电气工程、智能电网信息工程、检测技术与仪器、自动化等专业本科生和研究生的专业基础课教材,还可作为从事智能变电站研究、设计、制造、使用和运行检修专业人员的参考书。

图书在版编目（CIP）数据

智能变电站原理与应用 / 黄新波主编. —北京：中国电力出版社，2013.5（2019.8 重印）
ISBN 978-7-5123-3679-7

Ⅰ. ①智… Ⅱ. ①黄… Ⅲ. ①变电所－智能技术－研究 Ⅳ. ①TM63

中国版本图书馆 CIP 数据核字（2012）第 260045 号

中国电力出版社出版、发行
（北京市东城区北京站西街 19 号 100005 http://www.cepp.sgcc.com.cn）
北京雁林吉兆印刷有限公司印刷
各地新华书店经售

*

2013 年 5 月第一版 2019 年 8 月北京第三次印刷
787 毫米×1092 毫米 16 开本 12.875 印张 297 千字 3 插页
印数 5001—6000 册 定价 **42.00** 元

编　委　会

前 言

随着我国智能电网建设的试点和规划，有关智能变电站的技术导则和规范陆续出台，促进了国内智能变电站技术的发展和应用。2010 年国内初步建成 110～750kV 智能变电站 18 座；"十二五"期间，国家规划将完成 5000～6000 个智能变电站的建设或改造。智能变电站技术涉及一次设备、继电保护、在线监测、IEC 61850 协议以及安全防护等多领域知识。

作者在国内较早开展了智能变电站相关技术的研究，研发了变压器局部放电、MOA阻性电流、断路器机械特性、高压开关柜运行状态等系列在线监测技术以及电流速断保护、差动保护等部分继电保护装置，上述技术均在电力系统中成功应用，并获得了陕西省科学技术奖二等奖 1 项和陕西省高等学校科学技术奖一等奖 2 项。

2011 年，作者参与完成了原华北电网有限公司第一个变电站智能化改造工程——虹桥 220kV 变电站智能化改造工程，在总结国内已建成的智能变电站的基础上，充分学习国内其他研究人员和用户单位的科研成果、运行经验，希望可以通过本书反映当前智能变电站技术的实际应用和最新成果。

全书共分 9 章：第 1 章介绍了智能变电站发展、体系结构、状态检修和未来技术发展等内容；第 2 章介绍了变电站综合自动化技术及 IED、站内时钟同步等变电站智能化技术；第 3 章介绍了智能变电站数据通信基础、数据网络配置、IEC 61850 标准与实现等内容；第 4 章介绍了智能变压器、开关设备、容性设备等智能设备的组成和功能；第 5 章介绍了智能变电站防火防盗、视频监测、PDA 巡检及巡检机器人等辅助系统；第 6 章介绍了电压无功控制、备用电源自动投入和冷却控制等智能控制装置；第 7 章介绍了智能变电站信息一体化平台的结构设计、功能分析和信息安全等方面内容；第 8 章介绍了智能变电站关键技术的调试与运行维护等；第 9 章给出了 110、220kV 和 750kV 智能变电站的具体设计和运行分析。

本书是推行和实施智能变电站建设的应用型参考书，书中全面分析了智能变电站关键技术的原理、实现和应用，并给出相应的具体设计与分析，能够使读者初步了解和掌握智能变电站相关技术，从而更好地为智能电网建设服务。

本书由黄新波教授主编，参与撰写单位有西安工程大学、西安金源电气股份有限公司等，具体参加本书各章节编写的有郭昆丽副教授、张永宜讲师、邵文权博士，以及耿庆庆、贺霞、朱永灿、李小博、王霄宽、郭见雷、王勇、王宏、李文静、张晓霞、舒佳、王卓、吉树亮、程文飞、王列华、王娅娜、陈小雄、唐书霞、周柯宏、张烨、王红亮、王春来、付沿安等硕士研究生和研发人员。

感谢所有本书引用文献的作者，感谢为本书撰写提供技术资料的个人和单位。特别感谢中国电力企业联合会，其定期召开的输变电设备状态监测研讨会为该书提供了大量素材。感谢北京国网高科咨询中心（www.aocep.org），其定期举办的智能变电二次设备、继电保护测试以及 IEC 61850 等技术培训会给国内智能变电站建设提供了大量的技术支持。

本书的出版得到陕西省科学技术研究发展计划项目（2011KJXX09）、西安市科技计划项目—产学研工程（CXY1104）、2010 年陕西省教育厅产业化中试项目（2010JC08）等课题的资助以及西安金源电气股份有限公司的大力支持，在此一并表示衷心感谢。

智能变电站是一个迅速发展的多学科交叉的技术领域，受作者学识水平所限，书中疏漏欠妥之处在所难免，恳请读者批评指正。联系方式：hxb1998@163.com。

编 者

二〇一二年八月于西安

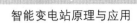

智能变电站原理与应用

目 录

前言

第1章 智能变电站概述 1
1.1 变电站的发展 1
1.2 智能变电站体系及功能 3
1.3 智能变电站状态检修 7
1.4 智能变电站评价 8
1.5 未来智能变电站 9

第2章 智能变电站基础 10
2.1 变电站综合自动化技术 10
2.2 变电站智能化技术 21

第3章 智能变电站数据通信网络 46
3.1 数据通信基础 46
3.2 IEC 61850 标准 50
3.3 智能变电站整体网络配置 66
3.4 IEC 61850 协议实现 73

第4章 智能高压设备 80
4.1 智能变压器 80
4.2 智能开关设备 85
4.3 智能容性设备 93
4.4 智能 MOA 94
4.5 未来智能设备 95

第5章 智能辅助系统 99
5.1 智能变电站防火防盗 99
5.2 智能变电站视频监测 102
5.3 智能 PDA 巡检 106

5.4 智能巡检机器人 ……………………………………………… 109

5.5 红外在线监测技术 ……………………………………………… 112

5.6 变电站智能照明系统 …………………………………………… 114

5.7 交直流一体化电源系统 ………………………………………… 117

第6章 智能控制装置 …………………………………………………… 121

6.1 电压无功控制装置 ……………………………………………… 121

6.2 备用电源自动投入装置 ………………………………………… 125

6.3 冷却控制装置 …………………………………………………… 128

第7章 智能变电站信息一体化平台 ………………………………… 133

7.1 信息一体化平台背景 …………………………………………… 133

7.2 信息一体化平台架构设计 ……………………………………… 133

7.3 信息一体化平台功能分析 ……………………………………… 142

7.4 信息安全分析 …………………………………………………… 149

7.5 未来平台建设 …………………………………………………… 151

第8章 智能变电站调试与运行维护 ………………………………… 155

8.1 调试内容 ………………………………………………………… 155

8.2 运行维护分析 …………………………………………………… 164

第9章 智能变电站设计实例 ………………………………………… 170

9.1 110kV 智能变电站设计实例 …………………………………… 170

9.2 虹桥 220kV 智能变电站工程改造实例 ……………………… 178

9.3 洛川 750kV 智能变电站工程实例 …………………………… 187

附录 A 国内智能变电站技术规范与标准 …………………………… 191

附录 B IEC 61850 标准 ………………………………………………… 193

参考文献 ………………………………………………………………… 194

第1章 智能变电站概述

↘ 1.1 变电站的发展

变电站是电力系统中不可缺少的重要环节，它担负着电能转换和电能重新分配的繁重任务，对电网的安全和经济运行起着举足轻重的作用。1891 年，俄国建成三相交流线路及升压与降压变压器，真正的电网由此诞生。至今，变电站经过了 100 多年的发展，总的来说，可以分为四个阶段。

1. 传统变电站

20 世纪 80 年代以前，变电站保护设备以晶体管和集成电路为主，二次设备均按照传统方式布置，各部分独立运行。传统变电站安全可靠性差，自动化程度低。传统变电站大多数采用常规的设备，其继电保护和自动化装置采用电磁型或晶体管型设备，结构复杂、可靠性不高，且无故障自诊断能力。同时传统变电站供电质量无法保证和考核，大都不具备调压手段。

2. 综合自动化变电站

20 世纪 90 年代，随着计算机、网络、通信技术的发展，变电站综合自动化技术出现并得到应用。变电站综合自动化通常采用二次电缆直接连接一次设备与保护、录波、测控、计量等二次设备，把传统意义上的保护、控制、测量、录波及通信设备集成一体。综合自动化系统中有电压、无功自动控制功能，提高了供电质量及电压合格率，保证了变电设备的稳定运行。综合自动化变电站系统结构如图 1-1 所示。

3. 数字化变电站

数字化变电站通常采用"三层两网"结构，实现了变电站内一次设备和二次设备的数字通信，建立了全站统一的数据模型和通信平台。一级网络连接一次设备（或智能单元、合并单元）与间隔层设备（保护、录波、测控、计量等装置），另外一级网络连接间隔层设备与站控层设备。间隔层设备采用 DL/T 860《变电站通信网络和系统》（简称 DL/T 860）标准协议（不经协议转换）与站控层进行数据通信。站控层远动主机、电量采集、五防等系统分别通过专用通道与各自管理部门相连。其主要特点是：一次设备数字化，二次设备网络化和数据平台标准化。一次设备数字化主要体现为电子式互感器和智能开关；二次设备网络化体现为二次设备对上和对下通信均通过网络；数据平台标准化体现为 DL/T 860 协议。数字化变电站系统结构如图 1-2 所示。

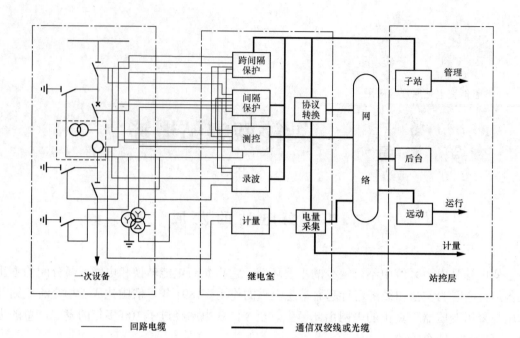

图 1-1　综合自动化变电站系统结构

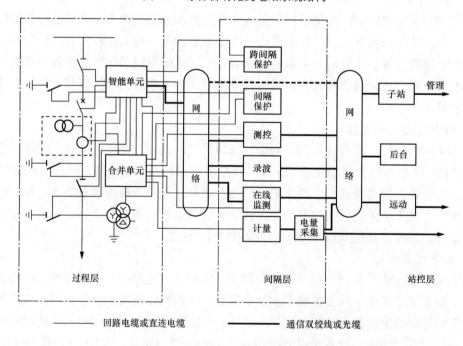

图 1-2　数字化变电站系统结构

4. 智能变电站

智能变电站采用先进、可靠、集成、低碳、环保的智能设备，以全站信息数字化、通信平台网络化、信息共享标准化为基本要求，自动完成信息采集、测量、控制、保护、计量和监测等基本功能，具有电网实时自动控制、智能调节、在线分析决策、协同互动等高级功能，实现与相邻变电站、电网调度互动，系统结构如图 1-3 所示。智能变电站与数字化变电站有着密不可分的联系，但智能变电站的智能单元增加了一次设备状态监测功能，站控层采用了统一服务接口与电力数据网相连。

随着我国智能电网建设的试点和规划，智能变电站技术发展迅速。2010 年已初步建成 110～750kV 智能变电站 18 座，其中洛川 750kV 变电站和兰溪 500kV 变电站分别是国家电网公司首批智能变电站试点工程的新建站和改造站。2011 年完成了华北电网第一个变电站智能化改造工程——虹桥 220kV 变电站。"十二五"期间，国家规划将完成 5000～6000 个智能变电站的建设或改造。

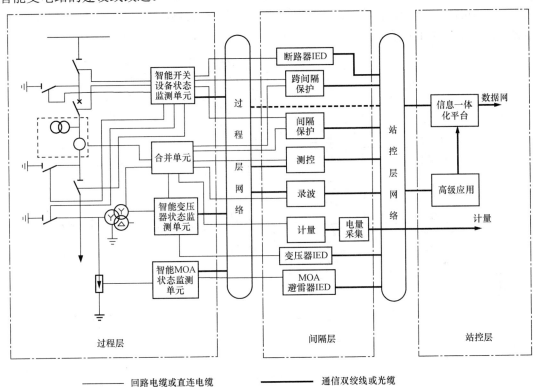

图 1-3 智能变电站系统结构

1.2 智能变电站体系及功能

1.2.1 智能变电站体系结构

智能变电站分为过程层、间隔层和站控层。

过程层包含合并单元、智能终端、现场监测单元和智能一次设备等，完成变电站电能分配、变换、传输及状态监测等相关功能，主要实现电气量检测、状态监测、操作控制与驱动等。

间隔层包含测控、保护、计量、故障录波、网络记录分析一体化、备自投、低频低压减负荷、状态监测智能电子设备（Intelligent Electronic Device，IED）、主 IED 等装置，实施一次设备的保护、操作闭锁和同期操作及其他控制，实现对数据采集、统计运算及控制命令的优先级控制，完成过程层实时数据信息汇总和与站控层的网络通信。

站控层目前包括站域控制、远动通信、五防、对时、在线监测、辅助决策等子系统和信息一体化平台，平台与各子系统之间通过 IEC 61850《变电站通信网络和系统》（简称 IEC 61850）标准协议进行数据和控制指令通信，将来自于上述子系统的功能直接集成在信息一体化平台中。其主要功能是：通过网络汇集全站的实时数据信息，不断刷新实时数据库；按既定规约将有关信息送向调度、控制和在线监测中心；接收调度、控制和在线监测中心命令并发送至间隔层和过程层执行；具有在线可编程的全站操作闭锁功能；具有对间隔层、过程层设备的在线维护、在线修改参数的功能；具有变电站故障自动分析功能。智能变电站系统结构如图 1-4 所示。

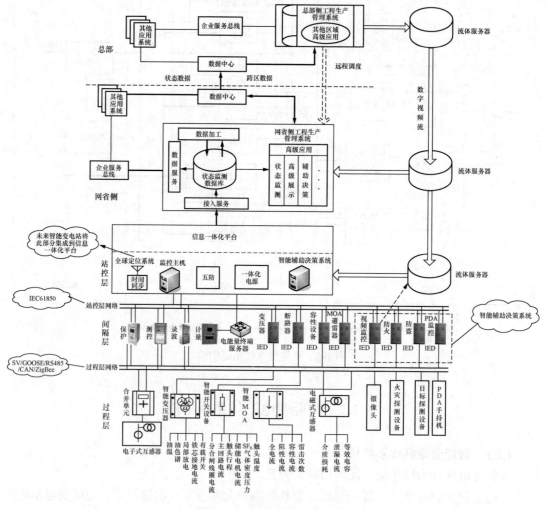

图 1-4　智能变电站系统结构

1.2.2　智能变电站功能

智能变电站的主要特征为一次设备智能化、信息交换标准化、系统高度集成化、保护控制协调化、运行控制自动化、分析决策在线化，具体分析如下：

1. 基本功能

（1）测量单元。智能变电站测量单元采用高精度数据采集技术和三态数据（稳态数据、暂态数据、动态数据）综合测控技术，实现统一断面实时数据的同步采集，提供带精确的绝对时标的电网数据。测量输出数据与被测电气参量在较大频谱范围内响应一致，且具备电能质量的数据测量功能。

（2）控制单元。智能变电站控制单元接收监控中心、调度中心和当地后台系统发出的控制指令，经安全校验后，自动完成相关设备的控制。控制单元具备全站防止电气误操作闭锁、同期电压选择、本间隔顺序控制、支持紧急操作模式以及投退保护软压板等功能，满足智能变电站无人值守的要求。

（3）保护单元。智能变电站保护单元应遵循继电保护基本原则，满足 DL/T 769—2001《电力系统微机继电保护技术导则》等相关保护的标准要求。可通过网络通信方式接收电流、电压等数据和输出控制信号，信息输入、输出环节的故障不应导致保护误动作，并应发出告警信号，不依赖于外部对时系统实现其保护功能。当采用双重化保护配置时，其信息输入、输出环节应完全独立。此外，纵联差动保护应支持一端为电子式互感器、另一端为常规互感器或两端均为电子式互感器的配置形式。

（4）计量单元。智能变电站计量单元具备分时段、需量电能量自动采集、处理、传输、存储等功能，能够准确计算出电能量，且计算数据完整、可靠、及时、保密，满足电能量信息的唯一性和可信度的要求。计量单元互感器的选择配置及准确度要求应符合 DL/T 448—2000《电能计量装置技术管理规程》的规定。电能表具备可靠的数字量或模拟量输入接口，用于接收合并单元输出的信号。合并单元具备参数设置的硬件防护功能，其精确度要求须满足计量的需要。

（5）状态监测单元。智能变电站状态监测单元主要包括智能变压器监测单元、智能开关设备监测单元、智能容性设备监测单元和智能避雷器监测单元，通过传感器自动采集一次设备的运行状态信息，以 IEC 61850 协议将数据传送至信息一体化平台，并能接收信息一体化平台的控制指令，具备远方设定采集信息周期、报警阈值等功能。

（6）通信单元。智能变电站通信单元包括过程层/间隔层之间的通信单元（RS-485、无线电、CAN 和 ZigBee）和间隔层/站控层之间的通信单元（光纤），间隔层与站控层之间的数据通信须符合 IEC 61850 协议，采用完全自描述的方法实现站内信息与模型的交换。进行网络数据优先分级和优先传送，计算和控制网络流量，甄别报文丢包及数据完整性。采用信息加密、数字签名、身份认证等安全技术，满足在全站电力系统故障时保护与控制设备正常运行的需求。

（7）源端保护。变电站作为调度/集控系统数据采集的源端，须提供各种可自描述的配置参量，如变电站主接线图、网络拓扑等参数及数据模型等。维护时仅需利用统一配置工具进行配置，生成标准配置文件，并自动导入变电站自身系统数据库。

（8）五防闭锁。五防闭锁单元实现全站的防误操作闭锁功能，同时在受控设备的操作回路中串接本间隔的闭锁回路。对于空气绝缘的敞开式开关设备（AIS），可配套设备就地锁具。变电站远方、就地操作均具有闭锁功能，本间隔的闭锁回路采用电气闭锁触点实现。

2. 高级功能

（1）设备状态可视化。采集变电站一次设备［变压器、断路器、气体绝缘金属封闭开关设备（GIS）、氧化锌避雷器（MOA）等］的状态信息，重要二次设备（测控装置、保护装置、合并单元及智能终端等）的告警信息及网络设备的状态信息，进行状态可视化展示并发送到上级系统（如 PMS），为实现优化电网运行和设备运行管理提供基础数据支撑；实时监视变电站主设备的运行状态，为实现变电站全寿命周期管理提供必要的数据和技术支撑。

（2）智能告警及故障信息综合分析决策。智能告警对变电站内的各种事件进行分析决策，建立变电站故障信息的逻辑和推理模型，实现对故障告警信息的分类和过滤，对变电站的运行状态进行在线监测，对变电站异常情况进行自动报警，为主站提供分层分类的故障告警信息并合理安排，屏蔽没有意义或者在运行情况下低一级别的告警信息，同时提出故障处理指导意见，要求在故障情况下对事件顺序记录信号、保护控制、相量测量、故障录波等进行数据挖掘和综合分析，将变电站故障分析结果以简洁明了的可视化界面综合展示。

（3）支撑经济运行与优化。系统可提供智能电压无功自动控制（VQC）、备用电源自动投入、清洁能源自动接入等功能。调度中心可以进行电压无功自动控制等的启停、状态监测和策略调整，提供智能负荷优化控制功能并执行。

（4）站域控制。利用对站内信息的集中处理和判断，实现站内自动控制装置的协调工作，站级的运行控制策略优于面向单间隔，满足适应系统运行方式的要求。

（5）与外部系统交互信息。具备与网省侧监控中心、相邻变电站、大用户及各类电源等外部系统进行信息交换的功能，是智能变电站互动化的体现。

3. 辅助设施功能

（1）视频监控。站内配置视频监控系统（包括可见光和红外成像），可远传视频信息，在设备操作控制、事故处理时与信息一体化平台（或视频监控系统）协同联动，并具备设备就地和远程视频巡检及远程视频工作指导等功能。

（2）安防系统。配置灾害防范、安全防范子系统，将告警信号、测量数据以 IEC 61850 协议接入变电站信息一体化平台（或安防监控中心），并配备语音广播系统，实现变电站内流动人员与监控中心语音交流，非法入侵时能广播告警。此外，可留有与应急指挥信息系统的通信接口。

（3）照明系统。采用清洁能源（太阳能、地热、风能等）和高效光源，利用节能灯具等降低能耗，配备应急照明设施。室外照明系统整体采用总线布置，局部采用照明控制器的形式进行控制连接，实现照明的自动控制。

（4）站用电源系统。全站直流、交流、逆变等电源一体化设计、配置和监控，实现全站交、直流电源远方监测、分析和控制，其运行工况和信息数据以 IEC 61850 协议接入变电站信息一体化平台（或电源控制系统）。

（5）辅助系统优化控制。具备变电站内温度、湿度等环境信息的在线监测功能，能够与空调、风机、加热器等进行智能联动。

（6）智能巡检系统。一方面可通过 PDA 终端人工采集变电站主要设备的运行状态信息，以 IEC 61850 协议与变电站信息一体化平台进行信息交互；另一方面可通过变电站智能巡检机器人（配置可见光成像、红外成像及 PDA 终端），按照任务要求自动获取变电站主要设备的运行状态信息（如检修信息、运行温度等），同样以 IEC 61850 协议与变电站信息一体化平台进行信息交互。

1.3　智能变电站状态检修

智能变电站建设有助于实现变电站的状态检修，科学合理地实现对设备的运行、维护和管理。状态检修是以设备当前的实际运行状况为依据，通过在线监测等技术建立状态检修辅助决策系统，对设备的历史状况、当前状况以及同类设备的运行状况进行比较分析，识别设备故障的早期征兆，对故障部位严重程度及发展趋势做出判断，从而确定其最佳检修时机的一种检修模式。要真正地提升变电站管理水平，需要实现状态检修工作的信息化、标准化和流程化。所谓信息化、标准化和流程化，主要是研究将"数据获取→数据处理→状态评价→风险评价→检修决策→检修计划"的状态检修工作流程以及应用的标准，通过生产管理系统或者状态检修辅助决策系统进行控制。综合考虑各种因素，智能变电站的状态检修系统应包含设备状态检测单元（在线和离线）、设备状态检修辅助决策单元、设备状态检修管理单元三部分。

1. 变电设备状态检测单元

变电设备状态检测单元应包含在线监测和离线检测两部分。在线监测针对运行中的变电设备（变压器、断路器、容性设备及避雷器绝缘等）运行状况进行监测，实现设备状态信息的数据采集、传输及故障诊断等。具体的监测参数如下：

（1）变压器部分应监测变压器油中气体成分及含量、GIS 局部放电情况及位置、绕组温度、套管绝缘特性、接地铁芯绝缘特性等信息，以及对变压器冷却系统进行智能控制。

（2）断路器部分应监测断路器触头运动特性、操动机构分/合闸线圈电流、分/合闸回路状态、断路器开断电流和开断次数、断路器操动机构的储能系统以及 SF_6 气体密度、压力和微水等信息。

（3）容性设备部分应监测容性设备的电容值、介损、全电流等信息。

（4）避雷器部分应监测全电流、阻性电流及雷击动作次数等信息。

离线检测可通过手持设备对电气设备进行周期检测，或者对设备已知故障信息进行现场确认。离线检测包括绝缘电阻检测、机械性能检测、设备热点温度等内容。

2. 设备状态检修辅助决策单元

设备状态检修辅助决策单元应包含数据获取、数据处理与预警、状态评价与风险评估、检修决策支持、数据展示等模块。设备状态检修辅助决策单元平台的设计可以参考 ISO13374、OSA-CBM 等国际标准。

状态检修辅助决策单元的核心是状态风险等级评估。目前，电力行业采用的典型风险等级评估方法有最大可能法、期望值法、概率不确定情况下的风险决策、排序法、风险矩阵法、欧氏距离法和收益评估法等。

3. 设备状态检修管理单元

设备状态检修管理单元应建立在工程生产管理系统（PMS）或企业资源规划（ERP）

的模块上，包括检修计划决策和管理应用功能。检修计划决策可利用设备状态检修辅助决策单元给出的设备状态，运用多信息融合技术综合考虑设备历史数据、运行状况、检修工期、检修费用、检修风险等多方面因素，进行技术分析和经济比较，最后给出一个最优的检修方案。设备状态检修管理单元可与 PMS 或 ERP 系统中的检修工单建立联系，实现状态检修。目前常用的检修策略主要有最小维修、完美维修或更换、预防性维修及计划维修等。

▶ 1.4 智能变电站评价

1.4.1 技术性评价

技术性评价主要包括基础功能完备性和先进性两个方面：基础功能完备性应覆盖一次设备智能化、电子式互感器、IEC 61850 标准、信息一体化平台、"三层两网"架构、信息安全防护和一体化电源系统等内容；先进性的评价主要从高级功能应用和其他功能应用两方面进行评价。

（1）高级功能应用。高级功能应用如图 1-5 所示。

（2）其他功能应用。主要包括继电保护信息综合监视与分析、变电站辅助系统综合运用与监视、其他设备及环境智能化监控。

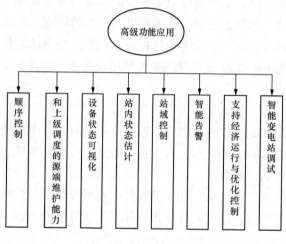

图 1-5　高级功能应用

1.4.2 经济社会评价

经济社会评价主要包含成本、社会效益和全寿命周期投入产出比等分析，对于新建变电站还应进行敏感性分析等，具体见表 1-1。

表 1-1　　　　　　　　　　　智能变电站经济社会评价

	新 建 工 程	改 造 工 程
成本分析	投资与运行成本分析	常规投资和智能化投资
社会效益分析	节地（建筑面积、占地面积）、节材、节能和增加设备可用系数、提高电网可靠性、提升电网安全防御水平等	节约占地面积、建筑面积、建筑工程量（控制电缆用量）、能耗（变电站用电量）和增加设备可用系数（停电时间）等方面
全寿命周期投入产出比	全寿命周期投入产出比，是指在全寿命周期内，因降低建筑工程费、降低其他费用、等效延缓的一次设备投资以及降低变电站运维成本而带来的效益与智能变电站较常规站设备购置费中的智能化投资增量的比值	改造站并不能真正减少已有的占地面积和建筑面积，因此在计算全寿命周期投入产出比时，计算两类投入产出比：一是不考虑节省占地费用和建筑费用的实际投入产出比；二是考虑节省占地费用和建筑费用的理论投入产出比
敏感性分析	设备价格、设计优化、设备寿命、运维成本降低等	

↘ 1.5　未来智能变电站

　　未来智能变电站基于设备智能化的发展和高级功能的实现，分为设备层和系统层。设备层包含一次设备和智能组件，主张将一次设备、二次设备、在线监测和故障录波等进行有机融合，具备电能输送、电能分配、继电保护、控制、测量、计量、状态监测、故障录波、通信等功能，体现智能变电站智能化技术的发展方向。系统层面向全站，通过智能组件获取并综合处理变电站中关联智能设备的相关信息，具备基本数据处理和高级应用等功能，包括网络通信系统、对时系统、高级应用系统、一体化平台等，突出信息共享、设备状态可视化、智能告警、分析决策等高级功能。智能变电站数据源应统一化、标准化，实现网络共享。智能设备之间应实现进一步的互联互通，支持采用系统级的运行控制策略。未来智能变电站结构如图 1-6 所示。

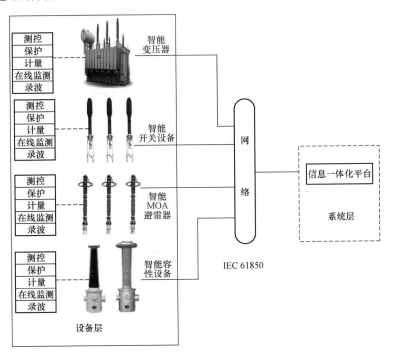

图 1-6　未来智能变电站结构

第 **2** 章　智能变电站基础

↘ 2.1　变电站综合自动化技术

2.1.1　计量技术

1. 电子式电压/电流互感器

目前我国已在 110、220kV 甚至 750kV 智能变电站部分安装了电子式互感器，开展了电子式互感器技术实用化和可靠性研究，尝试解决电子式互感器长期可靠性、稳定性、互换性以及现场校验、量值溯源等关键问题。但国家电网公司 2011 年总结电子式互感器的运行经验发现：电子式互感器存在温度漂移、抗干扰能力差等问题，并出台了相关文件建议目前慎用电子式电流和电压互感器。

电子式电压互感器（Electrical Voltage Transformer，EVT）多为电容分压原理，在低电压下进行数据采集与处理。日本 1000kV GIS 采用的就是电子式电压互感器，电容分压器高压臂由电极板和一次母线间的分布电容构成，低压臂采用外置式云母电容，经泡克斯晶体转换消除特快速暂态过电压（VFTO）引起的传递过电压对二次系统的危害影响。国内有的用电感线圈作为分压器元件，这种结构易受邻近物体分布电容的影响—即邻近效应，误差特性较差。验证试验表明，该类型互感器如升高 10cm，则偏移地面状态间的误差曲线 0.4%，其主要原因是主回路电流太小、易受分布电容电流影响。

电子式电流互感器（Electrical Current Transformer，ECT）可分为电工式和光学式两种。测量级 ECT 采用传统的铁芯线圈结构，在二次侧用一标准电阻完成电流电压转换，以输出电压信号的模拟采集、处理和传输电流量，由于二次负荷较小，也称为低功耗电流互感器。保护级 ECT 采用空心线圈结构（也称罗格夫斯基线圈），经积分电路，以电压量反映一次电流量。空心线圈对外磁场反应较灵敏，但绕线分布、几何位置对暂态误差影响较大，且由于空心线圈耦合量较弱、回路内阻抗较大、分布参数影响较大，其可靠性和互换性远不及传统铁芯线圈电流互感器。法拉第效应及磁光效应的光学式电流互感器的稳定性较差，温度、外磁场、感应灵敏度、可靠性及成本等问题均制约着此类电流互感器的实用化发展。

互感器基本误差特性关系到社会电能交易的公正公平。电流互感器现场检测主要面临两个问题：一是对额定电流较大的试品施加大电流；二是电流互感器剩磁影响的判定。国内外试验结果表明：当电流互感器额定电流超过 2000A 时，特别是用在 500kV 以上 GIS

就必须要考虑回路的无功补偿措施；当额定电流不超过 4000A 时，独立式电流互感器的现场检测配置 60kVA 的试验设备即可，用托架将升流器及标准电流互感器提升至电流互感器一次接线端子排附近以减小试验回路阻抗；GIS 由于回路较长，感性负荷占了主要部分，电流互感器试验时需在试验回路端口并联容性无功补偿装置，该装置应具备一定调节细度。

2. 二次回路的性能测试

二次回路的性能测试主要包括压降和负荷测试。二次回路压降方法有二次回路压降仪法、小量限高内阻电压表法、相位伏安表法、高准确度电压表法、负荷比较法等，这些方法在实际应用中各具有优缺点。由于二次回路压降仪法具有测量准确度高、测试设备成本低、测试劳动强度较低的优点，目前国内电压互感器（TV）二次压降测试基本上都采用这种方法。二次回路压降仪法需要敷设临时二次测试电缆，存在下述安全隐患：

（1）由于二次测试电缆长期使用，绝缘老化或损伤，导致电缆内、外部短路；

（2）现场环境复杂，敷设的测试电缆可能会穿越楼梯、建筑物、公共通道、沟道、门窗、树木等，极易造成电缆绝缘划破、磨损，导致电压互感器二次短路；

（3）对一些长距离回路的测量工作量较大，安全监护困难。

传统的二次负荷测量方法是使用互感器校验仪进行测量，由于互感器要求其二次负荷在一定的范围内，因此对测量的准确度要求不高，互感器校验仪的准确等级一般都是 2 级，足够用来测量二次负荷。但是，现场测试中由于电流互感器（TA）的二次电流和电压互感器的二次电压一般较小，测试较困难，且需对系统停电并借助于多台仪器才能完成，整个过程操作复杂、耗时长、任务繁重、测量准确度不高。目前应用的二次负荷测量方法有直接接入测试法和钳型表测量法，两者均可带电测量。直接接入测试法，由于电流互感器二次不允许开路，所以在使用这种方法时应首先将电流互感器二次短路，在线路接好后再将短路线断开。钳型表测量法，将测试仪的电压测试导线接至电流互感器二次侧两端（内阻很大，相当于开路），使用钳型电流表测量电流互感器的引出线中的电流，测量显示出电流互感器的二次负荷。

3. 电子式电能表

电子式电能表是将电压和电流信号进行模拟/数字处理经计算得到电能数值的仪表。与传统电磁感应式电能表相比，电子式电能表取消了表上的仪表转子，并根据电参量的测量方法分为模拟式电子电能表与采样计算式电能表两大类。采样计算式电能表以微处理器为核心，采用 A/D 转换对来自电流互感器、电压互感器的电流和电压信号进行数字化处理，并进行各种判断处理和运算。随着国内外智能电网的建设，电能计量需要信息化、网络化、智能化，以实现电能计量的网络抄表和网络控制。智能计量终端通过网络与供用电中心进行信息交互，获取供用电中心发布的用电平谷峰信息，指导用户避开用电高峰，合理用电；电能计量系统也将根据平谷峰用电信息，对用户用电进行分时段计价，使用户避开电价较高时的用电高峰，以节省费用。

2.1.2 保护技术

为了及时发现变压器、母线、线路、电容器组、断路器等一次设备的异常和故障状态，必须装设相应的保护装置。智能变电站在基于传统保护技术的基础上，为了更好实现信息共享，在 110kV 及以下电压等级的变电站采用保护测控一体化装置；对于 220kV 及以上电压等级变电站,为了保证保护的可靠性,保护和测控功能均采用独立装置。下面以变电站变压器、母线、线路等元件/单元的保护进行介绍。

1. 变压器保护

变压器一般应配置瓦斯保护、电流速断保护或电流差动保护、过电流及温度等后备保护。容量 800kVA 及以上的油浸式变压器应装设瓦斯保护,作为变压器油箱内部故障和油面降低的主保护。电流速断保护与瓦斯保护相互配合作为变压器主保护,可快速切除变压器高压侧及其内部的各种故障。当电流速断保护灵敏度不满足要求时,可采用电流差动保护。有时为了防止变压器外部短路引起的过电流,作为变压器后备保护而装设过电流保护装置及温度保护等。

(1) 瓦斯保护。瓦斯保护是油浸式电力变压器的主保护,可以反映变压器油箱内各种故障和变压器油面降低。容量 800kVA 及以上的油浸式变压器应装设瓦斯保护,作为变压器油箱内部故障的主保护。瓦斯保护根据内部故障的轻重采取不同的措施进行保护:当油箱内发生轻微故障,产生轻微瓦斯或油面下降时,保护装置瞬时动作于"轻瓦斯动作"信号,仅发告警信号;当油箱内发生严重故障产生大量瓦斯时,变压器内部压力突增,产生很大的油流向储油柜方向冲击,保护动作于跳闸。

(2) 差动保护或电流速断保护。当变压器绕组和引出线发生相间短路、大接地电流系统侧绕组和引出线的单相接地短路及绕组匝间短路时,根据不同容量、不同运行方式及不同作用的变压器,采用的保护方式不同。对于小容量变压器,适宜采用电流速断保护。若变压器容量较大或对灵敏系数要求较高时,变压器宜采用纵联差动保护。上述保护动作后,均应跳开变压器各电源侧断路器。

(3) 后备保护。为了防止外部故障引起变压器绕组过电流,并作为相邻元件的后备保护,以及在可能条件下作为变压器内部故障时主保护的后备保护,需要配备后备保护以提高保护的可靠性。相间短路时通常采用过电流保护、复合电压启动的过电流保护以及负序过电流保护等,也有采用阻抗保护作为后备保护。当变压器高压侧和相邻元件发生单相接地短路时,采用零序电流/电压保护作为后备保护。

(4) 过励磁保护。当变压器过励磁时导致铁损增加、铁芯温度上升,并产生涡流损耗,会造成局部变形和绝缘介质损坏,此时需装设变压器过励磁保护。

(5) 温度保护。当变压器油温升高或冷却系统工作不良时,需装设相应的温度保护。

2. 母线保护

母线发生故障几率较线路低,但母线一旦发生故障则会造成巨大危害。母线故障大多数是由绝缘子对地放电引起的,故障开始阶段往往表现为单相接地故障,随着短路电弧的移动,故障逐步发展为两相或三相接地短路。

根据系统稳定和变电站安全要求,一般不采用专门的母线保护,而是利用供电元件的保护装置实现母线故障的切除。只有 110kV 及以上变电站的母线上需要专用的母线保护装置,对 330kV 及以上变电站母线应装设专用的快速母线保护,对一个半断路器接线的每组母线一般装设 2 套母线保护。

为满足继电保护四性要求,母线保护都是按照差动原理构成的。差动原理是基尔霍夫电流定理的体现,母线发生故障时所有与母线连接的元件都向母线故障点供给短路电流或流出残留的负荷电流；在正常运行以及母线范围以外故障时，在母线上所有连接元件流入的电流等于流出的电流。在正常运行及外部故障时，至少有一个元件中的电流相位和其余元件中的电流相位是相反的。根据上述故障特征，母线差动保护原理可分为电流差动保护、电流相位差动保护。

3. 线路保护

（1）35～66kV 中性点非直接接地系统。相间保护采用阶梯时限特性构成，一般采用电流电压速断保护和过电流保护，有时需要采用距离保护。当采用纵联差动保护作为主保护时，将电流电压保护作为后备保护。当发生单相接地故障时，装设电流保护或功率方向保护为其单相接地保护。

（2）110～220kV 中性点直接接地系统。若要求线路全线任意故障均能瞬时有选择切除，则应采用全线速动保护作为其主保护，如纵联差动保护及高频保护等。若允许线路一侧以保护第二段时限切除故障时，可以采用距离保护、零序电流保护为主保护。输电线路后备保护分为近后备保护和远后备保护，对于复杂网络或重负荷短线路宜采用近后备保护。线路接地保护包括零序电流保护与接地距离保护。

（3）330～500kV 中性点直接接地系统。330kV 及以上电压等级线路主保护通常采用全线速动保护，对重要负荷需要双重化配置 2 套不同原理的主保护。后备保护可分为相间短路和接地短路后备保护，主要采用近后备保护方式。线路保护在具备电流速断、过电流及重合闸的基础上，还应具备低电压（或复合电压）闭锁等功能以适应线路及负荷变化对保护方式的不同要求。

4. 电容器保护

过电流保护反应电容器与断路器间连线的短路故障，对于单台电容器内的极间短路装设熔断器保护。电容器组应根据接线方式不同配备不同的继电保护，主要有零序电压保护、电压差动保护、电桥差电流保护、中性点不平衡电流或不平衡电压保护等。

5. 断路器失灵保护

断路器失灵保护主要配置在 220kV 及以上电网或 110kV 电网的重要部分。当线路或电力设备的后备保护采用近后备方式、断路器与电流互感器之间发生故障且不能由对应主保护切除，但相邻元件后备保护切除引起严重危害时，均应装设断路器失灵保护。

2.1.3　电能质量

电能质量直接影响用户的正常工作和生产效率。《国家中长期科学和技术发展规划纲要（2006～2020 年）》中明确将"电能质量监测与控制技术"列为能源重点领域的优先主题内容，要求有效开展大功率电力电子技术应用、实现电能质量控制等。电能质量包括电流质量、电压质量、供电质量和用电质量。其中电流质量主要包括电流谐波、间谐波或次谐波、电流相位超前与滞后噪声等；电压质量主要包括电压偏差、电压频率偏差和电压不平衡等；供电质量主要包括电压质量和供电可靠性等；用电质量主要包括电流质量和非技术含义等。通常电压偏差会降低用电设备的运行效率和使用寿命；频率偏差过大会引起异步电动机转速的改变，影响产品的质量，还会导致电子设备不能正常工作；三相系统不对称时产生的负序分量和零序分量会对电气设备产生不良影响，也会对周围通信线路产生干扰；谐波的污染会增加电机的附加损耗和发热，缩短其使用寿命，还会对通信系统产生电磁干扰，影响通信质量。在智能电网构架下，保证电能质量也是其重要的内容。

1. 电能质量基本指标及检测方法

（1）供电电压偏差。正常运行方式下，某一节点的实际电压和系统额定电压之差与系统额定电压的百分数称为该节点的电压偏差，用公式表示，即

$$电压偏差（\%）= \frac{实际电压 - 额定电压}{额定电压} \times 100\% \tag{2-1}$$

无功负荷的变化在电网各级系统中均会产生电压偏差，因此及时调整无功补偿是降低电压偏差最有效的方法。一般采取按无功就地平衡原则进行无功补偿，也有通过调整同步电机的励磁电流以达到改善网络负荷的功率因数和调整电压偏差的目的。此外，也可采用有载调压变压器调整电压偏差。

（2）电力系统频率偏差。正常运行条件下，系统频率的实际值与标准值之差称为系统的频率偏差，用公式表示，即

$$\Delta f = f_{re} - f_{N} \tag{2-2}$$

式中：Δf 为频率偏差；f_{re} 为实际频率；f_{N} 为系统标准频率。

如果运行频率低于标准频率，会影响负荷功率、降低生产效率、影响产品质量，引起不可逆转的设备积累损伤；如果系统无功备用不足或调压不及时，频率下降可能导致电力系统电压下降；当系统频率下降时，电容器无功出力和额定电流也会成比例下降。如果频率大于标准频率，可能导致机组损坏，甚至使整个电力系统崩溃。

检测电压频率的方法有简单周期法、插值周期法、多周期同步检测法、标准信号法、解析法、傅里叶变换法、过零检测法等。为保证测量精度，检测时要注意谐波及干扰的影响。

（3）电压波动和闪变。电压波动是指电压幅值在一定范围内有规则变动时，电压变动或工频电压包络线的周期性变化。电压波动值为电压均方根值的 2 个相邻的极值之差，常以其额定电压 U_{N} 的百分数表示其相对百分值，用公式表示为

$$\Delta U = \frac{U_{max} - U_{min}}{U_{N}} \times 100\% \tag{2-3}$$

电压变动 d 是衡量电压波动大小和快慢的指标，电压变动取值为电压方均根值曲线上相邻 2 个极值电压之差相对额定电压 U_{N} 的相对百分比数，用公式表示为

$$d = \frac{U_{max} - U_{min}}{U_{N}} \times 100\% \tag{2-4}$$

用户负荷引起的闪变限值，是根据用户负荷的大小、协议用电容量占供电容量的比例及系统电压等级规定的。按照冲击负荷产生的电压波动允许值的百分数不同，电力系统供电点分为 3 级，并做不同规定与限制：10kV 及以下为 2.5；35～110 kV 为 2.0；220 kV 及以上为 1.6。

（4）电压暂降和暂时断电。电压暂降也叫电压跌落，是指供电系统某点的工频电压有效值突然下降到额定电压的 10%～90%，并在随后 10 ms～1 min 的短暂持续期后恢复正常。一般的电压暂降和短路故障的发生和切除过程相关，或与系统中大负荷投切有关。

在电压暂降分析中，最主要的是电压暂降幅值、电压暂降持续时间和电压暂降的相位

跳变 3 个参数，分别对应突然发生电压下降后的电压幅值大小、电压暂降起止时刻之差、电压暂降前后相位角变化。

暂时断电是在供电的某个点上三相电压突然降低到低于设定的断电阈值（一般为 $10\%U_N$），断电时间不超过几分钟。在线监测暂时断电，需要监测断电开始时间、持续时间和断电次数等信息。

（5）三相电压（电流）不平衡度。三相电压（电流）的不平衡度定义为与三相电压（电流）平均值的最大偏差。理想的三相对称交流电力系统应是三相相量大小相等、频率相同、相位依次相差 120°，否则为三相不对称，此时三相相量中除含有正序分量外还有负序分量，有时存在零序分量。电压不平衡度也可以用对称分量来表示，把负序分量有效值与正序分量有效值之比定义为不对称度或不平衡度（ε），用公式表示如下：

电压不平衡度

$$\varepsilon_U = \frac{U_2}{U_1} \times 100\%$$（2-5）

电流不平衡度

$$\varepsilon_I = \frac{I_2}{I_1} \times 100\%$$（2-6）

（6）电网谐波。由于变压器铁芯磁化曲线的非线性或大量非线性负荷和元件的影响，可能导致波形畸变。当畸变波形的每个周期都相同时，该波形可以用一系列频率为基波频率整数倍的理想正弦波之和来表示。任何一个波形畸变的周期性非正弦线电压、电流，对其进行傅里叶级数分解，有

$$u(t) = \sum_{k=1}^{M} \sqrt{2}U_k \sin(h\omega_1 t + \alpha_k)$$（2-7）

除了得到与基波频率相同的分量外，还得到一系列大于电网基波频率的分量，这部分分量称为谐波。谐波频率与基波频率的比值称为谐波次数，用 $n = f_N / f_1$ 表示。

谐波含有率 H_R 是第 k 次谐波分量的有效值（或幅值）U_k 与基波分量的有效值（或幅值）U_1 之比，即

$$H_R = \frac{U_k}{U_1} \times 100\%$$（2-8）

电压总谐波畸变率是各次谐波有效值的平方和的平方根值与基波分量的有效值之比，即

$$T_H = \frac{\sqrt{\sum_{k=1}^{M} U_k^2}}{U_1} \times 100\%$$（2-9）

谐波含量和电流总谐波畸变率的计算同式（2-9），只需将其中的电压变量改为电流变量即可。

2. 改善电能质量主要措施

通常采用以下方式减少电能质量问题：

（1）根据骚扰源的发射水平，采取有源或无源滤波、无功补偿装置、接地或屏蔽等技术，降低电源和骚扰负载之间的电磁耦合，也可以通过快速动作的开关装置、自动重合闸、

过电压保护等技术手段提高电能质量。

（2）在提高负载的抗骚扰能力的基础上，通过屏蔽、滤波等技术减少骚扰几率，采用不间断电源供电方式，采用滤波器抑制谐波干扰。

（3）目前基于数字信号处理器（DSP）的监测系统和基于虚拟仪器的监测系统，建立电能质量各项指标的数据库，构建电压幅值、谐波等电能质量监测和评估系统，通过在线或离线的分析、统计、比较，避免电力设备因电能质量而进入非正常运行状态，进而提高电能质量。

2.1.4　故障录波与故障测距

1. 故障录波

故障录波是电力系统中分析系统故障的重要技术手段。故障录波器在正常情况下不启动或只进行数据采集，当电力系统发生故障或振荡时能自动进行录波，全面反映一次系统故障时电参量的变化过程、断路器等一次设备的变化状态、继电保护与自动装置的动作情况等，从而为分析系统事故提供科学依据。

传统变电站只有变压器等个别设备需要安装故障录波装置。但在智能变电站中，更多设备电气信号需要测量，需要更多的数字故障录波装置。智能变电站中故障录波装置属于间隔层，录波装置采用数字化集成录波器，具备完善的自描述功能，与智能一次设备直接通信。750、330kV 故障录波装置按电压等级和网络双重化配置，故障录波采用点对点方式接收 SMV 报文，以网络方式接收 GOOSE 报文。

电能质量监测应具备完整的录波功能：电能质量超标录波（包括电压偏差、频率、三相不平衡、谐波）、电网暂态扰动录波（包括电压短时中断、电压跌落、电压骤升）、开关量变位录波、手动试验录波。所采集的数据信息必须具有绝对时刻标志，使得电能质量数据与录波数据紧密相关。

故障录波宜与监控、保护设备统一组网，但故障录波报文一般采用 COMTRADE 格式，信息量较大，为保证站控层和间隔层网络传输的可靠性和安全性，故障录波系统可以单独组网接入保护及故障信息管理子站。

（1）故障录波的技术要求。当系统连续发生大扰动（包括远方故障）时，应能无遗漏地记录每次系统大扰动发生后的全过程数据，并按要求输出历次扰动后的系统参数（I、U、P、Q、f）及保护装置和安全自动装置的动作情况，所记录的数据要求可靠、真实、不失真。其记录频率和间隔以每次大扰动开始时为标准，宜分时段满足要求。各安装点记录及输出的数据，应在时间上同步，以满足集中处理系统全部信息的要求。

（2）故障录波器的接入量。

1）模拟量。采集交流电压、电流量。电压量应包含变压器各侧母线电压、中性点电压等。电流量应包含变压器各侧相电流、各侧母联或分段开关相电流、变压器中性点零序电流、各侧进出线路相电流和零序电流。若为小电阻接地系统，应接入接地电阻上流过的零序电流量。

2）开关量。开关量应包含变压器、断路器等一次设备的继电保护和综合自动化动作信号。如变压器非电量保护、断路器差动保护、备自投、重合闸等信号，还包含各种继电保护和自动装置出口动作继电器的无源触点及接入各开关设备的辅助触点信号。

3）开出信号。故障录波器的装置故障、录波启动和电源消失的开出信号应接入智能变电站自动化系统或信息一体化平台。

2. 故障测距

故障测距技术经过 30 多年的发展，已经取得了较广泛的应用。高压架空输电线路发生故障的几率大，一旦发生故障后依靠人工巡线查找故障耗时耗力，因此故障点的准确定位有利于快速故障定位，从而加速线路故障的排除，做到尽量快速供电以提高电能质量。

故障测距方法目前主要分为两大类：一类是利用线路故障时的录波信息离线或在线计算故障点位置，测距精度为线路长度的 2%～3%；另一类是通过向线路注入特定频率信号，由发射信号计算故障位置，测距精度可达一个杆塔行距以内（小于 500m）。按故障测距原理可分为阻抗法、行波法和故障分析法；按使用电气量分为单端量和双端量。但由于电力系统结构复杂多样性，影响故障定位精度的因素诸多，进一步提高输电线路故障定位精度尚需进一步研究和探讨。

2.1.5 五防系统

电力系统中的五防指的是：防止带负荷分、合隔离开关；防止带电挂（合）地线（接地开关）；防止带接地线（接地开关）合断路器（隔离开关）；防止误入带电间隔；防止误分、合断路器。通过采取机械闭锁、电气回路闭锁、微机五防闭锁和间隔层防误闭锁方式防止以上五种恶性误操作。智能变电站由五防监控系统或信息一体化平台实现面向全站的防误闭锁功能，在五防监控系统操作员工作站的系统软件中嵌入五防逻辑判断功能，采用智能化、高技术、可模拟的系统，操作人员在电气操作的整个过程都置于五防系统的提醒、监视、约束之下，最大可能的防止误操作。目前基于 IEC 61850 标准的变电站自动化系统为实现完善的全站防误闭锁功能提供了有效手段。目前主流的五防系统有以下两种。

1. 微机型防误闭锁系统

微机型闭锁装置一般由防误主机、电脑钥匙、遥控闭锁控制单元以及编码锁等功能元件组成，依靠闭锁逻辑和现场锁具实现对断路器、隔离开关、接地开关、地线、遮栏、网门或开关柜门的闭锁。监控闭锁逻辑一般由站控层和间隔层闭锁组成，站控层防误闭锁方式以全站信息进行逻辑判断和闭锁为主，通过软件将现场大量的二次闭锁回路变为微机中的五防闭锁规则库，实现了防误闭锁的数字化；间隔层则采用实时状态检测、逻辑判断和输出回路闭锁等多种形式相结合，保证对本间隔一次设备的正确安全操作。执行遥控操作时，首先由监控系统进行是否操作的逻辑判断，符合条件开放，否则闭锁。在间隔层，逻辑判断与闭锁功能开放由测控装置软件实现。防误一般由站控层防误、间隔层防误、现场布线式单元电气闭锁三级防误构成。目前的微机防误闭锁系统主要分为离线式、在线式和混合式，其中离线式在电力系统中的应用最为广泛。

2. 基于 GOOSE 的监控系统防误闭锁

基于 IEC 61850 标准的新型防误系统主要包括站控层、间隔层和网络传输层三大部分。各层之间全部采用 IEC 61850 标准协议进行通信。

站控层防误系统是防误系统的基础部分。友好的配置界面、完善的规则校验、快速的规则脚本解析和下装是站控层防误系统的 3 个基本要素。配置界面是防误系统的对外窗口，操作人员根据现场接线使用配置工具进行模拟操作和防误规则的配置，配置成功的规则经过完善的防误规则校验后解析成可执行的机器代码，通过网络下装到间隔层装置中进行存储。由于站控层防误系统与监控后台使用同样的实时库，模拟操作完成后便成为具有五防功能的监控后台设备，可以在线跟踪系统的实时状态信息。

间隔层是整个防误系统的核心。间隔层防误软件集成在间隔层保护、测控软件内。间隔层设备接收并保存站控层的防误规则后，便成为独立的具有实时五防逻辑判断的间隔层防误系统。信息的实时采集通过 IEC 61850 的快速报文交换机制即 GOOSE 实现。根据采集的实时信息进行防误逻辑实时判断，并将判断结果实时传送到监控后台和各级监控中心。新型防误系统不仅可以采集隔离开关、断路器的状态量，还可以采集线路电流等模拟量，通过开关量和模拟电流量的双重判据，确保与线路的实际状态一致，可以避免因辅助触点接触不良误判线路状态而导致的安全事故。借助高速网络传输技术及 GOOSE 快速报文传输机制，装置间的防误联锁可以实时获取，可减少操作人员额外的操作环节和操作时间。

网络传输层是信息传送的枢纽和桥梁。变电站内网络形式有百兆或千兆以太网，防误实时采集的 GOOSE 报文可以与站内 IEC 61850 的其他报文［制造报文规范（MMS）］复用同样的物理通道，利用虚拟局域网（VLAN）的划分技术进行网络的优化。

2.1.6　综合自动化设计实例

某地工业园区内新建 110kV 负荷型变电站，场地长为 81m，宽为 66m，占地面积为 5346m²，主要满足附近工业园区企业和生活用电。该站计划安装 2 台变压器，本期容量分别为 40MVA 和 25MVA，远期容量为 40MVA 和 50MVA。该变电站分为 110、35、6kV 三个电压等级向外供电：110kV 进线 2 回；35kV 进线 2 回，出线 3 回；6kV 进线 2 回，出线 26 回。该场地周围比较开阔、交通十分便利，大型设备运输方便，能满足施工和建设要求。变电站所在地区最高月平均温度为 28℃，年平均气温为 16℃，绝对最高气温为 40℃，年雷暴日为 40 天，土壤温度为 18℃。

结合变电站实际情况，综合自动化设计主要包括如下内容。

1. 继电保护

微机保护除了具有继电保护功能外，还需具有模拟量显示、故障记录、定值管理、与监控系统通信及自诊断功能。

2. 信息采集

分布式自动化系统的变电站，信息由间隔层 I/O 单元采集；变电站具备常规的四遥功能，信息由 RTU 采集；电能量的采集用单独的电能量采集装置。

3. 设备控制及闭锁功能

对断路器和隔离开关进行分/合控制、投/切电容器组及调节变压器分接头、保护设备的检查及整定值的设定、辅助设备的退出和投入（如空调、照明、消防等）。运行人员可通过控制主机进行操作，保留手动操作方式，并设置远方/就地闭锁开关，保证在微机通信系统失效时仍能够运行和操作，包括可手动准同期和捕捉同期操作。在各间隔的每个断路器设置按钮或开关式的一对一"分"、"合"操作开关和简易的强电中央事故和告警信号。

4. 自动装置功能

（1）功率补偿。根据潮流进行无功自动调节控制，也可人工控制（人工操作可就地、可远方）。可根据电压和无功负荷的运行区域进行变压器抽头位置调节或电容器组投退。

（2）低频减载。110、10kV 线路可由各自保护装置实现，整定值由各条线路装置自行整定。

（3）同期检测和同期分闸。同步检测断路器两侧电压的幅值、相位和频率，并发出同期合闸启动或闭锁信号。此功能可进行检无压同期，也能进行手动准同期和捕捉同期，即满足正常运行方式下的同期和系统事故时的同期。

（4）小电流接地选线功能。采取 $3I_0$、$3U_0$ 及其增量判断是否有接地故障。小电流接地选线功能与通信网相互独立，不依赖通信网的后台机检测，避免当通信网故障时失去检测报警功能。

（5）故障录波。主变压器和线路除配置了保护装置还配置了单独的故障录波装置。

（6）报警功能。对站内各种越限、开关合、跳闸，保护及装置动作，上、下行通道故障信息，装置主电源停电信号，故障及告警信号进行处理并作为事件记录及打印。输出形式有音响、画面、语音和光字牌告警及故障数据记录显示（画面）。

（7）设备监视功能。包括一次设备绝缘在线监测、主变压器油温监测、火警监测、环境温度监测等内容。当各参量越过预置值时，发出音响和画面告警，并作为事件进行记录及打印。

（8）操作票自动生成功能。根据运行方式的变化，按规范程序，自动生成正确的操作票，以减轻运行人员的劳动强度，并减少误操作的可能性。

（9）数据处理及打印功能。中调、地调、市调、运行管理部门和继电保护专业要求的数据可以以历史记录存档，包括母线电压和频率、线路、配电线路、变压器电流、有功功率、无功功率的最大值和最小值以及时间；断路器动作次数及时间；断路器切除故障时的故障电流和跳闸次数的累计值；用户专用线路的有功、无功功率及每天的峰值和最小值及时间；控制操作及修改整定值的记录；实现站内日报表、月报表的生成和打印，可将历史数据进行显示、打印及转储，并可形成各类曲线、棒图、饼图、表盘图，该功能在变电站内及调度端均能实现。

（10）人机接口功能。人机联系主要包括显示画面与数据、人工控制操作、输入数据、诊断与维护。当有人值班时，人机联系功能在当地监控系统的后台机上进行，运行人员利用主机屏幕和键盘或鼠标器进行操作；当无人值班时，人机联系功能在上级调度中心的主机或工作站上进行。

（11）远程通信功能。将站内运行有关数据及信息远传至调度中心及设备运行管理单位，其中包括正常运行时的信息和故障状态时的信息，以便调度中心人员及时了解设备运行状况及进行事故处理。可实现四遥和远方修改整定保护定值、故障录波与测距信号的远传等。变电站自动化系统可与调度中心对时或采用卫星时钟 GPS。

（12）其他功能。除以上各种功能外，综合自动化变电站还应具备如下功能：具有完整的规约库，可与各种远程终端控制系统（RTU）通信，满足开放性系统的要求；在线设置各设备的通信参数及调制解调器参数；进行多种仿真（遥信变位、事件记录、远动投退）；在线诊断功能、在线帮助；强大的数据库检索功能。

该 110kV 变电站主接线如图 2-1 所示（见文后插页），继电保护和综合自动化配置如图 2-2 所示（见文后插页），保护配置见表 2-1。

表2-1 110kV 变电站继电保护配置

项　目	名　　称	符号	配置原则
主变压器保护	主变压器保护柜	PST	双重化配置。 2 套电气量保护，主后一体。 1 套非电量保护。 差动保护为主保护，零序电压保护、零序电流保护为后备保护
	主变压器纵联差动保护	Id>	
	复合电压启动过电流保护	U<&U2 I>	
	零序电压保护	U0>	
	零序电流保护	I0>	
110kV 线路保护	110kV 线路保护柜	PSL	单套配置。差动保护为主保护，相间距离保护保护相间故障，接地距离保护和零序电流保护保护接地短路故障。差动、距离、零序、重合闸一体化配置
	分相电流差动保护	ID>	
	零序电流保护	I0>	
	接地距离保护	ZD	
	相间距离保护	ZX	
	三相一次重合闸	ZCH	
	三相操作箱	SCX	
110kV 母线保护	110kV 母线保护柜	PSL	单套配置。过电流保护与备自投集中组屏，备自投动作时间大于母线保护动作时间，时间级差为 0.3～0.5s
	过电流保护	I>	
	三相操作箱	SCX	
	备用电源自动投入装置（简称备自投）	BZT	
35kV 线路保护	35kV 线路保护柜	PSL	单套配置。相间电流保护保护相间故障，零序电流保护保护接地故障。相间电流、零序、重合闸一体化配置
	相间电流保护	I>	
	零序电流保护	I0>	
	三相一次重合闸	ZCH	
	三相操作箱	SCX	
35kV 母线保护	35kV 母线保护柜	PSL	单套配置
	过电流保护	I>	
	三相操作箱	SCX	
6kV 电容器保护	6kV 电容器保护（装于开关柜）	PSC	过电流保护作为主保护，三相不平衡电压保护保护电容器不在过电压和欠电压下运行
	过电流保护	I>	
	三相不平衡电压保护	Up>	
6kV 线路保护	6kV 线路保护（装于开关柜）	PSL	单套配置。相间电流保护保护相间故障，零序电流保护保护接地故障。相间电流、零序、低频、低压减负荷一体化配置
	相间电流保护	I>	
	零序电流保护	I0>	
	低频、低压减载保护	f<	
6kV 母联保护	6kV 母联保护（装于开关柜）	PSL	单套配置。过电流保护与备自投集中组屏，备自投动作时间大于母线保护动作时间，时间级差为 0.3～0.5s
	过电流保护	I>	
	备自投	BZT	

续表

项　目	名　称	符号	配置原则
6kV 曲折变压器保护	6kV 曲折变压器保护（装于开关柜）	PST	单套配置
	过电流保护	I>	
	零序电流保护	I0>	

➘ 2.2 变电站智能化技术

2.2.1 在线监测/IED 技术

20 世纪 70 年代以来，考虑到原有预防性维修体系的局限性，为降低停电和电力设备维修费用，提出了预知性维修或状态维修这一新概念，在线监测技术为实现状态维修提供了强有力的技术支持。在线监测技术是在设备运行状态下，利用各种传感器和信息处理技术及计算机技术，实时、连续地监测电气设备的运行状态。在线监测技术的发展和应用，推进了维修体制的变革，减少了维护人员的无效劳动，更以其实时性、先进性推进了电力设备运行监督方法的革新，提高了电网运行管理的智能化水平，为推进智能电网建设提供了有力保障。其中设备状态在线监测是智能变电站与传统变电站最核心的区别之一。

在线监测系统结构如图 2-3 所示。

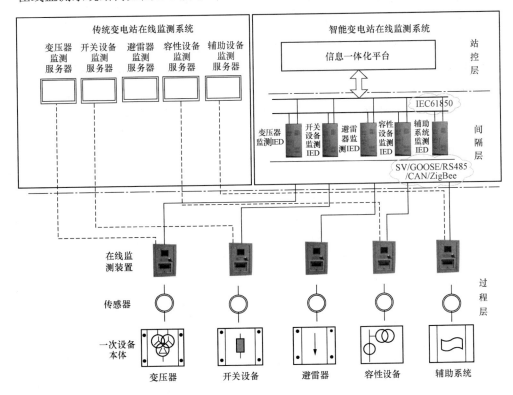

图 2-3　在线监测系统结构

电力设备在线监测技术发展的初期，由各种设备独立进行数据采集、数据分析和结果输出。随着各种技术的融合发展，逐步采用统一的后台主机对所有分散的系统进行集成、统一管理，实现信息共享和资源优化配置。智能变电站中各类设备状态监测宜采用统一的后台分析软件，按接口类型和传输规约，实现全站设备状态监测数据的传输、汇总和诊断分析。设备状态监测后台机宜预留数据远传通信接口。设备状态监测的参量应根据运行部门的实际需求设置，不应影响主设备的运行可靠性和使用寿命。

智能变电站中采用先进的状态监测手段、可靠的评价手段和寿命的预测手段来判断智能一次设备的运行状态，在运行异常时进行故障分析，实现故障部位、严重程度和发展趋势的判断以及识别故障的早期征兆，并根据分析诊断结果在设备性能下降到一定程度或故障将要发生之前给出科学合理的维修策略，由此大幅度提高电网运行的安全性和经济性。传统变电站中只有少数变压器安装了状态在线监测装置；而在智能变电站中，变压器、GIS、SF_6 断路器、隔离开关等主要一次设备都需要安装在线监测设备；状态监测量也从油色谱扩展到局部放电、SF_6 气体密度、微水、漏电流等多个方面。在线监测单元通过各种传感器采集，利用电、光、化学等技术手段对一次设备进行在线监测，实现设备状态的信息数字化、传输网络化、分析可视化等功能。

1. 在线监测技术

理想状态下智能变电站对站内设备应实现广泛全面的状态监测，设备状态特征量的采集上无盲区，可以有效地获取电网运行状态数据、各种智能电子装置的故障和动作信息及信号回路状态，几乎不存在未被监视的功能单元，使得设备状态检修更加科学可行。目前智能变电站中的状态监测尚不能实现所有设备的全面状态监测，市场可提供的状态监测产品也没有包括变电站内所有设备；但一次设备的绝大部分故障往往集中在某一种或几种类型，这些主要故障的产生伴随典型特征量的变化，因此对这些特征量进行状态监测即可对设备的可用度有较好的把握。

目前 220kV 及以上电压等级，状态监测对象主要包括主变压器、高压并联电抗器、GIS、避雷器，750kV 变电站还需监测断路器的状态信息。主变压器、GIS 及 750kV 断路器局部放电在线监测，应综合考虑安全性、经济性及运行维护方便，通过技术经济比较，确定是否采用；110kV 及以下变电站，主要实现主变压器和避雷器的在线监测，监测主变压器油中溶解气体和避雷器的泄漏电流、动作次数。

（1）油中溶解气体及微水在线监测。变压器类设备广泛采用油作为绝缘和冷却介质，这类设备内部存在的潜伏性过热或放电故障会引起局部绝缘油的裂解，裂解出来的气体形成气泡在油中经过对流、扩散作用，就会不断地溶解在油中。在热和电的作用下逐渐分解出氢气、一氧化碳、二氧化碳、甲烷、乙烷、乙烯、乙炔等气体，而不同类型的气体及其浓度可以反映不同的故障类型，通过分析气体的类别、浓度及变化趋势，就可以判断电气设备的潜在故障和绝缘老化程度。

油中溶解气体在线监测主要应用在 220kV 及以上的重要变压器类设备上。实际工程中，用户可根据油中溶解气体监测需要，选择如电化学法、色谱法、光谱法等技术，满足智能组件状态可视化的基本要求。一般进行油中气体监测时，都将氢气（H_2）和乙炔（C_2H_2）作为监测必选气体，然后补充其他特征气体进行设备状态评估。

水分对变压器类油的绝缘特性会产生巨大的影响，油中含有过量的水分会加速绝缘材料的老化，降低绝缘强度，极端情况下会使线圈产生电弧和短路，增大设备失效的可能性。准确测量油中水分既可判断变压器密封状况，还可探知变压器类油吸收的空气水分含量。

（2）局部放电在线监测。变压器、电抗器等充油电气设备，绝缘油中如果含有气隙，在外施高压的作用下，气隙将可能击穿发生局部放电，局部放电会加速油的老化、气泡变大或产生新的气泡，甚至形成高分子蜡状物，进一步促进局部放电。局部放电既是绝缘劣化的原因，又是绝缘劣化的先兆和表现形式。局部放电监测是通过测定局部放电时产生的声、光、电、气体等物理量来判断有无局部放电、局部放电强弱和放电部位。变电设备局部放电检测方法有脉冲电流法、超声波法、光测法、射频检测法、声—电联合、声—光联合、信号分析技术等方法。要将微弱的局部放电信号从强烈的外界电磁干扰中监测出来，最主要的技术问题是削弱或抑制电磁干扰影响。

局部放电监测一般用于 500kV 及以上电压等级的电气设备，如电力变压器、断路器、高压组合电器（GIS）等。对于新造变压器，局部放电监测宜采用内置型特高频天线接收式或外置型高频线圈耦合式；已投运变压器，宜采用外置型高频线圈耦合式；新造 220kV 及以上 GIS，可采用内置传感器；已投运 500kV 及以上变压器和 GIS，可采用外置型传感器。要求局部放电应具有良好的抗电晕干扰能力，如要求正常运行条件下局部放电监测单元最小可监测的视在放电量，变压器应不大于 500pC，断路器和 GIS 应不大于 50pC，对应的最大可测放电量应不低于 5000pC。

（3）变压器类绕组变形、温度在线监测。由于变压器类设备设计工艺及结构布置水平有限，当系统发生故障时，该类设备在承受较大冲击后绕组在大电流和热效应的作用下可能发生机械变形，而累积效应会使变形进一步发展，即使未出现系统短路事故，也会导致设备非正常退出运行。绕组变形在线监测可以实时监测绕组变化，保证故障元件得到及时替换，延长设备的实际使用寿命。变压器类绕组变形的监测有短路阻抗法、低压脉冲法和频率响应法等。

对 98～140℃ 的低温过热，绝缘油中不能分解出可燃气体和糠醛，无法用气相色谱法来分析，而这种温度又会影响变压器的寿命，因此测量绕组的热点温度是十分必要的。绕组热点温度的测量方法大致可分为直接测量法、热模拟测量法和间接计算法三种。

直接测量法是在绕组中埋设光纤传感器直接测量，该方法实现复杂、价格昂贵，装设的设备也可能影响到发电机类的安全运行；热模拟式测温仪往往不能提供准确的数据；间接计算法需要的实测量是负载电流、自然冷却变压器的上层油温或强迫循环冷却变压器的底部油温（冷却器出口油温）。间接计算法的优点是变压器不需停电就可安装绕组热点在线监测装置，且测得这两个相关数据后经智能处理单元计算分析后便可得到绕组的热点温度。对已投入运行的变压器来说，是一种既经济又实用的测温技术。

（4）铁芯接地电流在线监测。在变压器类设备正常运行时，带电绕组及其引线与油箱间构成的电场为不均匀电场，铁芯和其金属构件就处于该电场中。带电绕组与高低压绕组、铁芯及其金属构件、大地油箱之间的电位差达到能够击穿其间的绝缘时，便产生断续放电，断续放电的结果使变压器油分解，并逐步使固体绝缘损坏，导致事故发生。因此，变压器的铁芯与变电站接地系统应可靠连接。但是当铁芯出现两点以上接地时，接地点之间形成闭合回路。当主磁通穿过此闭合回路时就会产生循环电流，造成局部过热事故，导致油分解，绝缘性能下降，严重时会使铁芯硅钢片烧坏造成主变压器重大事故。

通过铁芯接地电流的监测可发现变压器类设备箱内异物、内部绝缘受潮或损伤、油箱沉积油泥、铁芯多点接地等类型的故障。变压器铁芯接地电流通过传感器不失真的采集铁芯对地泄露电流信号，经信号运算、放大，滤波后及时监测出来，出现异常情况时能够及时采取调控措施或由在线监测系统或信息一体化平台处理以避免变压器故障的发生。

（5）SF_6 气体在线监测。SF_6 气体以其高效的绝缘性能在电力系统得到了广泛应用，高压断路器、互感器、GIS 都广泛采用 SF_6 气体作为灭弧和绝缘气体。SF_6 气体维持设备的绝缘水平和保证优良的灭弧能力，气室内的绝缘强度取决于 SF_6 气体的密度值，即单位体积内 SF_6 气体的分子数，与温度无关。而密度值是由在 20℃情况下的充气压力来体现的。设备发生泄漏引起 SF_6 气体密度降低，可能引起开关设备耐压强度降低、断路器开断容量下降等严重的后果，使得设备的电气性能会大大下降；当环境温度变化时，在泄漏部位会出现"呼吸"现象，外部潮气渗透进高压设备内部使 SF_6 气体的湿度增大而影响电气性能甚至引发安全事故。所以为了保证 SF_6 气体绝缘设备安全可靠运行，必须实时监测 SF_6 的气体密度、气体泄漏、气体微水含量等。

（6）断路器机械电气性能监测。高压断路器是电力系统中最重要的开关设备，工况复杂，担负着控制和保护，特别是切除短路故障的重要任务。其在线监测主要包括动作特性、触头寿命等。

断路器在线监测内容包含绝缘气体（SF_6 断路器）、开断次数、开断电流波形、触头行程、振动波形、分/合闸线圈电流、操动机构油压、储能电机电流等。对于 750kV SF_6 断路器还包括 SF_6 气体状态监测、断路器局部放电在线监测。这些在线监测的原理和方法与 GIS 在线监测基本相同。少油断路器的在线监测主要是指直流泄漏电流的监测。

断路器触头刚分速度对灭弧性能影响很大，适当提高刚分速度对减少电弧能量、减少零部件的烧损有很大作用，但刚分速度过度提高不一定能提高灭弧性能，反而会加重操动机构的负担；同样，断路器触头合闸速度对灭弧性能也有很大影响。因此，对断路器触头行程、速度特性的在线监测也很重要。

（7）避雷器在线监测。避雷器遭受冲击电压时，以电流的形式释放能量，将能量导入大地；冲击电压消失后，避雷器恢复至系统的工频电压，避雷器在工频电压的作用下从内部和外部向大地流过微小的泄漏电流。避雷器泄漏电流特别是阻性电流部分能够直接反应避雷器本体的绝缘性能。因此在线监测避雷器的不同泄漏电流和雷击次数具有重要的意义。

（8）直流电源（蓄电池）在线监测。直流电源的状态主要由蓄电池单体的电压和内阻决定，单体电压决定了电池组的电压，内阻间接反映了电池的寿命，因为随着电池的运行，其内阻会变大。故对蓄电池的在线监测内容包括单个电池端电压、内阻以及整个电池组的电压监测。蓄电池在线监测能实时监测电池性能，瞬间测试电池内阻及负荷能力，寻找落后单体，对电池进行核对放电和早期预报，有效预防故障的发生。

（9）容性设备在线监测。容性设备是指绝缘结构采用电容屏的电气设备，数量约占变电站电气设备的 40%。包括电流互感器、电容式电压互感器、电容器、绝缘瓷柱、高压套管以及容性避雷器等，主要的监测特征量有介质损耗、泄漏电流、等值电容量（有些也可监测局部放电）等。该类设备在线监测可以通过在瓷柱、套管或避雷器等容性设备上安装泄漏电流传感器，通过泄漏电流和系统电压的相位差来计算其介损值。

（10）高压开关柜在线监测。高压开关柜是电力系统非常重要的电气设备，它将各高压开关设备部件、母线、支撑绝缘子等统一成为整体。其内部绝缘部分的缺陷或劣化、导电连接部分的接触不良都使安全运行受到威胁。高压开关柜中引起放电故障的缺陷主要包括：导体、外壳内表面上的金属突起；绝缘的缺陷和老化；支持绝缘子表面污秽；高压母线连接处、高压开关主电路触头以及断路器触头接触不良；开关元件内部放电缺陷等。由于在事故潜伏期可能产生放电现象，因此可以通过对局部放电的监测得到相关的信息。

（11）智能二次设备在线监测。当前阶段智能设备主要包括变电站二次设备和智能终端，但鉴于此类设备的复杂性和多样性，各种监测手段尚不成熟，有望在不久的将来能实现各种装置的报警和故障信息、压板投入状态、自动空气开关投入状态、网络通道和网络流量等多种项目的综合监测。

2. IED 技术

IEC 61850 协议中将 IED 定义为：由一个或多个处理器构成，且有能力接收外部资源和（或）向外部资源发送数据和（或）控制命令的装置。IED 是现代智能变电站间隔层的关键设备，与信息一体化平台、过程层（智能设备、合并单元和智能终端等）进行协调工作和双向的数据通信，在智能变电站状态监测系统与辅助系统中发挥重要作用。

根据 IEC 61850 协议对实际的 IED 进行建模，达到了不同厂家的 IED 之间信息交换的目的，为 IED 之间的互操作提供途径，解决了以前变电站不同厂家设备之间通信协议不兼容的问题。基于 IED 的智能变电站减少了变电站状态监测以及保护装置之间的干扰，通信网络更加可靠和迅速，提高了信号传输的可靠性，进一步提高了变电站的自动化和管理水平，并且节省智能变电站系统的重复开发费用。

（1）IED 实现功能。IED 在智能变电站系统中主要实现以下功能：

1）协调功能。与站控层信息一体化平台（包括监控系统或在线监测系统）以及过程层一次设备智能终端进行协调工作，接收信息一体化平台的控制命令以及过程层设备上传的监测状态量，正确执行信息一体化平台的控制命令，及时将过程层上传的数据传输给信息一体化平台进行处理。

2）传输功能。IED 完成过程层和站控层之间信息的传输。例如：智能变电站是通过 IED 将时钟信息传输给过程层设备实现时钟同步，接收站控层的时钟信息传输给相应的过程层，从而实现全站的时钟同步。

3）数据处理功能。IED 对有些设备采集的数据进行就地处理运算，并对设备故障信息进行存储以及本地显示。如避雷器阻性电流计算等。

4）嵌入 IEC 61850 协议。IED 接收过程层的数据可能来自不同的厂家，数据的格式也各不相同，IED 通过对接收数据进行 IEC 61850 协议封装，将不同的协议统一化，实现变电站的信息共享以及设备的互操作性。

（2）IED 在智能变电站中根据监测对象以及实现功能的不同，可以分为变压器运行工况 IED、智能开关监测 IED、避雷器监测 IED 等。

1）变压器 IED 主要对变压器进行运行状态及保护动作监测，根据监测对象的不同，主要包括变压器冷却控制 IED、局部放电 IED、油色谱监测 IED、容性设备 IED（套管监测 IED）、铁芯电流监测 IED 以及变压器运行工况 IED 等。

变压器冷却控制 IED 属于智能变电站变压器冷却系统，主要通过采集变压器的油温和负荷电流值监测变压器运行状态，并控制调节变压器的风扇动作，预防由于温度过高引起变压器故障。

局部放电 IED 可实现变压器局部放电在线测量，通过光纤将监测数据上传到信息一体化平台，进行预警以及相应的故障保护。

油色谱监测 IED 根据油色谱数据分析，能及时准确检测出绝缘油中溶解的各种故障气体浓度，分析气体浓度变化趋势，提供科学的诊断报告，为变压器等设备长期稳定运行提供了可靠保证。

套管监测 IED 实时获取变压器套管等容性设备的介质损耗角等状态参数，及时将变压器套管的绝缘性能信息上传到信息一体化平台（或在线监测系统），对套管可能发生的故障进行预警以及实现相应的状态检修。

2）智能开关 IED 主要是对智能变电站的智能开关运行状况进行状态监测，包括断路器机械特性 IED、SF_6 监测 IED、高压开关柜触头温升监测 IED、隔离开关 IED 等。

断路器机械特性 IED、GIS 设备 SF_6 监测 IED 以及隔离开关 IED 都属于智能变电站断路器在线监测系统，主要在设备维修、正常监测以及出现紧急状况的情况下控制断路器和隔离开关的开断。其中断路器机械特性 IED 主要获得过程层智能终端上传的断路器分/合闸线圈电流、触头行程、主回路电流、分/合闸状态等基本特征量；SF_6 监测 IED 主要获取过程层各个 GIS 气室内的 SF_6 气体密度、压力及温度信息，并及时上传报警信息以及就地保存。

高压开关柜触头温升监测 IED 及时将获取到的各个开关柜触头的实时温升数据、状态数据及报警信号上传到信息一体化平台，进行预警或报警并实现设备的状态检修。

3）避雷器 IED 经过处理运算实现避雷器的全电流、阻性电流以及雷击次数监测，及时发现避雷器由于污秽或内部受潮引起的瓷套泄漏电流或绝缘杆泄漏电流增大，将报警信号上传到信息一体化平台，避免事故的发生。

4）容性设备 IED 主要通过获取智能变电站各个容性设备的介质损耗角来判断其绝缘性能，通过对泄漏电流和母线电压信号的处理运算及时发现容性设备故障并进行报警。

5）辅助设备 IED 主要实现照明设备、红外热成像、PDA 巡检、防火防盗以及视频监测等辅助设备的监控，并将信息上传至信息一体化平台。平台完成辅助设备运行状况的分析，并直接控制智能变电站所有辅助设备的运行。

（3）IED 设计实例—断路器状态监测 IED。智能变电站断路器在线监测单元如图 2-4 所示，过程层断路器在线监测装置实时采集断路器运行状态参量，在收到间隔层发送的采集命令后，及时通过 CAN 总线将实时采集的状态量上传至断路器状态监测 IED；间隔层断路器监测 IED 定时接收监控中心服务器下发的数据采集指令，通过 CAN 总线向各个断路器在线监测装置发送相应的采集命令，根据建立的分析模型计算出刚合速度、刚分速度、超行程、合分闸速度、合闸不同期以及分闸不同期等断路器机械特性参数，并将上述断路器状态参数通过 IEC 61850 协议发送到信息一体化平台。另外，断路器监测 IED 通过 RS-485

总线将站控层下发的 B 码信号发送到各个间隔中的断路器在线监测装置，实现断路器在线监测装置对合分闸线圈电流、触头行程等信号的异地同步采样；信息一体化平台通过 IEC 61850 协议接受多个断路器 IED 上传的各类监测数据，对监测数据进行分析、计算、诊断和预警。

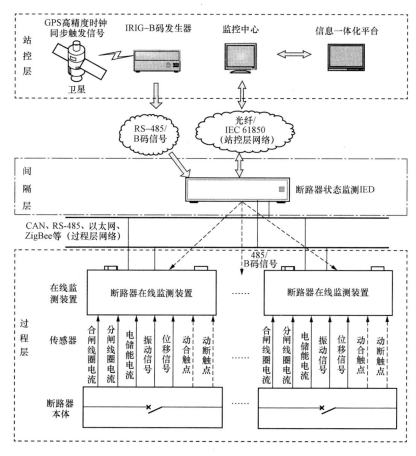

图 2-4　智能变电站断路器在线监测单元

　　1) 硬件设计。断路器 IED 作为智能变电站中断路器在线监测系统的间隔层设备，不仅需要实时准确的接收站控层的采集命令并及时下发给过程层采集装置，将过程层上传的数据及时发回站控层，而且还应该能记录断路器异常事件，以用于预警报警和事后对事件进行分析。

　　为了满足断路器 IED 的高速性和实时性，采用 ARM+DSP 的结构，使设备具有高效快速的传输能力和强大的实时监控功能。ARM 采用三星公司 ARM9 芯片 S3C2440A，附加外围的键盘、液晶、以太网通信等硬件设备，用以完成整个系统的管理和控制，包括向 DSP 发送指令，要求回传数据，对数据进一步处理、存储和显示，以及与 DSP 和站控层服务器的通信。DSP 选用德州仪器（TI）公司的 2000 系列 TMS320F28335 芯片，利用 DSP 的高速运算和多种片上外设的特点完成断路器状态的数据采集，并对采集的数据进行计算和分析，同时实时响应 ARM 的请求，将数据处理的结果发送给 ARM。断路器状态监测 IED 硬件结构如图 2-5 所示。

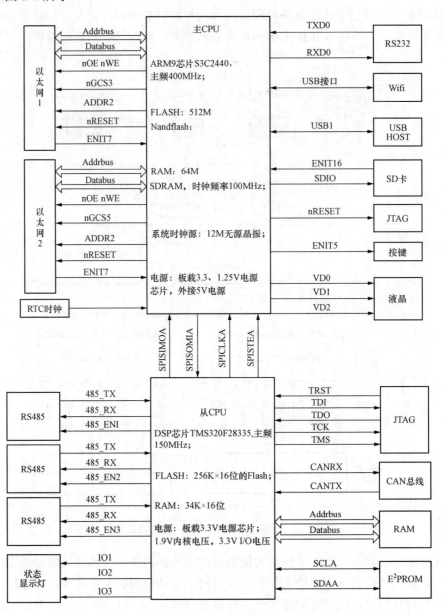

图 2-5　断路器状态监测 IED 硬件结构

断路器状态监测 IED 中，DSP 通过 CAN 总线读取过程层断路器监测装置上传的状态监测数据，并对这些状态量进行建模运算处理，再将上述数据通过 SPI 通信发送到 ARM，ARM 按照事先设定的程序进行本地存储显示，通过光纤将所有断路器状态量通过 IEC 61850 协议上传到信息一体化平台，并且控制人机交互界面在本地显示。

2）软件设计。断路器状态监测 IED 采用模块化、结构化的设计思想进行软件设计，以便于将来程序和各种功能模块的扩展和移植。断路器 IED 的软件总体框架如图 2-6 所示。

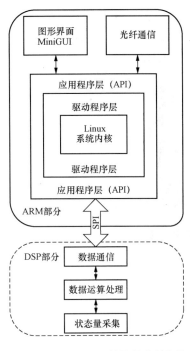

图 2-6 断路器 IED 的软件总体框架

根据本装置的主从式结构及 2 个 CPU 的不同任务，整个系统软件分为 ARM 部分和 DSP 部分。在 ARM 软件设计上，应该注重 IEC 61850 及系统的稳定性；在 DSP 软件设计上，应该保证整个软件系统及通信设计具有较强的实时性。

IED 软件设计流程图如图 2-7 所示，其中，系统的初始化程序在全局中起着至关重要的作用。上电后经过一段时间延时，待电源稳定后需要对系统进行 CPU 初始化、时钟初始化、I/O 初始化、存储器初始化、异步通信串口初始化等操作。

某变电站断路器 IED 现场安装如图 2-8 所示。

2.2.2 电子式互感器、合并单元

传统电磁式互感器存在测量精度低、动态响应范围小、安全性能差、模拟量输出等问题，其性能已不能满足智能变电站的需要，需逐步升级为电子式互感器。电子式互感器是有别于传统电磁式电压/电流互感器的新型互感器，主要包括基于电工技术的采用特殊结构空心

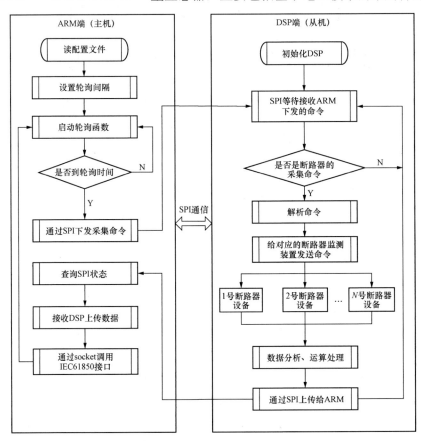

图 2-7 断路器状态监测 IED 的软件流程图

线圈（罗氏线圈）或低功耗铁芯线圈（LPCT）的电子式电流互感器 ECT 和各种分压式电子电压互感器 EVT、基于光学传感器技术的法拉第磁光效应光电式电流互感器（无源型）和普克尔（Pockels）电光效应光电式电压互感器（无源型），如图 2-9 所示。

图 2-8　断路器状态监测 IED 现场安装图

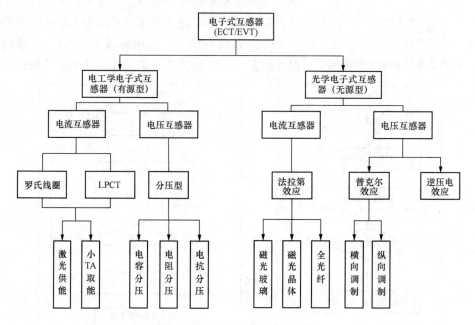

图 2-9　电子式互感器基本分类

新型电子式互感器相对于传统电磁式互感器而言具有下述优点：

（1）高、低压侧完全隔离，造价低，安全性高，具有优良的绝缘性能；

（2）不含油，不会产生易燃易爆等危险，体积小、重量轻；

（3）不含铁芯，消除了磁饱和、铁磁谐振等问题，从而使互感器运行暂态响应好、稳定性好，保证了系统运行的高可靠性；

（4）通过光纤传输信号，抗电子干扰能力强，且不存在低压侧的开路和短路危险；

（5）动态响应范围大，测量精度高；

（6）频率响应范围较宽；

（7）适应了电力计量与保护数字化、微机化和自动化的发展潮流；

（8）节约了大量的二次电缆，减少投资。

1. 电工学电子式互感器

纯粹基于电工技术的电子式互感器的测量原理是利用罗氏线圈或低功耗铁芯线圈（LPCT）采集电流量，分压器件（容式、感式、阻式）采集电压量，互感器传变后的电压和电流模拟量由采集器就地转换成数字信号。采集器与合并单元间的数字信号传输及激光电源的能量传输全部通过光纤来进行。通常采用 4 芯尾纤，2 芯分别提供给 2 套独立的双重化保护，1 芯负责提供能量，1 芯备用。电子式互感器工作电源通常采用激光电源和取能线圈双电源方式，即一次电流 10A 以上用取能线圈做电源，10A 以下用激光电源。

（1）罗氏线圈电子式电流互感器（有源型）。

1）基本原理。罗氏线圈（即罗柯夫斯基线圈）是一种特殊结构的空心线圈，其将测量导线均匀绕在截面均匀的非磁性材料的框架上，结构如图 2-10 所示。

罗氏线圈可根据被测电流的变化感应出被测电流的变化，其特点是对被测电流大小几乎没有限制，反应速度快，可以测量前沿上升时间为纳秒级的电流，且精度高达 0.1%。从测量大电流的观点来看，罗氏线圈是一种较为理想的敏感元件，且与被测电路隔离良好。

理论证明，罗氏线圈所交链的磁链与被测电流存在线性关系。当罗氏线圈绕制非常均匀且内线圈所包含的面积细小均匀时，在其单元长度小线圈上所交链的磁链与穿过罗氏线圈限定面的电流成正比，而与未穿过罗氏线圈限定面的载流导体不存在任何的电磁联系。因此，在外界杂散磁场非常复杂的情况下能够准确测量大电流，完全满足电力系统继电保护所用电流互感器的要求，更重要的是不存在磁路饱和问题。

2）电工学电子式互感器系统结构。基于罗氏线圈的电流互感器的原理研究已经比较成熟，在电力系统中有着广阔的应用前景。在正常和故障运行状态下能够稳定、可靠、线性、快速地测量电流，基于罗氏线圈的电子式电流互感器的系统结构如图 2-11 所示。

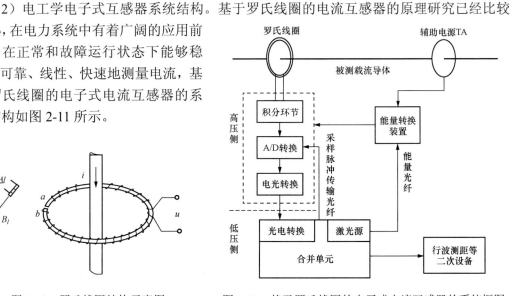

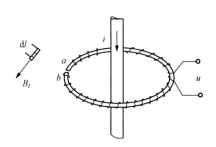

图 2-10　罗氏线圈结构示意图　　图 2-11　基于罗氏线圈的电子式电流互感器的系统框图

电子式电流互感器高压侧的信号处理流程如图 2-12 所示。高压侧是信号采集、预处理及电光变换的信号处理模块。该模块采集线路的输出信号，经过预处理、积分变化以及 A/D 转换后变为数字信号，通过电光转换器将数字信号变为光信号，然后由光纤将数字光信号送至低压侧。此二次处理系统将数字量送至保护和电能计量等设备。电路工作电源一般是通过激光供电或者高压侧自取能的方式实现。

图 2-12 罗氏线圈的电子式电流互感器的信号流程

高压侧信号处理单元：电子式电流互感器高压侧信号处理单元位于高压一次系统侧，一般安装在户外，为了满足其安全可靠以及方便维护的需要，高压侧信号处理环节必须尽可能简洁。同时出于高压侧供能问题的考虑，高压侧电子线路也应该为低功耗设计。

低压侧信号处理单元：通过光纤从高压侧传送下来的光信号经过光电检测器和波形整形后就成为数字信号。而在一个间隔内所有传感器的输出经过上述过程后，都进入到低压侧的信息合并单元。合并单元作为电子式互感器系统的信息收集和处理中心，决定了电子式互感器在电力系统二次回路中的应用方式和方法。

（2）分压型电子式电压互感器（有源型）。实际应用的分压型电子式电压互感器一般为电阻式电压互感器和电容式电压互感器两种。

电子式电阻电压互感器的原理如图 2-13 所示。U_2 是 Z_2 上的分压，如果 Z_2 远小于 Z_1，可将高压的 U_1 按比例减小为低压 U_2，供测量和保护使用。其中分压系数 $K = (Z_1 + Z_2)/Z_2$。由于分压电阻需阻值高、耐压高，且电压系数要小，选择较为困难。此外，分布电容、高压电极电晕放电和绝缘支架的泄漏电流等，都会带来测量误差。所以在 10、35kV 低电压等级中一般采用电阻分压。

电子式电容电压互感器的关键是电容分压器，其核心是电容。电容式电压互感器是利用电容分压原理实现电压变换的，主要由电容分压器和电磁单元构成，其结构如图 2-14 所示。

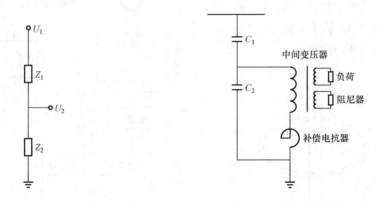

图 2-13 电阻分压型互感器工作原理　　　图 2-14 电容分压型互感器工作原理

其中，C_1 为高压臂电容，C_2 为低压臂电容，如果 U_1 为一次侧电压，则 C_2 上的电压 $U_2 = \dfrac{C_1}{C_1 + C_2} U_1 = KU_1$，$K$ 为分压器的分压比。只要适当选择 C_1、C_2 的电容值，即可得到合适的分压比。110kV 以上一般采用电容分压或阻容混合式分压。

电工学电子式互感器结构简单、长期工作稳定性好，是容易实现高精度和性能稳定的实用化工业产品，是目前国内研究的主流；但其不足之处是高压侧电源产生方法比较复杂，且成本比较高。

2. 光学电子式互感器

基于光学传感器技术的电子式电流互感器，利用法拉第磁光效应，即光波在通电导体的磁场作用下，光的偏振平面旋转角发生线性变化，从而检测出对应的电流大小。基于光学传感器技术的电子式电压互感器，利用普克尔电光效应，根据电光调制原理，在调制光电传感器中，外加电压沿晶体通光方向施加，采用偏振干涉法，测量两束偏振光的相位差得出被测电压的大小。其主要优势是产生的光测量信号可直接光纤传输，不需一次电源，结构简单，安装方便。

（1）法拉第光电电流互感器（无源型）。基于法拉第磁光效应的电子式互感器是一种无源型互感器。利用法拉第磁光效应，光纤环围绕在输电线路上，其产生的电流磁场使通过光纤环的偏振光波发生偏振面的旋转，线性地产生法拉第旋转角，再利用光探测器检测出外加电流磁场的大小，从而间接测出对应电流大小。磁光式互感器原理如图 2-15 所示。

传感头一般基于法拉第效应，当一束线偏振光通过放置在磁场中的法拉第旋光材料后，若磁场方向与光的传播方向平行，则出射线偏振光的偏振平面将

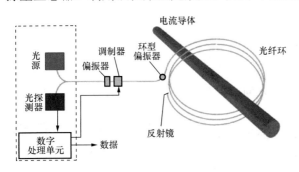

图 2-15 磁光式互感器原理图

产生旋转，即电流信号产生的磁场信号对偏振光波进行调制。传感头部分不需要供电电源，这是区别于电子式互感器的主要特点。

该类型互感器结构简单，无磁饱和问题，充分发挥了光学互感器的特点，尤其是在高压侧不需要电源器件，使高压侧设计简单化，互感器运行寿命有保证。但不足之处是光学器件制造难度大，测量的高精度不容易达到，尤其是电流互感器受费尔德常数和线性双折射影响严重，而目前尚没有更好的方法解决费尔德常数随温度变化而出现的非线性变化问题，很难在工业上进行大规模实际应用，仅有全光纤式电流互感器在网内试运行。

（2）普克尔光电电压互感器（无源型）。普克尔效应指出一些晶体在外加电场的作用下会改变其各向异性性质，产生附加的双折射效应，其折射率和外加电压的大小为线性关系，即入射光和出射光的相位差与外加电压的大小为线性关系。再利用光学检偏器将光波相位变化转换为光强变化，最后经过调制处理将光学量转换为电学数字量输出。

根据通光方向与电压（电场）方向的位置关系，普克尔效应有横向和纵向方式 2 种，普克尔电光效应电压互感器也可分为横向调制型和纵向调制型 2 种。

横向调制型电光效应电压互感器是指通光方向与所加电压（电场）的方向互相垂直，如图 2-16 所示。图 2-16（a）为透射式横向调制光学电压传感器，法国阿尔斯通公司研制的 123～765kV COV TA 采用该结构；图 2-16（b）为反射式横向调制光学电压传感器，ABB公司研制的 115～550kV COV TA 采用该结构。

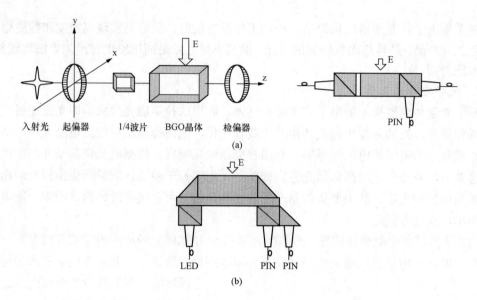

入射光　起偏器　1/4波片　BGO晶体　检偏器

(a)

PIN

(b)

图 2-16　横向调制光学电压传感器

（a）透射式；（b）反射式

纵向调制型电光效应电压互感器是指通光方向与所加电压（电场）的方向相互平行，如图 2-17 所示。

纵向调制光学电压传感器中，外加电压沿晶体通光方向施加，其所引起的普克尔效应是晶体中沿光束方向上各处电场所引起的普克尔效应的累积。纵向调制型光学电压传感器的优点是可以对加在晶体两端的电压实现直接测量，且测量结果不受因晶体热胀冷缩而引起的电极间距离变化的影响；同时，采用纵向调制型结构时，晶体的半波电压只与晶体的电光性能有关，而与晶体尺寸无关。因此，可以

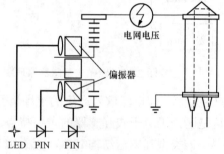

图 2-17　纵向调制光学电压传感器

通过增加晶体的长度来提高系统的灵敏度，但纵向调制型结构在实用化过程中也存在工艺复杂、成本高、信号解调困难、绝缘设计要求高等技术难点。

横向调制光学电压传感器中，外加电压沿与晶体通光垂直方向施加，会因自然双折射而产生相位延迟，延迟产生的相位差易受外界温度变化影响。同时，采用横向调制型结构时，晶体的半波电压可以通过改变晶体的长宽比例进行调节。因此，实际应用中被测电压可以直接加到横向普克尔器件上，生产制作时方便简单。但是横向调制型结构受附近电场的干扰影响较大。

上述两大类电子式互感器各有优缺点。光学电子式互感器虽然有明显的技术优势，但还存在一些实用化的问题尚待解决。电工学电子式互感器技术成熟，运行经验多，具有实用化优势，且罗氏线圈（传感保护用电流信号）+LCPT（传感测量用电流信号）方式来实现的电学电子式互感器已经得到了工程应用，已建成智能变电站多数采用该类型互感器。如浙江省 110kV 大侣智能变电站 110kV 线路间隔采用罗氏线圈电子式电流互感器，主变压

器 110kV 侧采用法拉第光纤式电流互感器;洛川 750kV 智能变电站采用的是基于罗氏线圈和 LCPT 的电子式互感器。从目前的运行结果来看,能够满足智能变电站保护和计量对互感器的要求。

3. 合并单元

(1)基本概念。合并单元(Merging Unit,MU)作为过程层的重要设备,提供多个电子式互感器的输入接口、串行输出接口及以太网接口,其输出接口实现与间隔层设备通信。智能合并单元是变电站智能化的重要体现。智能变电站中,合并单元作为电子式互感器二次转换器与智能化二次设备的中间连接环节,其主要功能是实现多路电子式电流、电压互感器的信号(ECT/EVT)采集与处理,将各路信号汇总、同步,根据上述不同协议采用点对点或交换式以太网的方式将数据送给间隔层的保护和测控装置。合并单元是过程层采样值传输技术的主要实现者,物理形式上可以是互感器的一个组成件,也可以是一个分立的单元。智能化变电站中采用互感器和合并单元相结合方式,减少变电站二次绕组的配置数量,从而减小互感器体积,提高可靠性,降低变电站总造价。其结构如图 2-18 所示,图中 EVTa 是指电子式电压互感器 a 相;ECTa 是指电子式电流互感器 a 相;SC 是指二次转换器。

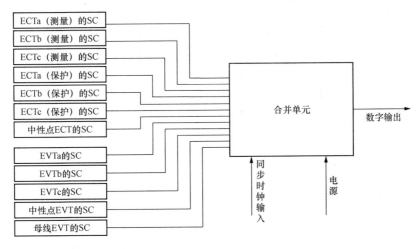

图 2-18　合并单元结构示意图

同一个数据帧中,需要采集的一般至少有测量用三相电流、保护用三相电流、三相电压、母线电压共 10 路信号。对于变压器,另外还需要采集中性点电流和中性点电压,总计 12 路信号,然后经过合并单元处理后按照曼彻斯特编码格式将这些信息组帧发给二次保护、控制设备。需要注意的是,并未有标准规定合并单元必须接 12 路电流、电压信息,没有利用的电流、电压信息必须提供相应的状态标志位,其对应的状态标志位也在合并单元发送给二次设备的数据帧内。

IEC 61850-9-1 协议对合并单元的通信方式做了进一步定义,规定合并单元发给二次保护及控制设备的报文除了 IEC 60044-7/8 中规定的电流、电压值及标志采样值是否有效的状态信息、同步信息和设备维护信息外,增加了反映开关状态的二进制输入信息和时间标签信息,要采用以太网实现合并单元与间隔层之间的通信。IEC 61850-9-1 和 IEC 61850-9-2

分别是通过串行单向多路点对点和基于过程总线的特殊通信服务映射实现采样值的传输，增强了采样值传输模型映射的完备性。

（2）合并单元功能模块及主要特点。根据功能划分，合并单元主要由以下 3 个模块构成：

1）数据同步接收功能模块。主要由数据串行接收模块、同步功能模块以及数据排序模块组成。实现与合并单元连接的 12 路电子式互感器数据采集且保证电流、电压采样数据的时间一致性，并使全站的合并单元能够同步。为了降低一次侧电路的功耗，通常采用串行数据传输，要求合并单元将串行数据即时就地还原成并行数据，并对这些数据进行正确排序。

2）数据处理功能模块。合并单元对接收到的电压、电流信号进行处理以供数据通信模块发送给间隔层设备。包括对串/并转换完成后的采样数据进行数字滤波、相位补偿、比例换算（数字定标处理）以及先进先出（FIFO）排序，并要求系统能方便地修改定标系数。

3）数据发送功能模块。合并单元处理采样数据后，按照 IEC 60044-8 和 IEC 61850-9-1/2 中规定的格式向二次设备提供数据。前者基于 FT3 格式进行曼彻斯特编码方式串行发送，后者通过以太网帧格式点到点或组网方式发送给保护、测控设备，完成与间隔层的通信。

（3）关键技术。电子式互感器合并单元的研究具有重要的意义，目前也存在很多技术难点，尤其是数据同步为主要技术问题。传统的电磁式互感器输出为连续的模拟信号，各路模拟量基本同步，差别仅在于各个互感器输出的相位差，但是相位差很小可忽略；而电子式互感器由于增加了模数转换与数字处理部分，输出是数字信号，所以带来了数据同步问题。数据同步是指将多路模拟电量同步到相同的采样时刻，从而能够让保护和测量装置进行实时的分析和处理，以避免相位和幅值产生的误差。

同步主要包括 3 个任务：

1）准确可靠识别全站合并单元同步信号；

2）给各路 A/D 发送高精度同步采样信号；

3）异常情况的处理。

利用复杂可编程逻辑器件（CPLD）或者现场可编程逻辑门阵列（FPGA）可同时执行多进程功能模块的特点完成以上任务。合并单元的同步包括不同采集器间的同步和不同合并单元间的同步。在电子式互感器的应用中，与一个合并单元进行接口的 ECT/EVT 中所带的 A/D 转换器可以具备单路模拟量输入通道，也可以具备多路模拟量输入通道。合并单元通过向各路 A/D 转换器发送同步转换命令，来实现各路同时采样和 A/D 转换；当一个二次保护设备需要多个合并单元提供的电流、电压信息时，必须使不同的合并单元之间同步工作，在多数情况下，变电站的合并单元都需要同步，可以使用一个站级同步源给所有的合并单元发送同步信号以实现采样的同步；当保护双重化时，变电站需要 2 个独立的同步源给 2 套保护设备提供同步信号，但由于 2 套保护设备共用同一个电子式互感器，2 个同步源之间也应实现同步。

2.2.3 站内时钟同步技术

在电力系统中，各种事件发生的时间序列在电网运行或故障分析过程中起着决定性的作用，统一的时间系统对于描述电网暂态过程中电流、电压波形、断路器、保护装置的动作时序及安全自动装置的投退都有着重要意义。

通过收集分散在各个变电站的故障录波数据和事件顺序记录，可以在全网内更好地复现事故发生发展的过程，监视变电站设备的运行状态。电网故障定位系统可以通过检测各变电站接收到故障反馈信号的精确时间、对比不同站点的时差关系来定位故障发生的位置。

随着电子式互感器在智能变电站的应用和推广，由合并单元输出的数字采样信号中必须含有时间信息，各相电流和电压互感器输出的信号必须同步，才能为继电保护和其他装置使用，因此各个互感器之间的采样同步性是其应用的关键技术问题。

1. 同步时钟源

同步时钟源是实现物理时钟同步的最基本条件，为变电站自动化系统提供各个节点之间进行物理时钟同步所需要的当前时间标记。时钟源授时方式主要有长波授时（BPL）、短波授时（BPM）、卫星授时和网络授时，目前用于电力系统的主要有卫星授时和网络授时。

卫星授时属于无线授时，主要有美国的 GPS、俄罗斯全球导航卫星系统（GLONASS）、欧洲伽利略（Galileo）导航系统和中国的北斗导航卫星系统等。目前在电力系统中采用 GPS 授时较为广泛，通过专门的接收器接受 GPS 卫星信号，可以获得包含年、月、日、时、分、秒及 1PPS（标准秒）的时间信号，具有很高的频率精度和时间精度。同时通过扩展单元可以将 GPS 信号输出为 IRIG-B 时间码、脉冲码及串口时间报文等类型的时间同步信号，以满足不同接口设备的对时要求。

网络授时属于有线授时，网络时间协议（Network Time Protocol，NTP）是普遍使用的国际互联网时间传输协议，采用复杂的时间同步算法达到精确对时的目的，传输采用 UDP 协议。而简单网络时间协议（Simple Network Time Protocol，SNTP）是 NTP 的一个简化版，应用于简单的网络中。在 IEC 61850 中规定的时间同步协议就是 SNTP。

2. 站内主要对时方式

站内对时方式是指变电站内自动化设备或系统利用时钟源提供的精确时间信息进行时钟同步的方式。目前电力系统中，站内对时方式主要有以下 5 种：

（1）串行报文对时（软对时）。被对时设备接受 GPS 时钟的串行接口发送的报文，通过解帧获取其中的时间信息来校正自身的时钟，以保持与主时钟的同步。同步报文包括年、月、日、时、分、秒，也可以包括用户指定的其他特殊内容，报文信息格式为 ASCII 码或 BCD 码或十六进制码。如果选择合适的传输波特率，精度可以达到毫秒级。常用对时协议有 RS-232、RS-422 和 RS-485 协议等。

报文发送时刻，每秒或每分输出 1 帧，或根据请求输出 1 次（帧），或以用户指定的方式输出。帧头为 #，与秒脉冲（1PPS）的前沿对齐，偏差小于 5ms；串口通信波形如图 2-19 所示。

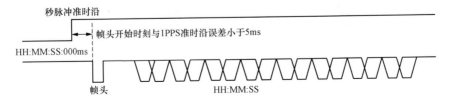

图 2-19　串口通信波形

串口报文对时的优点是数据全面、不需要人工预置；缺点是授时精度低、报文的格式需要时钟源和被同步装置双方进行约定。

（2）脉冲对时（硬对时）。脉冲对时如图 2-20 所示，主时钟设备每隔一定的时间间隔输出 1 个精确的同步脉冲，接收装置在接收到同步脉冲后利用脉冲的准时沿（上升沿或下降沿）来校准被同步装置内时钟的走时误差。常用脉冲对时信号有秒脉冲（1PPS，即每秒 1 个脉冲）和分脉冲信号（1PPM，即每分 1 个脉冲）。目前，在变电站中最常见的是利用 GPS 接收机所输出的 1 PPS 方式进行时间同步校准，获得与 UTC 同步的时间，准确度较高，上升沿的时间准确度不大于 1μs。分脉冲同步原理和秒脉冲相同，获得与 UTC 同步的时间准确度不大于 3μs。一些制造厂通过差分芯片将 1 PPS 转换成 RS-422、RS-485 等差分电平信号输出，以总线的形式实现与多个装置同时对时，同时也增加了对时距离，由原来的几十米的距离提高到 1km 左右。

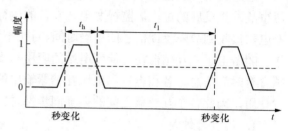

图 2-20　秒脉冲示意图

脉冲对时的优点是授时精度高、使用无源接点时适应性强；缺点是只能校准到秒（用 1PPS），其余年、月、日、时、分、秒的时间信息数据需要人工预置。

（3）IRIG-B 码（DC）对时。IRIG 时间编码序列是由美国国防部下属的靶场仪器组（IRIG）提出的并被普遍应用的时间信息传输系统。

IRIG 串行时间码共有 6 种格式，即 IRIG-A、B、D、E、G、H。它们的区别是时间码的帧速率不同，从最慢的每小时 1 帧的 D 格式到最快的每 10ms 1 帧的 G 格式。B 码的时帧速率为 1 帧/s，其基本的码元是 "0"、"1"、"P" 码元，每个码元占用 10ms。码元 "0" 和 "1" 对应的脉冲宽度为 2ms 和 5ms，"P" 码元是位置码元，对应的脉冲宽度为 8ms，可以传递 100 位的信息，包含秒段、分段、时段和日期段等信号。IRIG-B 码由于传输比较容易、携带信息量大以及高分辨率而应用最为广泛。图 2-21 为 IRIG-B（DC）码的示意图。

IRIG-B 码对时是通过 IRIG-B 码发生器，将 GPS 接收器输送的 RS-232 数据及 1PPS 转换成 IRIG-B 码，通过 IRIG-B 输出口及 RS-232/RS-422/RS-485 串行接口输出，各种测量及保护单元内部都装有 IRIG-B 码解码器，输出标准北京时间及 1PPS 完成精确对时。

（4）NTP/SNTP 网络对时。随着网络技术的成熟及其在变电站自动化系统中的应用，同一网络中各待同步节点通过运行 NTP 或 SNTP 协议实现各个节点的时钟同步，已在国内外变电站综合自动化系统中广泛应用。目前，简单网络时间协议（SNTP）应用较多。其中，NTP 时钟同步精度可控制在 1～50ms 之间，SNTP 同步精度可达到 1ms。网络授时方式可以为接入网络的任何系统提供对时。实际应用中，在满足同步精度要求的前提下，出于经济性的考虑，常采用组合多种同步方式进行授时，如在站控层设备采用 NTP/SNTP 网络对时方式。

（5）PTP 网络对时。NTP 或 SNTP 对时虽有广泛的应用，但是要满足电力系统保护、测量及其他自动化技术的精度要求还存在困难，仅 IEC 61850 标准对 IED 最高等级的同步精度要求就达到±1μs。为此，国际上一些研究机构专门开展了测量和控制设备间的同步技术研究，并提出了网络测量和控制系统的精密时钟同步协议标准（IEEE 1588），定义了精确时间协议（Precision Time Protocol，PTP），具有精度高、网络化的特点。一般对于间隔层和过程层设备应优先采用 PTP 网络对时方式。

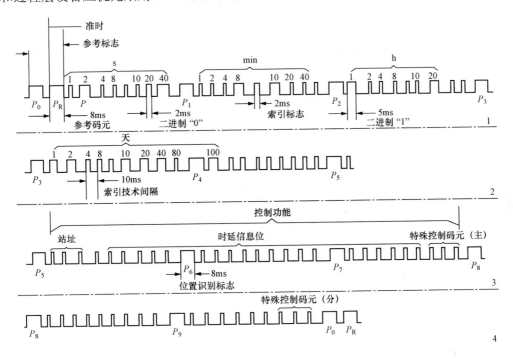

图 2-21　IRIG-B（DC）码示意图

IEEE 1588 的时钟同步通过偏移量测量和延迟量测量，修正被调设备使其与主时钟一致，为消除分布式网络测控系统各个测控设备的时钟误差和测控数据在网络中的延迟提供了有效途径。该同步方法将时标测量和报文传送分离，使得报文时标的确定更加精确。在专门硬件配合下，时标的标定能够精确到报文从物理层芯片发出的时刻，完全排除报文在装置内部的接收、解码和传输的延时影响，从而使系统达到亚微秒级的精度。IEEE 1588 定义了 1 组管理报文和同步报文（Sync）、跟随报文（Follow up）、延时请求（Delay Request）、延时响应报文（Delay Response）。同步原理如图 2-22 所示。

在图 2-22 中，通过检测 t_1、t_2、t_3、t_4 在从点计算出图中 Delay 和 Offset，并据此调整从点的本地时钟，完成一次时间同步。针对上述对时方式，在实际应用中为保证时间准确度及信号传输的质量，用时设备或系统可按表 2-2 选用不同信号接口。

表 2-2　　　　　　　　　　　时间同步信号、接口类型与时间同步准确度比较

接口类型	光纤	RS-422，RS-485	静态无源触点	TTL	RS-232C	FE（RJ-45）
1PPS	1μs	1μs	3μs	1μs	—	—
1PPM	1μs	1μs	3μs	1μs	—	—
1 PPH	1μs	1μs	3μs	1μs	—	—

续表

接口类型	光纤	RS-422，RS-485	静态无源触点	TTL	RS-232C	FE（RJ-45）
串口时间报文	～10ms	～10ms	—	—	～10ms	—
IRIG-B（DC）	1μs	1μs	—	1μs	—	—
网络授时（NTP）	—	—	—	—	—	～10ms
网络授时（PTP）	—	—	—	—	—	500ns

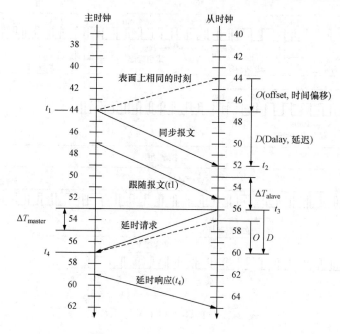

图 2-22　IEEE 1588 同步原理图

3. 时钟同步在同步采样中的应用

电力互感器是为测控、计量及继电保护等装置提供电流、电压信号的重要设备。智能变电站中采用电子式互感器后，一次电气量需要经过前端模块采集后再由合并单元处理，由于采集处理环节相互独立，如果没有统一的协调，加之一、二次电气量的转变过程附加的延时，导致各间隔互感器的二次数据不具有同时性，无法直接用于自动化装置和一些间接参数的准确计算。同步采样是数据同步、相位测量的基础，因此对时钟同步的要求更为突出。

合并单元数据同步主要涉及以下方面：常规互感器与电子式互感器并存时，如电压和电流之间，变压器不同的电压等级之间的同步；同一间隔三相电流、电压采样之间同步；变压器差动保护、母线保护的跨间隔数据同步；线路纵差保护中线路两端数据采样同步。

同步采样是解决以上问题的有效方法。采用统一的同步时钟协调各互感器的采样脉冲，全部互感器在同一时刻采样并对数据进行标定，实现数据同步。智能变电站中，电气单元的采样脉冲由合并单元控制，可以外加同步时钟源，同步信号可以是脉冲信号、IRIG-B 码信号和 IEEE 1588 信号等，同步信号对所有合并单元统一对时，使所有合并单元的采样脉冲同步。这样保证了采样数据在源头就是同步的，有效解决了数据同步问题。尤其在介损、避雷器阻性电流、断路器机械特性等在线监测所要求的同步采样中具有很好的可行性。同步采样系统结构如图 2-23 所示。

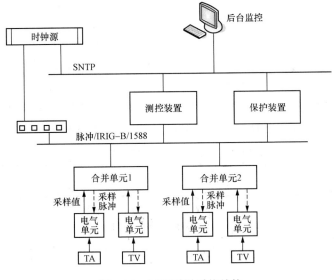

图 2-23　同步采样系统结构

4. 智能变电站时钟同步系统

（1）智能变电站对时钟同步的要求。在国家电网公司及南方电网公司出台的相关导则中都对智能变电站的同步时钟进行了相关阐述：智能变电站内应建立统一的同步对时系统，并且全站应设置 2 套冗余主时钟作为时间基准信号。可采用基于卫星时钟与地面时钟互备的方式获取精确时间，卫星时钟源可采用 GPS 或北斗卫星作为标准，并优先使用北斗卫星时钟系统，地面时钟系统应支持通信光传输设备提供的时钟信号。时钟系统应支持网络、IRIG-B 等多种同步对时方式，在智能变电站中站控层设备宜采用 SNTP 对时方式，间隔层设备可采用 SNTP、IRIG-B（DC）或脉冲对时，间隔层设备的对时误差应不大于 1ms，智能终端应采用 IRIG-B（DC）或脉冲对时，对时误差应不大于 1ms，过程层合并单元同步精度应不低于 1μs，根据需要可采用 IEEE 1588 协议进行同步对时。用于数据采样的同步脉冲源应全站统一，可采用不同接口方式将同步脉冲传递到相应装置；同步脉冲源应同步于正确的精确时间秒脉冲，应不受错误秒脉冲的影响。

目前，在 IEC 61850 中虽然对时间同步报文没有直接的要求，但对时间同步报文所实现的时间精度有具体的规定，见表 2-3 和表 2-4。

表 2-3　　　　　　　　保护和控制时间用标准智能电子装置的同步性能

时间性能类	精度（ms）	用　　　途
t_1	±1.0	事件时标 用于分布同期的过零和数据时标，支持波形定点分和时标
t_2	±0.1	

表 2-4 互感器用标准智能电子装置的同步性能

时间性能类	精度（μs）	用　途
t_3	±25	这 3 种时间性能类主要用于过程层和间隔层之间瞬时数据交换及某些间隔层之间的快速功能，如互锁所要求的数据交换
t_4	±4	
t_5	±1	

（2）时钟同步系统结构。时钟同步系统由主时钟单元、时钟扩展单元、传输介质组成。在变电站应配置 1 套全站公用的时间同步系统，为变电站用时设备提供全站统一的时间基准。

图 2-24 为常规的基于 GPS 卫星授时的时钟同步系统结构。根据 GPS 时钟互备情况可以分为单 GPS 主时钟、GPS 时钟冗余、GPS 时钟冗余互备 3 种方案。

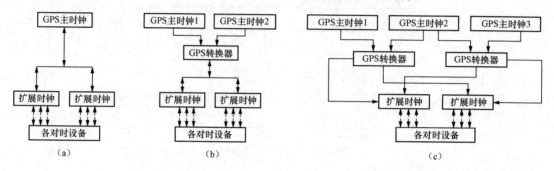

图 2-24　常规的基于 GPS 卫星授时的时钟同步系统结构
（a）单 GPS 主时钟；（b）GPS 时钟冗余；（c）GPS 时钟冗余互备

图 2-25 为 IEEE 1588 时钟同步系统结构图。首先，通过 GPS 系统向变电站提供标准世界时信号。然后将该时间作为 PTP 时钟源信号提供给 IEEE 1588 精确时钟模块，并将该模块时钟端口配置为超主时钟状态。通过站控层网络和过程层网络，可以将站级总线和过程总线上 IED 的时钟同步到超主时钟下，在网络间隔之间加装网络交换机，并且在网络交换机上配置边界时钟（BC）或者透明时钟（TC）来解决使用网络交换机所带来的网络延时。

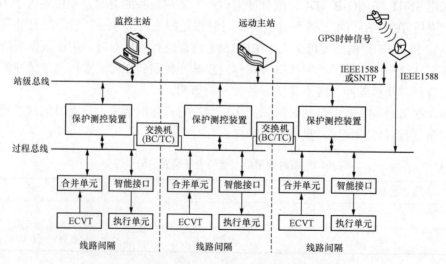

图 2-25　IEEE 1588 时钟同步系统结构

目前，智能变电站通常根据各设备对同步精度的不同要求，采用 SNTP、IRIG-B 和 IEEE 1588 3 种对时方式相结合的时钟同步系统，如图 2-26 所示。站控层的 MMS 服务在对时精度要求不高的情况下，可以考虑采用 SNTP 对时；间隔层和过程层的保护跳闸、断路器位置，联锁信息等实时性要求高的数据传输采用 GOOSE 服务；过程层的采样值传输仍采用常规连接，考虑到对时精度要求较高以及 IED 设备之间通信数据快速且高效可靠，采用 IRIG-B 对时。

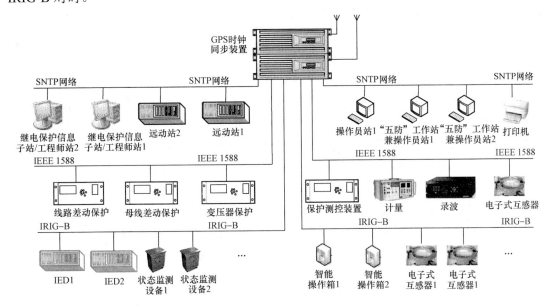

图 2-26　3 种对时方式相结合的时钟同步系统

2.2.4　智能设备保护与监测数据融合策略

在智能变电站建设中，目前普遍存在着保护及在线监测设备来自于不同的生产厂商，所有的系统及其子系统相互独立的情况。随着智能变电站的深入发展，智能变电一次设备和二次监测/保护设备的一体化设计成为智能变电站的必然发展趋势，智能设备保护与监测的数据共享将成为未来智能变电站的新需求。变电站信息一体化平台借助现有的继电保护和监测信息网络收集智能设备的保护和监测信息等，对信息进行相关性比较和分析，完成智能设备的保护和状态监测评估；信息一体化平台具有和远程维护中心通信的功能，在远程维护中心不但可以了解智能设备保护和监测的状态，还可采取"远程传动"的方式实现保护和监测装置完好性检测。解决"信息孤岛"的局面，实现保护、监测数据的高度共享，从更高的层面解决保护和监测之间的协调工作，保证电力系统高效安全运行。

基于信息共享、模型开放、全局统一、科学高效的智能设备保护和监测是智能电网的重要要求，监测信息应形成一个设备状态全景信息平台提供给交互的用户，数据信息要求同一断面信息，因此，智能设备的保护、监测数据融合有以下 3 点要求。

1．数据融合的模型构建和数据交互

按 IEC 61850 标准体系一建模，建立信息交换服务模型，提供标准的 IEC 61850 通信服务。目前在一次设备状态监测方面，已发布的 IEC 61850 标准的相关模型仅包括 S 组

液体介质绝缘（SIML）、气体介质绝缘（SIMG）、电弧（SARC）、局部放电（SPDC）4 个逻辑节点。这些逻辑节点及其包含的数据远不能满足应用需求，需要从 IEC 61850 模型中抽取出与状态监测相关的逻辑节点和 CDC，建立逻辑节点模型。

在高压设备状态监测模型方面，考虑到在线监测组件自身状态诊断和远程维护等方面要求，一次设备模型（如断路器）与二次保护、监测智能组件（如断路器保护、监测组件）两种设备的铭牌、标识、健康状态等均在设备模型中考虑，基于灵活性考虑，将一次设备和保护、监测组件作为独立的逻辑设备。其中，一、二次标识均可采用 PMS 或满足输变电设备在线监测系统的相关代码规范要求，以满足大范围数据交互的需要。

在保护、监测的建模方面，主要结合智能设备保护和在线监测系统的实际特点与功能需要，采用面向对象建模技术，使系统模型具有继承性和可复用性。变电站内的智能设备保护和监测服务器作为继电保护和监测 IED，监测对象是站内相关的保护和监测装置，把变电站整个二次设备作为统一监测对象整体或宿主物理设备来建模。同样地，被监测的智能设备对象（如继电保护系统）与监测智能组件两种设备的铭牌、标识、健康状态等均在二次设备模型中考虑。通常根据智能设备保护和监测 IED 的不同划分逻辑设备，使其符合IEC 61850 的层次结构。

图 2-27 给出了建立的智能设备保护、监测数据融合的逻辑设备和逻辑节点，其中，GGIO 用于描述保护和监测组件的故障类型、故障部位、故障模式等诊断信息，还可以用于描述故障几率、健康分值和剩余寿命等评估信息。

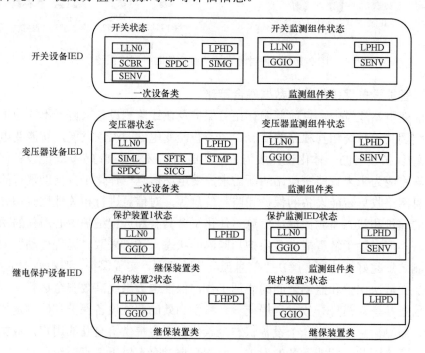

图 2-27　变电站保护、监测融合的逻辑设备

2. 数据融合的时钟统一

为实现电力设备统一时标的智能设备保护、监测技术，经济、准确和可靠的对时系统

是基础。智能设备保护与监测 IED 系统对时可以利用二次装置现有的对时系统，对于一次设备监测装置，考虑到变电站一次设备智能组件就地安装的要求，光纤 IRIG-B 码对时和光纤以太网的 IEEE 1588 软对时可以提供高可靠性的对时，均可满足各种工程应用要求。相对 IRIG-B 码对时需要专门的对时网络，基于以太网的 IEEE 1588 软对时不需额外敷设对时网络和装置及增加专门对时接口，是技术发展的方向。将来，智能设备的保护、监测组件均采用 IEEE 1588 对时系统，在对时系统的主时钟模块配置及网络的维护上经济性会逐渐凸显。除此之外，智能设备在设计时应考虑采用高精度晶振并增加对时信息丢失告警功能。

3. 站内数据融合系统结构

变电站的智能设备保护、监测信息可在变电站信息一体化平台融合：一方面以统一的设备对象标识和时间标识全面精确地展现站内设备状态；另一方面利用全景的数据基础，可进一步在站控层实现站内设备保护、状态监测的统一组织和优化。图 2-27 所示的断路器保护、状态监测方案，保护、状态监测信息由变电站信息一体化平台提供与地区输变电监测中心的接口，实现其作为 PMS 系统的前端信息处理器的功能。

图 1-4 给出了智能设备保护、状态监测系统数据融合的系统构架。变电站的保护、监测通过 IEC 61850 标准接入变电站信息一体化平台，并与省（网）公司输变电监测中心和 PMS 系统的交互。融合后的智能设备保护、状态监测数据可统一在远端各级的输变电设备保护、监测中心及 PMS 系统上展示。

在 PMS 系统中，作为输变电设备生产信息的一种类别，智能设备保护、监测信息与 PMS 中的缺陷信息、故障信息、检修信息等一样，均可以依托 PMS 中的统一可视化平台和电网网架背景进行形象化展现，以便用户从宏观上掌握整个电网的状态监测情况，展现手段与缺陷、故障等业务主题。输变电智能设备的保护、状态监测系统在省公司和国家电网公司总部均提供开放的数据服务，数据服务以 WEB 服务的方式挂接在企业级 ESB 总线上，以方便如 PMS 等其他应用系统在线获取最新的各类输变电设备信息。

第**3**章 智能变电站数据通信网络

　　智能变电站数据通信网络与目前最流行的互联网技术、光纤通信技术密切相关，甚至将来也可能引入"云计算"技术。智能变电站的计量、保护、控制和在线监测都需要建立高速、双向、实时和集成的通信系统。通信技术使得各种智能高压设备、智能控制装置、智能辅助系统和信息一体化平台以及与用户进行网络化的双向通信，实现无缝链接，提高对变电站的驾驭能力和优质服务的水平。通信技术是实现智能变电站的基础。

↘ 3.1 数 据 通 信 基 础

　　在智能变电站建设中，通信技术按传输媒质可分为有线通信和无线通信两种，电缆、电力线载波和光纤通信都属于有线通信，而红外、蓝牙、ZigBee、Mesh、微波中继和卫星通信都属于无线通信。为了建设智能化变电站，要求在计量、保护、控制和在线监测的站控层与间隔层全部遵循 IEC 61850 协议，间隔层与过程层部分遵循 IEC 61850 协议，实现智能变电站的信息规范化处理和传输。

3.1.1 有线通信

　　有线通信可以是电力线载波通信（PLC）、光纤通信，或者以双绞线、同轴电缆或光导纤维为媒介，利用 RS-232、RS-485、CAN 协议和以太网来实现信号的有线传输。

　　1. 电力线载波通信（PLC）

　　电力线载波通信是电力系统传统的特有通信方式，其以输电线路为传输通道，具有通道可靠性高、投资少、见效快、与电网建设同步等优点，但存在杂音电平高、传输性能受电力线结构影响、通道容量小（美国联邦通信委员会 FCC 规定了电力线频带宽度为 100～450kHz）和音频范围窄等缺点。目前这种通信方式已逐步退出运行。

　　2. 光纤通信

　　光纤通信是利用光导纤维传输信号，以实现信息传递的一种通信方式，可以把光纤通信看成是以光导纤维为传输媒介的"有线"光通信。其一问世便在电力行业得以应用并迅速发展。除普通光纤外，一些专用于电力系统的特种光纤已被大量使用。光纤复合架空地线（OPGW）可以安装在输电线路杆塔顶部，不需考虑最佳架挂位置和电磁腐蚀等问题，主要在 500、220kV 和 110kV 电压等级线路上使用。全介质自承式光缆（ADSS）可提供数量大的光纤芯数，安装费用比 OPGW 低，一般不需停电施工，能避免雷击。光纤复合相线

（OPPC）是电力通信系统的一种新型特种光缆，是在传统的钢芯铝绞线结构中将光纤单元绞合在铝股或钢股中所形成的导线，能充分利用电力系统自身的线路资源，特别适合没有架空地线的配电网应用，避免在频繁的资源、路由协调和电磁兼容等方面与外界的矛盾，使配电网具有传输电能及通信的双重功能。在智能变电站中，所有的计量、保护、控制、故障录波等装置均采用高速的光纤网络通信。

3. RS-232

RS-232 为一种在低速率串行通信中增加通信距离的单端标准。典型的 RS-232 信号在正负电平之间摆动，在发送数据时，发送端驱动器输出正电平为+5～+15V，负电平为−5～−15V。当无数据传输时，线上为 TTL 电平，从开始传送数据到结束，线上电平从 TTL 电平到 RS-232 电平再返回 TTL 电平。接收器典型的工作电平为+3～+12V 与−3～−12V。由于发送电平与接收电平的差仅为 2～3V，所以其共模抑制能力差，再加上传输线上的分布电容，其传送距离最大大约为 15m，最高速率为 20kbps。目前 RS-232 主要应用于智能变电站过程层中相关单元的短距离通信。

4. RS-485

RS-485 采用平衡发送和差分接收，具有抑制共模干扰的能力，其具有三种信号传输线 A、B、C。通常情况下，发送驱动器 A、B 之间的正电平为+2～+6V，是一个逻辑状态，负电平为−2V～−6V，是另一个逻辑状态；信号 C 在 RS-485 中作为"使能"端。RS-485 可以采用二线与四线方式，二线制可实现真正的多点双向通信。RS-485 采用半双工工作方式，任何时候只能有一点处于发送状态，因此，发送电路须由使能信号加以控制。RS-485 用于多点互连时非常方便，可以省掉许多信号线。RS-485 最大传输距离约为 1219m，最大传输速率为 10Mbps。平衡双绞线的长度与传输速率成反比，在 100kbps 速率以下，才可能使用规定最长的电缆长度。只有在很短的距离下才能获得最高速率传输。目前 RS-485 主要应用于智能变电站过程层与间隔层之间的数据通信。

5. CAN 总线

CAN（Controller Area Network）是 ISO 国际标准化的串行通信协议。最早是在汽车产业中开发出来的。发展到现在，CAN 的高性能和可靠性已被认同，并被广泛地应用于工业自动化、船舶、医疗设备、工业设备等方面。利用 CAN 总线的这个优势，可以将（CAN 总线）现场总线这种技术运用到智能变电站数据传输的通信网络中。在智能变电站这种特殊的环境中，电磁干扰严重、环境复杂，CAN 总线与其他通信协议相比具有两方面优势：一是报文传送不包含目标地址，它是以全网广播为基础，各接收站根据报文中反映数据性质的标识符过滤报文，其特点是可在线上网下网、即插即用和多站接收；另外一个方面是特别强化了数据安全性，满足了变电站对数据传输的特殊需求。

6. 以太网

以太网（Ethernet）指的是由 Xerox 公司创建并由 Xerox、Intel 和 DEC 公司联合开发的基带局域网规范，是现有局域网最常采用的通信协议标准。以太网络使用 CSMA/CD（载波监听多路访问及冲突检测技术）技术，并以 10Mbps 的速率运行在多种类型的电缆上。以太网分为标准以太网、快速以太网、千兆以太网和万兆以太网。以太网的拓扑结构在智能变电站通信网络中主要有总线型和星型两种方式。

3.1.2 无线通信

无线通信分为短距离无线传输（如红外、蓝牙、超宽带、射频识别、WiFi、ZigBee、Mesh 等）和远距离无线传输（如软件无线电、GPRS、CDMA、3G、短波通信、微波通信、卫星通信、WiMAX 等）。在智能变电站建设中，无线通信可以应用到各个网络层的数据通信甚至特殊传感器的设计。

1. 红外技术（IrDA）

红外技术是一种利用红外线进行点对点通信的技术，是 1993 年由非盈利性组织红外线数据标准协会 IrDA（Infrared Data Association）负责推进的。红外技术的传输速率可达到 16Mbps，接收角度也可以达到 120°，采用点对点的连接，其数据传输所受干扰小，在变电站设备的测温中广泛应用。由于红外技术产品具有体积小、成本低、功耗低、免频率申请等优势，从诞生到现在一直得到较广泛的应用。

2. 蓝牙技术（Bluetooth）

蓝牙技术的提出，旨在设计通用的无线空中接口（Radio Air Interface）及其软件的国际标准，使通信和计算机进一步结合，让不同厂家生产的便携式设备在没有电线或电缆相互连接的情况下，能在近距离范围内互通。蓝牙技术工作在 2.4GHz 的 ISM（Industrial Scientific and Medical）频段，采用快速调频和短包技术减少同频干扰，保证物理层传输的可靠性和安全性，具有一定的组网能力，并支持 64kbps 的实时语音。

3. 超宽带技术（UWB）

超宽带技术起源于 20 世纪 50 年代末，是一项使用从几赫兹到几兆赫兹的带宽收发电波信号的技术。其特点是发送输出功率小，甚至低于普通设备放射噪声。超宽带技术最初主要在军事技术、雷达探测和定位等应用领域中使用，现在准许进入民用领域。除了低功耗、高带宽、抗干扰能力强外，超宽带技术的传输速率轻易可达 100Mbps 以上，现在可以达到 500Mbps 以上。目前主要应用于变电设备局部放电传感器设计等方面。

4. 射频识别技术（RFID）

射频识别技术，又称电子标签、无线射频识别，可通过无线电信号识别特定目标并读写相关数据，而无需识别系统与特定目标之间建立机械或光学接触，是一种利用射频信号通过空间耦合（交变磁场或电磁场）实现无接触信息传递，并通过所传递的信息达到识别目的的技术。RIFD 技术可以运用于智能变电站的智能巡检、安全管理等方面。

5. WiFi 技术

WiFi 技术采用 2.4GHz 附近的频段，可使用的标准分别是 IEEE 802.11a 和 IEEE 802.11b。其最高带宽为 11Mbps，在信号较弱或有干扰的情况下，带宽可调整为 5.5、2Mbps 和 1Mbps。带宽的自动调整，可以有效地保障网络的稳定性和可靠性，且其有效通信距离较长。目前 WiFi 已应用到智能变电站离线设备与间隔层（如 IED）的数据交互，实现离线数据进入信息一体化平台。

6. ZigBee 技术

ZigBee 技术是一种短距离、低功耗的无线通信技术，主要适合用于自动控制和远程控制领域，可以嵌入各种设备。利用 ZigBee 技术的自身优点和变电设备检测技术的结合，可将 ZigBee 技术推广到智能变电站变电设备的实时监测与数据传输中，如开关柜触头温升监测等。

7. Mesh 技术

Mesh 技术是一种新型的无线网络技术，由 AdHoc 网络发展而来。Mesh WLAN 网络要比单跳网络更加稳定，这是因为在数据通信中，网络性能的发挥并不仅依靠某个节点。在传统的单跳无线网络中，如果固定的 AP 发生故障，那么该网络中所有的无线设备都不能进行通信。而在 Mesh 网络中，如果某个节点的 AP 发生故障，它可以重新再选择一个 AP 进行通信，数据仍然可以高速地到达目的地。从物理角度而言，无线通信意味着通信距离越短，通信的效果越好。因为随着通信距离的增加，无线信号不但会衰弱而且会相互干扰，从而降低数据通信的效率。而在 Mesh 网络中，是以一条条较短的无线网络连接代替以往长距离的连接，从而保证数据可以以高速率在节点之间快速传递。Mesh 技术具有使 WLAN 的安装部署、网络扩容更加方便，使无线访问点可以自动配置网络，并使网络效率最优化的特性，并能提供自我组织、自我修复、更新动态网络连接、确保网络安全。

8. 软件无线电

软件无线电（Software Radio）是以一个通用、标准、模块化的硬件平台为依托，通过软件编程来实现无线电台的各种功能，从基于硬件、面向用途的电台设计方法中解放出来的技术。功能的软件化实现要求减少功能单一、灵活性差的硬件电路，尤其是减少模拟环节，把数字化处理（A/D 和 D/A 变换）尽量靠近天线。软件无线电强调体系结构的开放性和全面可编程性，通过软件更新改变硬件配置结构，实现新的功能。软件无线电采用标准、高性能的开放式总线结构，以利于硬件模块的不断升级和扩展。软件无线电是无线电通信方面的一种新的变革，它的核心技术是用宽频带无线接收机来代替原来的窄带接收机，将宽带的模拟/数字和数字/模拟变换器尽可能地靠近天线，而将电台的功能尽可能多地采用软件来实现。

9. GPRS、CDMA 和 3G

GPRS（General Packet Radio Service）是一种移动数据通信业务，采用分组交换技术，每个用户可同时占用多个无线信道，同一无线信道又可以由多个用户共享，资源被有效地利用，数据传输速率高达 160kbps。使用 GPRS 技术将数据分组发送和接收，用户永远在线且按流量计费，迅速降低了服务成本。CDMA（Code Division Multiple Access）是在数字技术的分支、扩频通信技术上发展起来的一种崭新而成熟的无线通信技术。它能够满足市场对移动通信容量和品质的高要求，具有频谱利用率高、话音质量好、保密性强、掉话率低、电磁辐射小、容量大、覆盖广等特点，可以大量减少投资和降低运营成本。3G 是第三代移动通信技术，是下一代移动通信系统的通称。3G 系统致力于为用户提供更好的语音、文本和数据服务。与现有的技术相比较而言，3G 技术的主要优点是在传输声音和数据的速度上的提升，它能够在全球范围内更好地实现无线漫游，并处理图像、音乐、视频流等多种媒体形式。

10. 微波通信

微波通信是使用波长为 0.1mm～1m 的电磁波进行的通信。微波通信不需要固体介质，当两点间直线距离内无障碍时就可以使用微波传送。电力系统从 20 世纪 60 年代开始应用微波通信方式为电网调度服务，现在我国电力系统中的数字微波干线可连通华北、东北、华东、华中、西北等各大电网总调度所和部分省电网调度所。各分部、省公司内部电力通信网的干线，以前一般采用模拟微波电路，现在建立的均采用数字微波电路，且微波电路已采用 SDH 传输技术，效果良好。

11. 卫星通信

卫星通信就是地球上的无线电通信站之间利用卫星作为中继的通信。卫星通信系统由卫星和地球站两部分组成。它的特点是通信距离远、覆盖面积大、频带宽、适用于多种业务、多址接续方便等，在卫星发射电波覆盖范围内的任何两个地面站都能进行通信；它不受陆地灾害环境的阻隔，可在多处同时接收，方便经济地实现广播和多址通信。从 1982 年开始，电力系统利用我国发射的试验卫星建成以北京为中心连通南宁、广州、成都、天生桥、安康等地面站的卫星通信系统，初步形成了电力系统专用卫星通信网。所以在构建智能变电站系统时，也可以利用卫星通信来传输信号。

12. WiMAX

WiMAX（Worldwide interoperability for Microwave Access）简称全球微波互联接入，是一项新兴的宽带无线接入技术，能提供面向互联网的高速连接，数据传输距离最远可达 50km。WiMAX 还具有 QoS 保障、传输速率高、业务丰富多样等优点。WiMAX 的技术起点较高，采用了代表未来通信技术发展方向的 OFDM/OFDMA、AAS、MIMO 等先进技术，随着技术标准的发展，WiMAX 逐步实现宽带业务的移动化，而 3G 则实现移动业务的宽带化，两种网络的融合程度会越来越高。

↘ 3.2　IEC 61850　标　准

IEC 61850 标准是目前关于智能变电站数据通信的最完整的国际标准。与传统变电站自动化系统的工程设计和通信实现相比，IEC 61850 标准更加侧重于一个统一环境即系统平台的建立，这个平台包括通信平台（模型、接口、性能要求等）、管理平台（参数、工具、文件化等）以及测试平台（系统测试、设备测试、规约测试等），在这个平台上可以实现一致性要求。它具有开放系统的特点，实现信息分层、系统配置、映射对象与具体网络独立、数据对象统一建模，在测控、保护、计量、故障录波、监测 IED 之间能够进行无缝链接，避免了烦琐的协议转换，实现了间隔层与站控层以及间隔层与智能设备之间的互操作。IEC 61850 标准的制定是为了实现变电站互操作性、自由配置、长期稳定性的目的，其相对于其他标准（如 SCADA 通信协议），有如下突出特点：

（1）使用面向对象的 UML 统一建模技术。

（2）采用分布、分层的结构体系。

（3）使用抽象通信服务接口（ACSI）和特殊通信服务映射（SCSM）技术：抽象建模与具体实现独立，服务与通信网络独立，适用于 TCP/IP、OSI、MMS 等多种传送协议。

（4）实现智能电子设备间的互操作性，不同制造厂家提供的智能设备可交换信息和使用这些信息执行特定功能。

（5）提供自我描述的数据对象及其服务，满足智能变电站功能和性能的要求。

（6）具有面向未来的、开放的体系结构，能够定义其他领域的任何新的逻辑节点和公共数据类，并可兼容主流通信技术而发展，可伴随系统需求而进化。

3.2.1 IEC 61850 标准概述

IEC 61850 共有 10 个部分，14 个标准组成，其结构框架如图 3-1 所示。

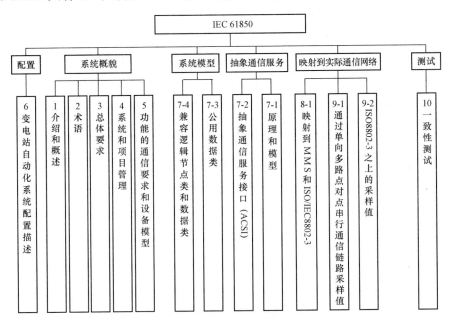

图 3-1 IEC 61850 标准结构图

1. IEC 61850-1 总体介绍

即 IEC 61850 标准概述，包括适用范围和目的，定义了变电站内 IED 之间的通信和相关系统要求，并论述了制定一个适用标准的途径和如何对待通信技术革新等问题。

2. IEC 61850-2 术语

给出了 IEC 61850 文档中涉及的关于变电站自动化系统特定术语及其定义。

3. IEC 61850-3 总体要求

详细说明系统通信网络的总体要求，重点是质量要求（可靠性、可用性、可维护性、安全性、数据完整性以及总的网络要求），还涉及了环境条件（温度、湿度、大气压力、机械震动、电磁干扰等）和供电要求的指导方针，并根据其他标准和规范对相关的特定要求提出了建议。

4. IEC 61850-4 系统和项目管理

支持工具的要求主要包括工程过程及其支持工具、整个系统及其 IED 的生命周期、系统生命期内的质量保证。

5. IEC 61850-5 功能通信要求和装置模型

规范了变电站自动化系统所完成功能的通信要求和装置模型。为了区分技术服务和变电站之间以及变电站内 IED 之间的通信要求而对功能进行描述；为支持功能自由分配要求，将功能适当地分解为相互通信的几个部分，给出其交换数据和性能要求；对典型变电站配置，上述规定可通过数据流的安排加以补充。

6. IEC 61850-6 变电站中 IED 通信配置描述语言

规定了描述通信有关的 IED 配置和参数、通信系统配置、开关间隔（功能）结构及它们之间关系的文件格式，目的是在不同制造商的 IED 管理工具和系统管理工具间，以某种兼容的方式交换 IED 性能描述和变电站自动化系统描述。

7. IEC 61850-7 变电站和馈线设备的基本通信结构

该协议是变电站设备之间协调工作和通信的体系概述。IEC 61850-7 共包括 4 个部分：

（1）IEC 61850-7-1 原理和模型，提供了有关基本建模和描述方法的信息，解释了 IEC 61850-7-4、IEC 61850-7-3、IEC 61850-7-2 和 IEC 61850-5 之间的详细要求，以及 IEC 61850-7-X 的抽象服务和模型如何映射到 IEC 61850-8-X 和 IEC 61850-9-X 中具体的通信协议。

（2）IEC 61850-7-2 抽象通信服务接口（Abstract Communication Service Interface，ACSI），主要从信息的分层类模型、类操作服务、服务相关参数 3 方面进行描述。

（3）IEC 61850-7-3 公共数据类，定义了和变电站应用有关的公共属性类型和公共数据类，这些公共数据类用于本标准系列的 IEC 61850-7-4 部分。

（4）IEC 61850-7-4 兼容逻辑节点类和数据类，规定了 IED 间通信用的兼容逻辑节点名和数据名，这是 IEC 61850-7-2 中介绍的类模型的一部分，所定义的名称用于建立分层对象引用，供 IED 间通信使用。

8. IEC 61850-8-1 特殊通信服务映射（SCSM）映射到制造报文规范（MMS）

说明了在局域网上交换实时数据的方法，将 ACSI 映射到 MMS 的服务和协议，主要用于站控层到间隔层间的映射。

9. IEC 61850-9 特定通信服务映射（SCSM）

规定了间隔层和过程层间的映射。

10. IEC 61850-10 一致性测试

规定了变电站自动化系统和设备通信方面的一致性测试方法，还给出了设置测试环境的准则和规定了互操作的等级。其协议框架如图 3-2 所示。

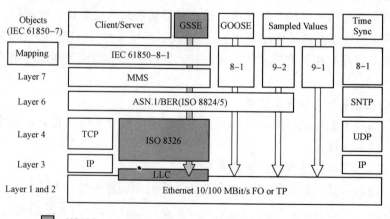

图 3-2 IEC 61850 协议框架

3.2.2 IEC 61850 标准功能简介

1. 三层架构及逻辑接口

IEC 61850 完成了计量、保护、控制和在线监测四大功能，从逻辑、物理和通信上将系统分为 3 层，即站控层、间隔层和过程层，并定义了 3 层之间的接口，由过程层网络（总线）和站控层网络（总线）进行通信连接，如图 3-3 所示。

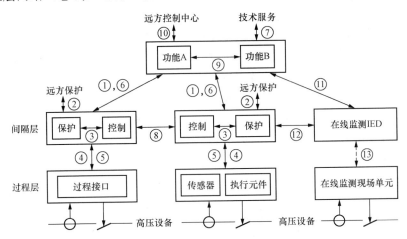

图 3-3　智能变电站的三层架构及逻辑接口

其中各个接口的意义如下。

IF1：在间隔层和站控层之间交换事件和状态数据——MMS；

IF2：在间隔层和远方保护之间交换数据——私有规约，未来发展也可用以太网方式借用 GOOSE 或 SMV；

IF3：在间隔层内交换数据——GOOSE；

IF4：在过程层和间隔层之间交换 CT 和 VT 瞬时数据——SMV；

IF5：在过程层和间隔层之间交换保护数据——GOOSE；

IF6：在间隔层和站控层之间交换控制数据——MMS；

IF7：在站控层和远方工程师工作站之间交换数据——MMS；

IF8：在间隔层之间直接交换数据，特别是快速功能（如联锁）——GOOSE；

IF9：在站控层之间交换数据——MMS；

IF10：在站控层和控制中心之间交换控制数据；

IF11：在间隔层（在线监测 IED）和站控层之间交换控制数据——MMS；

IF12：在间隔层在线监测与保护控制之间交换数据——GOOSE；

IF13：在间隔层（IED）和过程层之间交换数据，尚未采用 IEC 61850 协议，更多采用 mobus、CAN 等协议。

其中，过程层功能主要完成开关量 I/O、模拟量采样和控制命令的发送等与一次设备相关的功能，这些功能通过逻辑接口④和⑤与间隔层通信。

间隔层的功能是利用本间隔的数据对本间隔的一次设备产生作用，如线路保护设备或间隔单元控制设备就属于这一层。间隔层通过逻辑接口③实现间隔层内通信，通过逻辑接口④和⑤与过程层通信，即与各种远方 I/O、智能传感器和控制器通信。

站控层的功能分为两类：一是与过程相关的功能，主要指利用各个间隔或全站的信息对多个间隔或全站的一次设备发生作用的功能，如母线保护或全站范围内的逻辑闭锁等，站控层通过逻辑接口⑧完成通信功能；二是与接口相关的功能，主要指与远方控制中心、工程师站及人机界面的通信，通过逻辑接口①、⑥、⑦完成通信功能。

2. 逻辑节点描述

为了实现智能化的目标，所有变电站设备的已知功能被标识并分成许多子功能（逻辑节点 LN）。逻辑节点分布在不同的设备内和不同层内。因此，IEC 61850 标准将定义逻辑节点之间的通信，如图 3-4 所示。逻辑节点分配给功能（F）和物理装置（PD）。逻辑节点通过逻辑连接互连，物理装置则通过物理连接实现互连。逻辑节点是物理装置的一部分，逻辑连接（LC）则是物理连接（PC）的一部分。专用于物理装置的逻辑节点"装置"图示为 LN0（在图 3-4 中介绍的逻辑节点四字母编码中，该逻辑节点记为 LLN0）。

由于难以为当前和未来的应用定义全部功能，规定各种分布和相互作用，故以某种通用的方法规定和标准化逻辑节点间的相互作用显得非常重要。

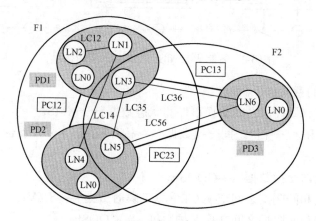

图 3-4　逻辑节点和逻辑连接概念

3. 信息分层模型

信息模型及其建模方法是 IEC 61850 系列标准的核心，该系列标准采用分层的概念对实际组件信息进行建模。所有的实际设备都被称为物理设备或服务器，在信息模型的最外层与网络相连。每个物理设备首先被抽象成虚拟的逻辑设备，然后根据具体功能的不同，将逻辑设备细化成逻辑节点来描述。这些逻辑节点就是具有某一完整功能的最小实体单位，它们各自包含着各种数据，而每个数据里面又包含不同的数据属性。通过这样的分层结构就可以清楚地表述各种数据。

物理设备映射到 IED，然后将各个功能分解到 LN，组织成一个或者多个 LD。每个功能的保护数据映射到 DO，并且根据功能约束（FC）进行拆分并映射到若干个 DA，如图 3-5 所示。

4. 功能自由分布和分配

位于不同物理设备的 2 个或者多个逻辑节点所完成的功能称为分布的功能，即为所有功能在一些通路内的通信。就地功能或者分布功能的定义不是唯一的，它依赖于执行功能的步骤的定义，直到完成功能。当实现分布功能，丢失 1 个 LN 或者丢失包含通信链路时，功能可完全地闭锁或者（如果合适）将功能降级以弱化故障的影响。为了满足通信的要求，尤其是功能自由分布和分配，所有功能被分解成逻辑节点，然后进行功能建模，这些节点可分布在 1 个或多个物理装置上。由于有一些通信数据不涉及任何一个功能，仅仅与物理装置本身有关，如铭牌信息、装置自检结果等，为此需要一个特殊的逻辑节点"装置"，为此引入 LLN0 逻辑节点（没有显示出来）。逻辑节点间通过逻辑连接（LC）相连，专用于逻辑节点之间数据交换。

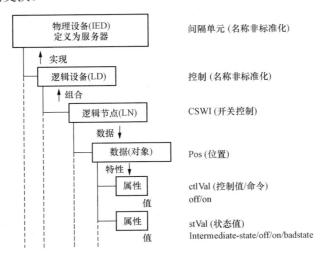

图 3-5　信息分层模型

IEC 61850 标准的建模方法主要有以下 2 个步骤：

（1）应用功能与信息的分解获取公共逻辑节点；

（2）逐步合并创建信息模型、利用逻辑节点搭建设备模型。

功能建模流程如图 3-6 所示。

5．工程配置语言 SCL

基于 XML 技术，IEC 61850 定义了一种变电站配置语言（SCL），描述智能变电站系统与一次设备之间的关系及 IED 配置情况。SCL 提供了统一工程数据格式，且有 4 种文件类型。

（1）SSD：系统规范描述文件（一次系统接线图和相关逻辑节点）。

（2）SCD：全站系统配置文件（一次系统、二次设备及其与一次设备的关联、通信系统，是最完整的描述）。

（3）ICD：IED 设备能力描述文件（功能、信息模型和服务模型）。

（4）CID：IED 实例配置文件（二次设备模型、与一次系统的关联、通信参数）。

四种配置文件的关系如图 3-7 所示。

6．IEC 61850 通信网络

IEC 61850 使用以太网技术、总线型和环网以及双网或单网等多种形式。以太网交换机必须支持优先级设置（IEEE802.1Q）和虚拟局域网（VLAN，IEEE802.1P）。位于站控层和间隔层之间的网络采用抽象通信服务接口映射到制造报文规范（MMS）、传输控制协议/网际协议（TCP/IP）以太网或光纤网。在间隔层和过程层之间保护、测量、控制和 IED 的通信采用单点向多点的单向传输以太网。IEC 61850 标准中没有继电保护管理机，变电站内的智能电子设备（IED、测控单元和继电保护装置）均采用统一的协议，通过网络进行信息交换。

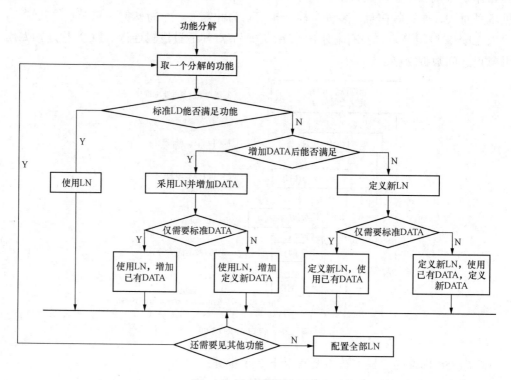

图 3-6 功能建模流程图

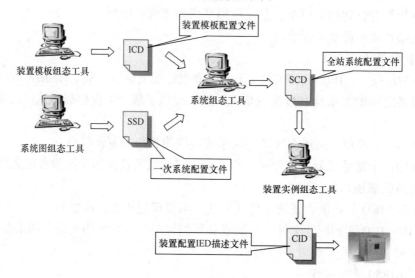

图 3-7 四种配置文件的关系

7. IEC 61850 通信服务

IEC 61850 标准的服务实现主要分为 MMS 服务、GOOSE 服务和 SMV 服务 3 个部分。其中，MMS 服务用于装置和后台之间的数据交互，保护动作信息/异常告警信息、定值信息/录波信息等；GOOSE 服务用于装置之间的通信，用在间隔层与过程层之间、不同间隔之间的报文传输；SMV 服务用于采样值传输，分 IEC 61850-9-1、IEC 61850-9-2 和 IEC 61850-9-2LE 3 种，目前 IEC 61850-9-2 为国内主流通信方式。在装置和后台之间涉及双边应用关联，在 GOOSE 报文和传输采样值中涉及多路广播报文的服务。双边应用关联传送服务请求和响应（传输无确认和确认的一些服务）服务，多路广播应用关联（仅在一个方向）传送无确认服务。

8. 通信映射

特定通信服务映射（Specific Communication Service Mapping，SCSM）在抽象的 ACSI 和具体的某一特定协议之间建立映射关系。该标准将 ACSI 映射到 MMS，形成了基于 IEEE 802.3 标准的过程总线，传输层至少支持 TCP/IP 的应用层协议，该协议适用于站控层和间隔层设备，或间隔层设备间，或站控层设备间的通信。

ACSI 即抽象通信服务接口，它是独立于通信协议，独立于具体实现，独立于操作系统的抽象的对服务过程和相关数据类的描述。ACSI 主要由客户/服务器模式和发布者/订阅者模式两种通信机制组成。前者针对控制、读写数据值等功能服务；后者针对快速和可靠的数据传输服务。它通过不同的 SCSM 映射到不同的协议，通信映射关系如图 3-8 所示。其中，IEC 61850-8-1 核心 ACSI 服务采用 MMS 作为应用层协议，IEC 61850-9-1 GOOSE/采样值服务其应用层是 GOOSE 协议，GSSE 代表了 UCA2.0 中的 GOOSE，时间同步服务使用了简单网络时间协议（SNTP）。

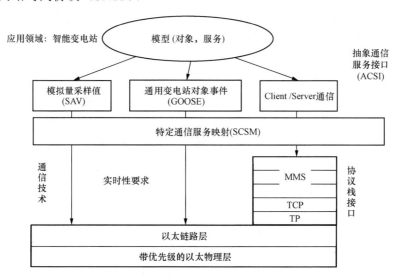

图 3-8　通信映射关系

9. 时间同步系统

时间同步系统的对时有 SOE 事件顺序记录、装置时标、采样同步和系统同步四个目的。在 IEC 61850 中定义了通过网络进行对时的协议 IEEE 1588v2，其是基于精密时钟原理的高精度网络对时协议，采用以太网传输方式，提高监控和诊断能力。时间同步系统通过交换机实现，无需附加接线，精度为纳秒级，被对时设备需要具备精密时钟对时功能，免除了额外专门的时间同步器，减少了连接至传感器的费用。主要应用于间隔层及过程层设备的装置时标或采样同步对时。

10. 一致性测试

产品投运前应进行协议实现的一致性测试，这不仅实现了不同厂家产品的互操作，减少数据交换过程中不同协议间转换时人力物力的浪费，而且保证了智能变电站安全稳定运行。

3.2.3 IEC 61850 的最新进展

鉴于 IEC 61850 Ed 1.0 标准在使用中还有以下 6 点需要进一步的改进。

（1）逻辑节点数目不足，不能满足继电保护功能等功能的需要；

（2）部分通信模型服务定义存在互操作盲区，需要细化规定；

（3）未对网络冗余、网络安全等重要应用需求作出规定；

（4）水电、风能等新能源领域对 IEC 61850 的使用提出要求；

（5）变电站间和变电站与调度通信还未融入 IEC 61850 体系；

（6）一致性测试标准需要进一步扩展。

因此，IEC TC57 从 2008 年起，陆续起草和发布了 IEC 61850Ed2.0 标准以及新增标准。同时考虑到 IEC 61850 标准的范围已经扩大，IEC 61850 新版标准将以"Communication Networks and Systems for Power Utility Automation（公用电力事业自动化的通信网络和系统）"为标题，明确将 IEC 61850 的覆盖范围扩展至变电站以外的所有公用电力应用领域。主要的后续工作为：基于 IEC 61850 系统的功能测试的方法（IEC 61850-100-1）、基于 IEC 61850 的系统管理的技术规范、基于 IEC 61850 的 FACTS 建模、基于 IEC 61850 的报警处理、基于 IEC 61850 的可调负载的对象模型和对 IEC 61850 的扩展进行管理。

IEC 61850 系列标准当前的修订情况如下：

1. 建立 IEC 61850 的 UML 模型

UML 模型计划由 UCA 国际用户组织进行管理，将成为 IEC 61850 对象模型标准的唯一源头。UML 模型可以通过电子方式获得，同时确保模型扩展的一致性；支持 ACSI 建模，支持与 CIM 模型（IEC 61970-61968）的协调，支持一致性测试定义，支持互操作和功能测试定义。目前已有 IEC 61850-7-3 和 IEC 61850-7-4 的模型草稿，正在进行基于 UML 模型的 IEC 61850WEB 发布。

2. 增加的网络冗余方案

在 IEC 61850-8-1、IEC 61850-9-2 的通信协议栈的链路层和网络层间增加了可选的链路冗余层（Link Redundancy），增加了 PRP、HSR 可选项。其中采用 PRP 的双星型站控层网络如图 3-9 所示，变电站和主站通信网络冗余方案如图 3-10 所示。

3. 新增和更新多个公共数据类（CDC）

Ed 2.0 新增和更新的公共数据类（CDC）如下：

（1）ENS、ENC、ENG 作为 INS、INC、ING 的补充，区分枚举和整形的差异；

（2）HST 柱状图，主要应用于电能质量数据段的统计和显示；

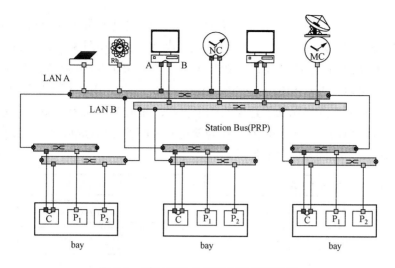

图 3-9　采用 PRP 的双星型站控层网络

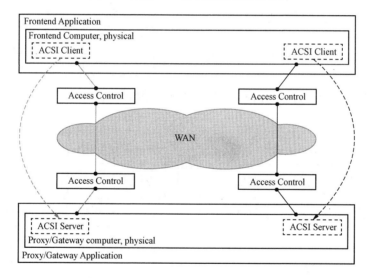

图 3-10　变电站和主站通信网络冗余方案

（3）APC、BAC 可控的模拟过程量，二进制可控模拟量；

（4）ORG 对象引用定值；

（5）TSG 时间定值（时间戳 TimeStamp 或者日历时间）；

（6）CUG 货币定值（分布式能源 LN 7-420 里计算付出的代价时采用）；

（7）CSG 曲线形状定值；

（8）扩展了 DPL，包含更多的数据信息，如增加了时区信息、GPS 地理位置信息、产品相关信息、操作员信息等。

4. 其他新加功能

增加了 2 种新的模型配置文件 IID（实例化 IED 描述）和 SED（系统交换描述）；IEC 61850-7-4 兼容逻辑节点类由 89 个扩充至 143 个，不包括 IEC 61850-7-410 和 IEC 61850-7-420；新增工具相关一致性测试（原只有设备相关一致性测试），新增 SCIS——SCL

实现一致性声明，对 IED 配置工具和系统配置工具的功能进行界定（如图 3-11 所示）；新增变电站的控制操作（如图 3-12 所示）以及控制模型扩展（如图 3-13 所示）；IEC 61850-7 部分增加了 IEC 61850-7-410 水电站监控模型、IEC 61850-7-420 分布式能源（风力发电等——DER）模型以及 IEC 61850-7-500、IEC 61850-7-510、IEC 61850-7-520 对于变电站自动化、水电站和分布式能源功能建模的三个导则；新增 IEC 61850-80-1 作为 IEC 61850 通信的映射标准；新增 IEC 61850-90-1 作为变电站之间的通信标准；新增 IEC 61850-90-2 作为变电站和控制中心之间的通信标准。

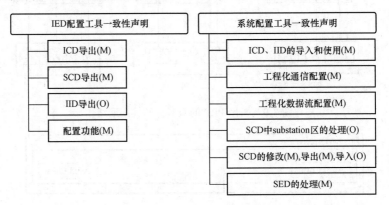

图 3-11　SCL 实现一致性声明

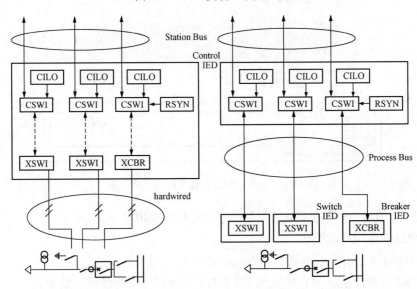

图 3-12　没有（左）和具有（右）过程层总线的间隔层控制器

3.2.4　IEC 61850 一致性测试

1. IEC 61850 一致性测试介绍

（1）一致性测试必要性。随着通信技术尤其是高速以太网技术的飞速发展，智能变电站已进入工程试用阶段。但仍还有许多技术需要在工程实践经验中进一步改进优化，如以太网通信的实时性、各生产厂家 IED 的互操作性和 IEC 61850 协议标准的一致性等。在互操作试验和试点工程中发现各生产厂家对标准的一些定义理解不一致，对标准中有些规定不全面及未做强制性规定的地方，各生产厂家的实现差异很大。这使得实现不同厂家产品之间的兼容性或互操作性极为困难，从而增加了工程的周期和成本。因此，为了更好地贯彻执行 IEC 61850 标准，实现不同厂家产品的互操作，减少数据交换过程中不同协议间转换时人力物力的浪费，保证变电站自动化系统安全稳定运行，在产品投运前应进行协议实现的一致性测试。

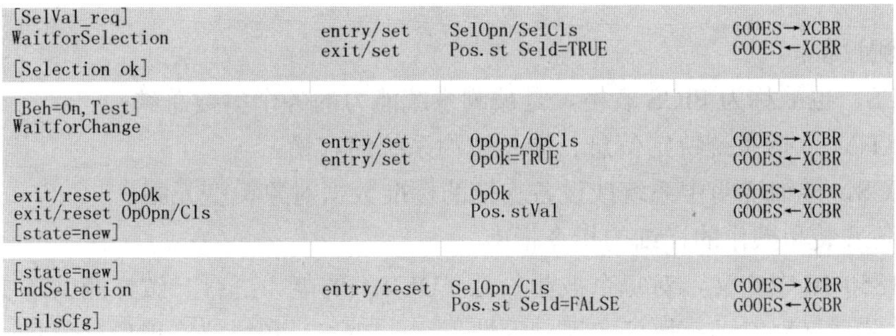

图 3-13　在 CSWI 和 XCBR 间应用 GOOSE 报文的控制模型扩展

规约测试一致性机构应由独立的第三方检测机构来执行，严格按照 IEC 61850-10，由统一的测试平台进行测试，客观地处理和使用规约，准确地把握规约测试的要点，保证各厂家产品实现互操作性。设备只有通过了一致性测试，才能集成到智能变电站系统中。

（2）一致性测试概述。IEC 61850-10 部分规定的一致性测试是用于验证智能变电站 IED 通信接口与 IEC 61850 标准要求的一致性。该部分规定了实现一致性测试的标准技术及提出性能参数时要使用的特定测量技术。这些技术的使用有助于提高系统集成商集成 IED、正确操作 IED 及支持预期应用的能力。

设备（或系统配套元件）开发阶段的很多内部测试最终为型式试验（单元级试验）。型式试验至少应由供应商进行。如有可行的标准要求由独立的测试机构进行。型式试验和一致性测试虽然不能完全保证所有功能和性能的要求被满足，但是它能够在一定程度上保证 IED 通信接口与 IEC 61850 标准协议相一致，进而提高设备互操作的概率，并且测试代价小、易于实现。正确进行型式试验和一致性测试可以明显减少在工厂和现场集成系统时出现问题的经济风险。

设备的一致性测试是指用一致性测试系统或模拟器的单个测试源一致性测试单个设备。通过在一个测试系统和被测装置（DUT）之间交换信息来进行测试，测试系统发出一系列符合标准的测试消息给 DUT 并同时记录下 DUT 的响应，这些测试消息用来测试厂商声称的 DUT 的所有特性。

设备特定的一致性测试包括以下肯定测试和否定测试：

1）文件和设备控制版本的检查；

2）按标准的句法进行设备配置文件的测试；

3）按设备有关的对象模型进行设备配置文件的测试；

4）按适用的 SCSM 进行通信栈实现的测试；

5）按 ACSI 定义进行 ACSI 服务的测试；

6）按 DL/T 860 系列标准给出的一般规则，进行设备特定扩展的测试。

2. IEC 61850 一致性测试系统

（1）一致性测试流程。为了实现一致性测试，测试方需要对生产厂商提供的 PICS（协议实现一致性陈述）、PIXIT（协议实现额外的信息）和 MICS（模型实现一致性陈述）中标注的每个 DUT 的能力进行一致性测试。在提交被测试设备时，生产厂商应提供以下几点内容：

1）被测设备；

2）PICS，也被称为 PICS 表格，是被测系统能力的各个参数总结；

3）PIXIT，包括系统特定信息、涉及被测系统的容量；

4）MICS，详细说明由系统或设备支持的标准数据对象模型元素；

5）设备安装和操作的详细的指令指南。

IEC 61850-10 中定义，对每个被测单元（DUT）的能力进行一致性测试，要根据模型实现一致性陈述（MICS）、协议实现一致性陈述（PICS）和协议实现额外信息（PIXIT），做测试内容和参数的选择。

一致性测试的要求分成以下 2 类：

1）静态一致性需求，对其测试通过静态一致性分析来实现：检查提交的各种文件是否齐全和设备控制版本是否正确；用 Schema 对被测设备配置文件（ICD）进行正确性检验；检验被测设备的各种模型是否符合标准的规定。

2）动态一致性需求，对其测试通过测试行为来进行：采用 IEC 61850-10 的肯定测试和否定测试用例，对每个测试用例按正确的操作流程进行测试；使用硬件信号源进行触发（触点、电压、电流等）进行动态的测试。

静态和动态的一致性需求应该在 PICS 内，PICS 用于 3 种目的：

1）适当的测试集的选择；

2）保证执行的测试适合一致性要求；

3）为静态一致性观察提供基础。

图 3-14 为一致性测试过程流程图。图中，静态性能的检查包括对测试版本、数据模型、配置文件、ACSI 模型和服务映射的检查。DUT 的配置文件*.icd，应提交给测试机构，产生基于测试系统配置的*.scd 文件，然后将二者进行比较，检测文件语法的正确性；读取 DUT 所建立的 IEC 61850 数据库，生成*.csv 文件，进而与 DUT 的配置文件*.icd 相比照，检验 DUT 对于*.icd 文件的初始读取、创建数据库以及运行情况。

在测试过程中应遵照测试过程的要求，选择合适的测试用例集合，包括测试用例描述、测试工程师如何测试及测试系统如何完成测试以达到预期的结果。且测试结果应具有必然性，能在同一实验室和其他实验室重现；尽可能采用人为干预少的自动测试；测试应着重于在工厂或现场验收中不易测试的情况（如检验被测设备在信息包延迟、丢失、重复和失序的情况；配置、实现和操作风险；名称、参数、设置或数据类型等不匹配；超过一定限值、范围或超时；测试否定响应的强制情况；检查所有（控制）状态机的路径；强制进行多个客户同时控制操作），并降低互操作性的风险。此外，ACSI 测试集中在应用层（映射）。

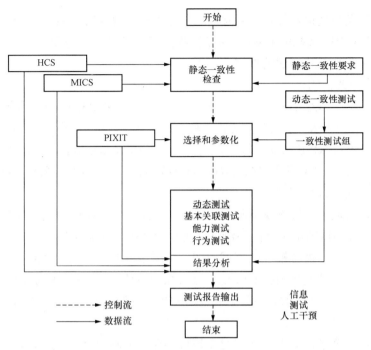

图 3-14 一致性测试过程流程

（2）一致性测试系统结构。一致性测试概念应包括测试设备、测试配置和测试场景，应使用恰当定义的测试用例进行动态性能的测试。为测试通信能力必需生成报文信息，可采用硬件激励（触点、电压、电流等）和来自适应串行链路的激励，也可用软件模拟硬件设备的返回信息。IEC 61850 标准的最小测试环境如图 3-15 所示。

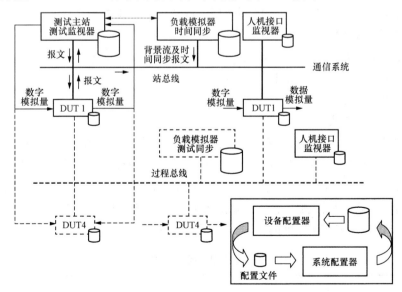

图 3-15 测试系统结构示意图

图 3-15 对站总线、过程总线和 DUT 设置进行了描述。除 DUT 外，还需要用作客户和服务器的设备（如模拟器）以启动及生成报文，进行记录并处理结果信息。网络上的背景

负载可由附加的负载模拟器提供，它也可包含时间同步的主站。在网络上可选配 HMI 用于独立的测试系统监视。选配的 HMI 可包括网络监视工具以及系统和设备级的工程软件。网络分析器应用于监视系统测试的差错。

3. KEMA 一致性测试

对于智能变电站 IEC 61850 标准的一致性测试，荷兰 KEMA 公司是国际上比较成熟的测试机构，基于 KEMA 的一致性测试工具：分析器（UniCA 61850 Analyzer）、模拟器（UniCASim 61850 GOOSE Simulator、UniCASim 61850 Client Simulator、UniCASim Multi 61850 IED Simulator）和观测器（61850 Observer），即可构建 IEC 61850 标准的实验室测试环境，进行装置的一致性测试。

一致性测试有通过、失败或不确定 3 种可能结果。对于简单的测试模型，使用 KEMA 模拟器工具，运行测试脚本进行闭环测试即可获得明确的测试结果（通过或失败）。对于测试过程较为复杂的诸如报告模型的测试用例，需要进行开环测试，而且有可能得到不确定的测试结果，需要测试人员根据 KEMA 工具所记录的报文做进一步的分析。

测试过程中，需要对 DUT 的数据模型、ACSI 模型和服务映射分别进行检测。其中，数据模型测试包括以下 4 点：

（1）检查每一个逻辑节点的强制对象是否存在（强制的=M，任选的=O，条件的=C）；

（2）检查按条件应该存在的但实际并不存在的错误对象；

（3）检查每一个逻辑节点的全部对象的数据类型；

（4）验证设备中数据的属性值是否在指定范围内。

ACSI 模型和服务映射测试包括应用关联模型、服务器模型、逻辑设备模型、逻辑节点模型、数据模型、数据属性模型、数据集模型、定值组控制模型、报告控制模型、日志控制模型、通用变电站事件模型、控制模型、取代模型、采样值传输模型、时间和时间同步模型、文件传输模型。

ACSI 模型和服务的测试依据下列 2 种方式：

（1）肯定的：正常的条件验证，响应正确；

（2）否定的：反常的条件验证，响应失败。

4. 一致性测试结果

检测机构对被测设备进行测试后出具检验报告及质量检验合格证。在检验报告中除了对一致性测试内容的每一项给出结论外，还详细给出静态检查和每个动态测试用例的测试结果，其测试结果分"通过"、"失败"和"不确定"三种。例如：笔者开发的智能变电站 IEC 61850 通信协议一致性测试部分检验报告见表 3-1 和表 3-2。此外，中国电力科学研究院质检中心按照 IEC 61850 标准的规定开展了一致性测试。

表 3-1　　　　　　　　　　　　　检验项目及检验结论

序号	检验项目组	项目数	检验结论
1	配置文件	2	合格
2	应用关联模型	6	合格
3	服务器/逻辑设备/逻辑节点/数据模型	10	合格

序号	检 验 项 目 组	项 目 数	检验结论
4	数据集模型	3	合格
5	报告模型	18	合格
6	文件传输模型	3	合格

表 3-2 应 用 关 联 模 型

测试项目	测 试 描 述	实验结果
Ass1	关联及释放 TPAA 关联	通过
Ass2	关联和客户异常终止 TPAA 关联	通过
Ass3	同时与最多数量的客户端关联	通过
AssN3	检验最大关联数-1 个关联无法建立	通过
AssN4	断开通信接口，DUT 在规定的时间内应检测到链路中断	通过
AssN5	中断和恢复供电，DUT 就绪后应能接收关联请求	通过

被测设备只有通过了静态性能检查和动态能力的一致性测试，获得检验报告及质量检验合格证之后才可集成到智能变电站系统中。

3.2.5　IEC 61850 应用难点和局限性

1. 软件复杂性

IEC 61850 系列标准充分吸收了计算机信息处理中的面向对象模型技术，并通过抽象的通信接口等方法进行了每一层的设计，希望能够容纳不断发展的通信技术，保证标准在较长的时间内具有良好的通用性，然而也不可能避免给标准的实现带来了复杂性。就目前而言，研究出符合 IEC 61850 标准的产品的难点主要在 MMS（制造报文规范）、SCL（变电站描述语言，基于扩充的 XML 扩展标记语言）和 GSSE/GOOSE（通用变电站事件，用于期待控制电缆进行开关状态和跳闸命令的传输）等方面。

2. 硬件升级代价

软件的复杂性，导致了对 CPU 速度以及内存的需求，同 103 等传统规约相比有了数量级的飞跃，为了实现 MMS 通信，100M 的 CPU 速度和 8M 动态内存应该是基本配置，这导致各设备制造商必须升级已有硬件方面实现 IEC 61850 功能，一定程度上也会导致用户初期采购成本的增加（由于减少了后期的维护和改扩建费用，生命期内总体拥有成本会减少）。

3. GOOSE 应用体现了网络重要性

传统保护跳闸等应用通过控制电缆来实现，各种保护是自足并且可能在站内实现某种程度的备用（如主变压器保护作为出线的后备保护等），一旦所有跳闸及联络都通过通信来实现，那么通信设备的可靠性将可能成为变电站运行安全的瓶颈。如果大量通过点对点直接用电缆连接来实现 GOOSE 通信，似乎又违背了 IEC 61850 的初衷，达不到减少控制电缆以降低系统复杂性的目的。

4. 国内需求的切合度

IEC 61850 模型更多地考虑了欧洲和北美的需求，并在某种程度上按照西门子、ABB

等厂家的习惯设计，当在国内装置上实现时，与国产传统装置的实现差别较大。尤其关于保护逻辑节点及定值等方面，必须按照标准做较大的扩充和变化来实现。另外，IEC 61850关于工程管理、变电站配置语言等方面，也必须和国内的习惯磨合后方能探索出可行高效的办法。

5. 目前 IEC 61850 标准存在问题

首先关于保护信息处理方面（定值、带参数信息的保护动作时间、录波），目前版本的 IEC 61850 规定得不够具体甚至相互矛盾（在这方面，欧洲产品基本上在产品调试软件中实现，回避了该问题）；其次在 SCL 变电站描述语言部分已被发现若干错误；另外，关于采用直通信部分可能超过目前网络及 CPU 硬件水平。

↘ 3.3 智能变电站整体网络配置

基于 IEC 61850 制定了 DL/T 860，实现各自动化和在线监测设备制造厂商的设备之间互操作。智能变电站的结构采用分层分布式设计，即站控层（Station Level）、间隔层（Bay Level）和过程层（Process Level）。每一层由不同的设备或者不同的子系统组成，完成不同的功能。整体变电站的网络配置参考图 1-4。

3.3.1 站控层与间隔层网络结构设计

智能变电站站控层与间隔层通信网络结构模式有星形和环形两种。其中星形网络的结构最为常见，它的网络通信节点通过集线器或者交换机组成可以级联的星形网络，其要求网络节点分布相对集中，否则将会给综合布线带来不少困难。环形网络中，所有的网络通信节点必须是专用的环形小型交换机，才能保证环形网络正常工作。

（1）单层星形单网。此网络是将站控层的信息一体化平台和间隔层的四个单元全部通过星形网络连接到一起，构成一个星形单网系统。这种体系结构的优点是简洁、明了，可靠性相对较高；缺点是网络结构相对薄弱，缺乏冗余性，任何地方发生故障就有可能导致系统的瘫痪甚至整个系统崩溃。其网络结构如图 3-16 所示。

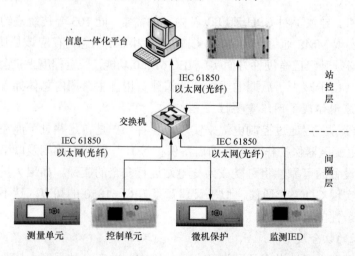

图 3-16 星形单网

（2）单层星形双网。为了克服上述星形单网的弊端，可以把单网改为双网，以增加网络的冗余性。正常通信过程中，星形双网其实就是传输不同的数据内容，一旦其中的一条网络出现故障，则另一条网络担负起传输全部数据的功能，从而避免对系统产生大的影响。这样不但提高了系统的实时性，也极大提高了系统的可靠性。为了实现星形双网的网络结构，必须要求间隔层的每 1 个单元具有 2 个网络通信接口。其网络结构如图 3-17 所示。

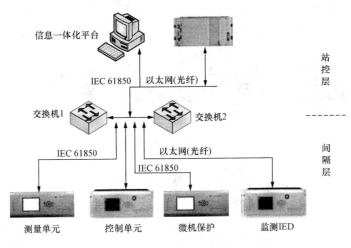

图 3-17　星形双网

星形网络结构中，站控层的信息一体化平台与间隔层的各种测控、保护和在线监测单元进行信息交换，获取各类实时数据；同时把各种命令下发给各个间隔层设备，实现了各种不同设备的测控和在线监测。此外，站控层的信息一体化平台还负责通信数据的交互，甚至还可以与各电力公司进行远方调度、信息共享和交换。

（3）双层双网结构。所谓双层网络结构就是指智能变电站的站控层的信息一体化平台和间隔层各个单元分别属于两个不同层的网络。双层网络结构的优点：网络层次分明，比较符合对应与 IEC 61850 相关的变电站系统的分层结构规范；系统结构比较灵活，形式多样，为系统设计提供了较为丰富的配置选择。双层同网结构是指站控层和间隔层均采用以太网通信方式。正常的通信中，双网可以分别传输不同的数据内容，也可以按主备方式运行。在主备方式运行时，其中的一条网络出现故障，另一条网络即可担负起传输全部数据的功能，从而可以提高系统的实时性和可靠性，但同时增加了系统网络结构的复杂性。近几年，该结构的系统在 110kV 及以上变电站中获得了较为广泛的应用，其网络结构如图 3-18 所示。

（4）双层异网结构。当站控层和间隔层采用不同性质的通信网络时成为双层异网结构，共有 4 种形式。在实际的工程中应用最广泛的是站控层选用高速的以太网，而间隔层选用串行通信、现场总线或者无线通信等形式。这种网络结构中需要有 1 个网关，来完成不同网络协议之间的转换。该网络结构已广泛的应用于 220kV 及以上的变电站，主要是针对间隔层中没有以太网接口的设备来实现的，其目的是为了使原来不具备以太网通信功能的装置通过网关完成协议的转换实现以太网通信的功能。其网络结构如图 3-19 所示。

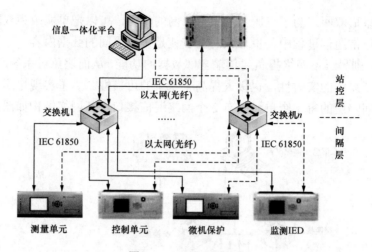

图 3-18　双层双网结构

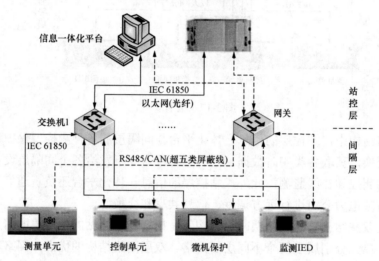

图 3-19　双层异网结构

（5）环形网络结构。目前已有不少变电站通信网络在间隔层设备中开始采用环形网络结构，采用环形网络结构的间隔层设备要求具有 2 个网络接口，其常见组网方式如图 3-20 所示。

环形网络结构的最大特点是：正常运行时环形网络上各节点以某一个方向的数据流进行通信。当环形网络上某处通道断裂或节点发生故障时，与故障点最近的环网节点可快速通过改变数据流的发送和接收方向，形成网络自愈，从而确保其他设备的正常通信，极大地提高通信的可靠性，提高网络冗余度，实现网络无缝切换。

通过上面的描述可以确定站控层与间隔层之间的网络设计架构，站控层网络主要处理间隔层中各个单元之间的数据通信，同时要与信息一体化平台进行信息交换，并和省级电网进行双向信息交换，站控层也实现了电力数据网络的接入。其网络平台实现全站信息的汇总功能（包括防误闭锁），可通过 MMS/GOOSE 双重以太网实现，热备用方式运行。

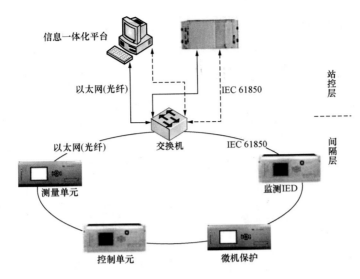

图 3-20　环形网络结构

国内 220kV 及以上站控层网络一般采用双星型拓扑结构，110kV 及以下站控层网络一般采用双星型或环形拓扑结构。其通信网络有的采用 GOOSE、MMS 两网合一方式，有的采用 MMS、GOOSE 和 SNTP 三网合一方式，具体要采用哪种方式视变电站电压等级而定。在未来的智能变电站的建设中，其通信协议都统一为 IEC 61850 标准。未来智能变电站的通信网络架构更接近双网双环的设计理念，使整个变电站通信网络的数据通信更加自如，通信网络更加坚强，能够自我调节、自我控制等。未来的通信网络如图 3-21 所示。

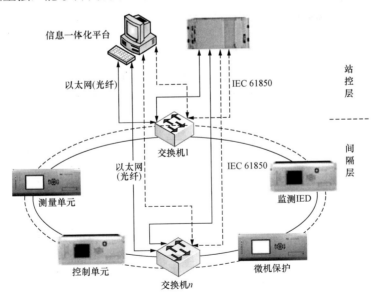

图 3-21　双网双环的网络结构

站控层与间隔层的网络设计，通常采用双层网络结构。在西泾智能变电站的网络设计中应用此拓扑结构，采用了 MMS、GOOSE、SNTP 和 IEC 61850 共网传输：MMS 传输保护测控动作信息、告警信息、一次设备状态信息和后台操控命令等；GOOSE 用于传输五防联动、闭锁信息；SNTP 用于给站控层设备对时；IEC 61850 用于一、二次设备在线监测信息的传输。其交换机的配置方案如图 3-22 所示，交换机具体配置数量及规格见表 3-3。

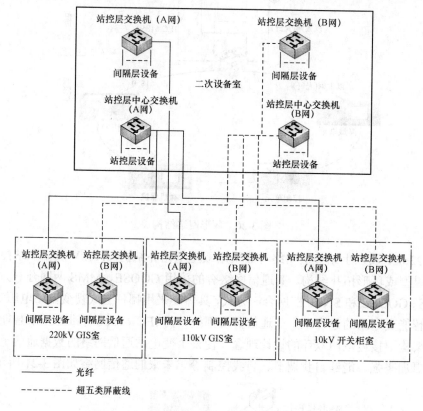

图 3-22　站控层与间隔层的交换机配置方案

表 3-3　　　　　　　　　　　站控层与间隔层交换机的数量及规格

交　换　机	本期（台）	远景（台）	交换机规格
站控层中心交换机	2	2	百兆、24 电口、4 光口
二次层设备室	2	2	百兆、24 电口、4 光口
站控层交换机 220kV GIS 室	2	4	百兆、24 电口、4 光口
站控层交换机 110kV GIS 室	2	4	百兆、24 电口、4 光口
站控层交换机 10kV 开关柜室	4	6	百兆、24 电口、4 光口
合　　计	12	18	

3.3.2　间隔层与过程层网络结构设计

间隔层在变电站网络系统中起承上启下的作用，间隔层设备可以分为具备测控功能的 I/O 测控装置（简称 I/O 测控装置）、集成微机保护功能的保护测控合一装置和在线监测 IED 装置。而过程层位于最底层，是一次设备与二次设备的结合，主要完成运行设备的状态监测、操作控制命令的执行和实时运行电气量的采集功能，实现基本状态量和模拟量的数字化输入/输出。过程层设备包括变压器、断路器、隔离开关、电压/电流互感器、避雷器和容性设备等一次设备及其所属的智能组件，独立的智能电子装置。

在目前智能变电站设计中，一般把测控、保护和在线监测网络分成 2 部分设计，间隔层与过程层网络结构一般有星形和环形两种，分为 SMV 和 GOOSE 网络。SMV 网主要实现电流、电压交流量的上传；GOOSE 网主要是实现开关量的上传及分/合闸控制、防误闭锁等。目前国内外试点站考虑到安全性、可靠性等因素，220kV 及以上的变电站的 SMV 采样值网络一般采用点对点方式，极少站点实现部分间隔组网；110kV 及以下变电站的 SMV 采样值网络不少采用了组网方式，并采用了 IEC 61850-9-2LE 通信。其中测控设备的网络架构如图 3-23 所示。

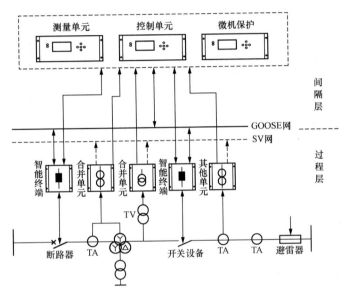

图 3-23　测控设备的网络架构

在线监测 IED 的组网一般有星形和网形两种方式。常用的通信方式为 RS-232、RS-485、CAN 总线或者无线通信（WiFi/ZigBee），实现一次设备在线监测信息的各种数据信息的上传。其网络架构如图 3-24 所示。

3.3.3　智能变电站网络结构设计案例

智能变电站网络特点如下：

（1）在网络结构上，全站两层网络物理上可相互独立，也有发展成合并为一层网络即全站统一的网络结构的趋势。对于两层网络相互独立的网络结构，如果保护设备要获得其他间隔的采样值数据，可采用较为经济的面向功能的过程层网段方法，将功能相关的间隔划分到一个间隔，或将相关间隔的交换机级联以传输跨间隔的采样值或命令。全站统一的网络结构主要采用一个间隔划分一个网段的方法，除此以外，IEC 61850 还规定每个间隔总线段覆盖多个间隔、全站统一总线　（所有设备都与该总线连接）、面向功能的总线结构（总网段按照保护区域设置，可使各网段之间数据交换量减少）。

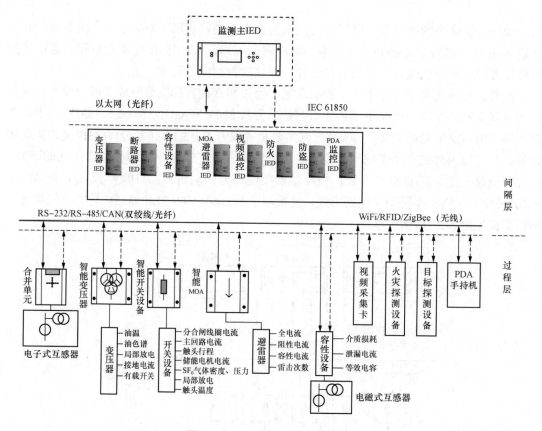

图 3-24　在线监测网络设计架构

（2）智能控制按 IEC 61850 规范接入站控层设备，对下与开关机构之间通过电缆连接插端。智能控制装置可与保护装置一起组屏安放于一次设备旁，构成保护及智能控制柜，实现面向间隔的保护、测控和一次设备智能控制一体化。

（3）在智能变电站中，通过采用面向对象统一建模，信息统一采集，具备完善的间隔联锁功能，联锁逻辑可以灵活方便地离线组态，可以将微机防误功能完全内嵌于变电站自动化系统，进而完善微机五防系统。

（4）在信息传输方面，继电保护相关的采样值传输以光纤方式接入过程层网络，间隔层保护、测控、计量等设备与合并单元的连接有 2 种方式：

1）通过过程层交换机连接，以实现信息共享；同时通过交换机本身的优先级技术、虚拟 VLAN 技术、组播技术等可以有效地防止采样值传输流量对过程层网络的影响。

2）直接相连，即点对点方式，采样同步应由保护装置实现。

我国现阶段典型的接入方式是以直接采样为主。

（5）智能一次设备、智能单元等与间隔层保护测控装置之间的信息传输，如传输跳合闸信号或命令，一般都采用 GOOSE 报文传输，GOOSE 报文数据量不大但具有突发性。由于在过程层中 GOOSE 应用于保护跳闸等重要报文，必须在规定时间内传送到目的地，因此实时性要求远高于一般的面向非嵌入式系统，对报文传输的时间延迟在 4ms 以内。与采样值传输方案类似，继电保护相关的 GOOSE 跳闸的传输方式也有两种，现阶段我国典型的 GOOSE 传输方式是以直接跳闸为主。

间隔层与过程层的网络配置一般采用双网星形连接方式。在西泾智能变电站中，过程层可以分为 220kV 过程层、主变压器过程层和 110kV 过程层。在 220kV 过程层中 SMV 采用点对点直采方式，不依赖于外部同步时钟，包括线路保护测控、母联保护测控、母线保护等。220kV 线路、母联的跳闸采用直跳方式，其他的告警等信息采用 GOOSE 网络方式；220kV 母线的跳闸、闭锁等信息都采用 GOOSE 网络方式。220kV GOOSE 交换机采用星形组网方式，将 A 和 B 交换机分别安装在两个柜子中，放置于 220kV GIS 室。220kV 过程层网络配置采用 8 台 MOXA 交换机，其参数为百兆、多模 16 光口工业级交换机，不具备 IEEE 1588 功能。

主变压器各电压等级 SMV 采用点对点直采方式，不依赖于外部同步时钟。主变压器各电压等级 GOOSE 信息以及本体智能终端的非电量信息接入独立的主变压器网络，主变压器采用 GOOSE 网络跳闸，而 GOOSE 跳闸是指本间隔的保护以及母差、主变压器等跨间隔装置的跳合闸命令均通过 GOOSE 网络交换机发送给智能操作终端，再经智能操作终端以点对点形式发送到一次设备的跳闸方式。主变压器网络配置，1 号主变压器和 2 号主变压器分别设置独立的 GOOSE 网络，采用双层网络的结构设计。其中采用 8 台百兆、多模 16 光口工业级交换机，不具备 IEEE 1588 功能。

在西泾智能变电站中，110kV 线路、母联、母线保护采用网采网跳方式，SMV 采用 IEEE 1588 同步时钟，采用 SMV、GOOSE 和 IEEE 1588 "三网合一"的网络方式。110kV 过程层的连接采用双网星形方式。110kV 过程层网络配置采用 26 台 MOXA 交换机，其参数百兆、多模 12 光口工业级交换机，具有 IEEE 1588 功能。间隔层和过程层交换机具体配置数量及规格见表 3-4。

表 3-4　　　　　　　　　　　　间隔层和过程层交换机配置数量及规格

交　换　机	本期（台）	远景（台）	交换机规格
220kV 过程层中心交换机	2	2	百兆、16 多模光口
220kV 过程层 2 个间隔配置 2 台	6	12	百兆、16 多模光口
110kV 过程层中心交换机	8	8	百兆、12 多模光口
110kV 过程层 1 个间隔配置 2 台交换机	18	26	百兆、12 多模光口
主变压器过程层交换机	8	12	百兆、16 多模光口
合　　计	42	60	

3.4　IEC 61850 协议实现

IEC 61850 协议的实现可分为以下 4 个步骤：

（1）分配、合并、定义装置的自动化功能，从逻辑节点库中提取对应的逻辑节点（LN），组建成装置对应的逻辑设备（LD），构建出信息模型的框架；用数据对象（DO）及其属性（DA）对模型进行填充、描述，实例化信息模型的属性。

（2）依据抽象通信服务接口（ACSI），根据信息模型的属性构建出信息模型相对应的服务。

（3）按照特殊通信服务映射（SCSM），将抽象的通信服务映射到具体的通信网络及协议上，进而使服务借助通信得以实现。

（4）依照变电站配置语言（SCL），组织并发布装置的配置文件，实现装置信息和功能服务的自我描述，并且服务可被识别和享用。

3.4.1　智能变电站 IEC 61850 网络

智能变电站全站设备支持 IEC 61850 标准，站内设备按"三层两网"结构配置，使用 MMS、GOOSE、SMV（IEC 61850-9-2）报文实现变电站数字化。全站网络在逻辑功能上可分为站控层网络（如图 3-17 所示）和过程层网络（如图 3-23 和图 3-24 所示），过程层网络包括 GOOSE 网络和 SMV 网络。高采样率的采样值和 GOOSE 报文的快速传输，依靠虚拟网协议和多播技术，将流量限制在有限范围传输以减小网络负担和提高传输的实时性。降低网络流量信息可以通过以下 3 种措施解决：

（1）对于 SMV 业务接入点端口，通过端口速率设置来防止 SMV 业务挤占关键业务的带宽。

（2）对于业务的数据通信，采用 GMRP 动态组播协议来降低网络中的数据流量。

（3）对于关键业务通信，在网络中实施 QoS 机制，采用 VLAN 组划分的方式实现，通过优先级划分处理保证关键数据先传送。

其中，智能变电站实时报文的优先级处理见表 3-5 和表 3-6。

表 3-5　　　　　　　　　　　过程层网络实时报文优先级处理

报文类型	报文传输方向	发送方式	优先级
SMV 报文	MU 至 IED	周期性	4
GOOSE 输入报文	智能开关柜（ISG）至 IED	周期性	1
GOOSE 输出报文	IED 至 ISG、MU	突发性	4
时钟同步报文	主时钟与各设备双向	不定期	1

表 3-6　　　　　　　　　　　站控层网络实时报文优先级处理

报文类型	报文传输方向	发送方式	时延要求	优先级
遥测、遥信报文	IED 至监控主机	周期性	<100ms	3
Control 报文	监控主机向 IED	突发性	<3ms	4
事件报告或设备状态报文	IED 至监控主机	周期性	<100ms	3
定值、录波、事件记录和文件	IED 至监控主机	突发性	事件记录<500ms	2
闭/解锁、联动命令	IED 之间	突发性	事件记录<500ms	4
时钟同步报文	主时钟与各设备双向	不定期		1

在虹桥 220kV 智能化变电站改造工程中建立了 1 个双冗余光纤骨干网。站控层采用双以太网 IEC 61850 通信规约，2 个树状拓扑结构增加运行可靠性。同类型一组高压设备对应 1 个主 IED，主 IED 通过过程层网络连接下属的各个子 IED，汇集来自不同监测项目的

采集数据，通过 IEC 61850 解析封装，得到准确信息后进行数据容错，对传输过程中出现的非正常数据进行标记，将异常信息反馈给子 IED 进行重发，直到数据正常，在多次反复操作中，监视子 IED 的工作状况或者传输网络健康状况。由于间隔层设备之间以及间隔层和站控层之间需要共享电压、电流值及状态信号，而且间隔层 IED 数量较多，为保证通信可靠性，站控层网络采用 100MB 双光纤交换式以太网结构。间隔层内 IED 数据收发以 TCP/IP 方式进行，在应用层选择制造报文规范（MMS）作为应用层协议与站控层进行通信，其映射一般遵循 MMS＋TCP/IP＋ISO/IEC802.3 模式。过程层采用基于以太网多播技术的多播应用关联 GOOSE 网络通信。

3.4.2 ICD、SCD 等文件配置及调试实例

在 3.2 节，简要介绍了 ICD、SCD 文件的基本知识，下面将通过具体的 ICD、SCD 实例使抽象概念直观化，进一步加深对其的理解。SCL 将变电站自动化系统分为 Header、Substation、IED、Communication 和 DataTypeTemplates 5 个部分。其中 Header 部分包含了 SCL 文件的版本和订正号，以及名称映射信息；Substation 部分包含了变电站的功能结构、主元件及电气连接；IED 部分描述了所有 IED 的信息，如包含逻辑装置、逻辑节点、数据对象及其相应的通信服务能力；DataTypeTemplates 部分详细定义了在文件中出现的逻辑节点实例，包括它的类型以及该逻辑节点实例所包含的数据对象 DO 等；Communication 部分定义了逻辑节点之间通过逻辑总线和 IED 接入点之间的联系方式。这五部分层层包含，共同实现了对变电站综合自动化系统模型的描述，充分体现了使用 SCL 描述 IED 的可扩展性和灵活性。

1. 配置文件

（1）数据映射配置

```xml
<?xml version="1.0" encoding="UTF-8"?>
<root>
    <DB    dbname="jinpower2000.db"    host="192.168.1.107"    user="jy2000"
password="lgom"/>
    <IED>
        <Domainname name="JPower2000TROM">
            <DataSet name="dsTromMx" desc="description">
                <Var name="SIML1$MX$H2$mag$f" SQL="SELECT FLOAT_VALUE FROM
TROM_data WHERE DATA_ID=1"/>
                ……
            </DataSet>
        </Domainname>
        <Domainname name="JPower2000SF6">
            <DataSet name="dsSF6Mx" desc="description">
                <Var name="SIMG1$MX$Tmp$mag$f" SQL="SELECT FLOAT_VALUE FROM
SF6_data WHERE DATA_ID=1"/>
                ……
            </DataSet>
        </Domainname>
        <Domainname name="JPower2000BRK">
            <DataSet name="dsBrkMx" desc="description">
                <Var name="MMXU1$MX$Open_mA$mag$f" SQL="SELECT FLOAT_VALUE
```

```
FROM DLQ_data WHERE DATA_ID=1"/>
                    ……
            </DataSet>
        </Domainname>
    </IED>
</root>
```

(2) ICD 文件配置（变压器风冷控制文件）

```
<?xml version="1.0" encoding="UTF-8"?>
<SCL  xmlns="http : //www.iec.ch/61850/2003/SCL"  xmlns : xsi="http :
//www.w3.org/2001/XMLSchema-instance" xmlns: shr="http: //www.shrcn.com">
    <Header id="JPOWER_JPOWER2000_SCL" toolID="JPOWER_CID_CFG" nameStructure=
"IEDName">
        <History>
            <Hitem version="1.0" revision="0" when="2011-04-22" what="CID
文件"/>
        </History>
    </Header>
    <Communication>
        <SubNetwork type="8-MMS" name="MMS">
            <ConnectedAP iedName="JPower2000_FLJC" apName="S1">
                <Address>
                    <P type="OSI-AP-Title">1 3 9999 23</P>
                    <P type="OSI-AE-Qualifier">33</P>
                    <P type="OSI-PSEL">00 01</P>
                    <P type="OSI-SSEL">00 01</P>
                    <P type="OSI-TSEL">00 00 00 01</P>
                    <P type="IP">172.16.100.203</P>
                    <P type="IP-SUBNET">255.255.0.0</P>
                </Address>
            </ConnectedAP>
        </SubNetwork>
    </Communication>
    <IED name="JPower2000_FLJC" type="JPower2000" desc="冷却系统监测 IED"
configVersion="v1.00">
    <Services>
     <DynAssociation/>
     <GetDirectory/>
     <GetDataObjectDefinition/>
     <GetDataSetValue/>
     <DataSetDirectory/>
     <ReadWrite/>
     <FileHandling/>
     <ConfDataSet max="20" maxAttributes="50"/>
     <ConfReportControl max="20"/>
     <ReportSettings bufTime="Dyn" cbName="Conf" rptID="Dyn" datSet="Conf"
intgPd="Dyn" optFields="Conf"/>
     <ConfLogControl max="1"/>
     <ConfLNs fixLnInst="true"/>
     <GetCBValues/>
    </Services>
```

```xml
<AccessPoint name="S1">
    <Server>
        <Authentication none="true"/>
        <LDevice inst="FLJC0" desc="冷却系统监测">

            <LN0 desc="" inst="" lnClass="LLN0" lnType="JPOWER_LD_LLN0">
                <DataSet name="dsFljcMx" desc="测量值">
                    <FCDA  ldInst="FLJC0"  prefix=""  lnClass="CCGR"
lnInst="1" doName="WorkMod" fc="MX"/>

                    …
                </DataSet>
```

（3）SCD 配置实例（间隔 1 配置）

```xml
<?xml version="1.0" encoding="UTF-8"?>

<SCL xmlns="http: //www.iec.ch/61850/2003/SCL" revision="A" version="2007"
xmlns: xsi="http: //www.w3.org/2001/XMLSchema-instance">
    <Header id="JPOWER" nameStructure="IEDName" toolID="EASY50"/>
    <Bay name="间隔 1">
    <Private type="oid">1020113820625465</Private>
        <PowerTransformer name="3 绕组变压器 1" type="PTR">
        <Private type="oid">1020113824359554</Private>
        <LNode iedName="None" ldInst="" lnClass="YPTR" lnType="null" lnInst=
"1" prefix=""/>
        <LNode iedName="None" ldInst="" lnClass="YEFN" lnType="null" lnInst=
"1" prefix=""/>
        <LNode iedName="None" ldInst="" lnClass="YLTC" lnType="null" lnInst=
"1" prefix=""/>
        <LNode iedName="None" ldInst="" lnClass="YPSH" lnType="null" lnInst=
"1" prefix=""/>
        <LNode iedName="JPOWER_2000" ldInst="LD0" lnClass="SIML" lnType=
"SYGD_MEAS_SIML" lnInst="1" prefix=""/>
        <TransformerWinding name="变压器绕组相 1" type="PTW">
            <Private type="oid">1020113824359493</Private>
            <Terminal name="Term1" connectivityNode="变电站 /220KV-1/ 间隔
1/null" substationName="变电站" voltageLevelName="220KV-1" bayName="间隔 1"
cNodeName="null"/>
        </TransformerWinding>
        <TransformerWinding name="变压器绕组相 2" type="PTW">
            <Private type="oid">1020113824359993</Private>
            <Terminal name="Term1" connectivityNode="变电站 /220KV-1/ 间隔
1/null" substationName="变电站" voltageLevelName="220KV-1" bayName="间隔 1"
cNodeName="null"/>
        </TransformerWinding>
        <TransformerWinding name="变压器绕组相 3" type="PTW">
            <Private type="oid">1020113824359846</Private>
            <Terminal name="Term1" connectivityNode="变电站 /220KV-1/ 间隔
1/null" substationName="变电站" voltageLevelName="220KV-1" bayName="间隔 1"
cNodeName="null"/>
        </TransformerWinding>
        </PowerTransformer>
    </Bay>
```

2. 通信调试报告实例

（1）SF₆气体监测。调试参数：

```
<DataSet name="dsSF6Mea" desc="测量值">
<FCDA ldInst="SF6_1" prefix="" lnClass="SIMG" lnInst="1" doName="Tmp" fc="MX"/>
<FCDA ldInst="SF6_1" prefix="" lnClass="SIMG" lnInst="2" doName="Pres" fc="MX"/>
<FCDA ldInst="SF6_1" prefix="" lnClass="SIMG" lnInst="3" doName="Pres" fc="MX"/>
<FCDA ldInst="SF6_1" prefix="" lnClass="SIMG" lnInst="4" doName="Pres" fc="MX"/>
<FCDA ldInst="SF6_1" prefix="" lnClass="SIMG" lnInst="5" doName="Pres" fc="MX"/>
<FCDA ldInst="SF6_1" prefix="" lnClass="SIMG" lnInst="6" doName="Pres" fc="MX"/>
<FCDA ldInst="SF6_1" prefix="" lnClass="SIMG" lnInst="7" doName="Pres" fc="MX"/>
<FCDA ldInst="SF6_1" prefix="" lnClass="SIMG" lnInst="8" doName="Pres" fc="MX"/>
<FCDA ldInst="SF6_1" prefix="" lnClass="SIMG" lnInst="9" doName="Tmp" fc="MX"/>
<FCDA ldInst="SF6_1" prefix="" lnClass="SIMG" lnInst="9" doName="Den" fc="MX"/>
<FCDA ldInst="SF6_1" prefix="" lnClass="SIMG" lnInst="9" doName="Pres" fc="MX"/>
<FCDA ldInst="SF6_1" prefix="" lnClass="SIMG" lnInst="10" doName="Tmp" fc="MX"/>
<FCDA ldInst="SF6_1" prefix="" lnClass="SIMG" lnInst="11" doName="Tmp" fc="MX"/>
<FCDA ldInst="SF6_1" prefix="" lnClass="SIMG" lnInst="12" doName="Tmp" fc="MX"/>
<FCDA ldInst="SF6_1" prefix="" lnClass="SIMG" lnInst="12" doName="Den" fc="MX"/>
<FCDA ldInst="SF6_1" prefix="" lnClass="SIMG" lnInst="12" doName="Den" fc="MX"/>
<FCDA ldInst="SF6_1" prefix="" lnClass="SIMG" lnInst="13" doName="Pres" fc="MX"/>
<FCDA ldInst="SF6_1" prefix="" lnClass="SIMG" lnInst="14" doName="Tmp" fc="MX"/>
<FCDA ldInst="SF6_1" prefix="" lnClass="SIMG" lnInst="15" doName="Tmp" fc="MX"/>
<FCDA ldInst="SF6_1" prefix="" lnClass="SIMG" lnInst="16" doName="Tmp" fc="MX"/>
<FCDA ldInst="SF6_1" prefix="" lnClass="SIMG" lnInst="15" doName="Tmp" fc="MX"/>
<FCDA ldInst="SF6_1" prefix="" lnClass="SIMG" lnInst="16" doName="Tmp" fc="MX"/>
<FCDA ldInst="SF6_1" prefix="" lnClass="SIMG" lnInst="15" doName="Tmp" fc="MX"/>
<FCDA ldInst="SF6_1" prefix="" lnClass="SIMG" lnInst="16" doName="Tmp" fc="MX"/>
<FCDA ldInst="SF6_1" prefix="" lnClass="SIMG" lnInst="16" doName="Tmp" fc="MX"/>
</DataSet>
```

测试数据如图 3-25 所示。

采集时间	设备名称	密度(MPa)	温度(℃)	压力(MPa)
2011-08-11 17:59:47.0	117间隔断路器	0.67	32.30	0.71
2011-08-11 17:59:46.0	120间隔断路器	0.69	32.90	0.74
2011-08-11 17:59:46.0	118间隔断路器	0.39	33.10	0.42
2011-08-11 17:59:38.0	114间隔断路器	0.48	32.80	0.51
2011-08-11 17:59:38.0	113间隔断路器	0.59	32.60	0.62
2011-08-11 17:59:38.0	145间隔断路器	0.62	32.40	0.66
2011-08-11 17:59:38.0	112间隔断路器	0.32	32.70	0.34
2011-08-11 17:59:38.0	111间隔断路器	0.65	32.30	0.69
2011-08-11 17:59:37.0	101间隔断路器	0.67	32.60	0.71
2011-08-11 17:56:45.0	2245间隔断路器A相	0.51	34.59	0.54
2011-08-11 17:56:45.0	2245间隔断路器B相	0.54	34.89	0.57
2011-08-11 17:56:45.0	2245间隔断路器C相	0.53	34.80	0.56
2011-08-11 17:56:45.0	2213间隔断路器A相	0.54	34.20	0.58
2011-08-11 17:56:45.0	2213间隔断路器B相	0.51	34.09	0.54
2011-08-11 17:56:45.0	2213间隔断路器C相	0.52	34.20	0.55
2011-08-11 17:56:44.0	2214间隔断路器A相	0.51	34.59	0.54
2011-08-11 17:56:44.0	2214间隔断路器B相	0.50	34.59	0.53
2011-08-11 17:56:44.0	2214间隔断路器C相	0.50	34.40	0.53

图 3-25　SF₆气体监测测试数据

（2）避雷器监测。调试参数：

```
<DataSet name="dsBLQMea" desc="测量值">
<FCDA ldInst="BLQ" prefix="" lnClass="YPTR" lnInst="1" doName="Icap" fc="MX"/>
<FCDA ldInst="BLQ" prefix="" lnClass="YPTR" lnInst="1" doName="Ix" fc="MX"/>
<FCDA ldInst="BLQ" prefix="" lnClass="YPTR" lnInst="1" doName="Irp" fc="MX"/>
<FCDA ldInst="BLQ" prefix="" lnClass="YPTR" lnInst="1" doName="LtNum" fc="MX"/>
<FCDA ldInst="BLQ" prefix="" lnClass="YPTR" lnInst="2" doName="Icap" fc="MX"/>
<FCDA ldInst="BLQ" prefix="" lnClass="YPTR" lnInst="2" doName="Ix" fc="MX"/>
<FCDA ldInst="BLQ" prefix="" lnClass="YPTR" lnInst="2" doName="Irp" fc="MX"/>
<FCDA ldInst="BLQ" prefix="" lnClass="YPTR" lnInst="2" doName="LtNum" fc="MX"/>
<FCDA ldInst="BLQ" prefix="" lnClass="YPTR" lnInst="3" doName="Icap" fc="MX"/>
<FCDA ldInst="BLQ" prefix="" lnClass="YPTR" lnInst="3" doName="Ix" fc="MX"/>
<FCDA ldInst="BLQ" prefix="" lnClass="YPTR" lnInst="3" doName="Irp" fc="MX"/>
<FCDA ldInst="BLQ" prefix="" lnClass="YPTR" lnInst="3" doName="LtNum" fc="MX"/>
<FCDA ldInst="BLQ" prefix="" lnClass="YPTR" lnInst="4" doName="Icap" fc="MX"/>
<FCDA ldInst="BLQ" prefix="" lnClass="YPTR" lnInst="4" doName="Ix" fc="MX"/>
<FCDA ldInst="BLQ" prefix="" lnClass="YPTR" lnInst="4" doName="Irp" fc="MX"/>
<FCDA ldInst="BLQ" prefix="" lnClass="YPTR" lnInst="4" doName="LtNum" fc="MX"/>
<FCDA ldInst="BLQ" prefix="" lnClass="YPTR" lnInst="5" doName="Icap" fc="MX"/>
<FCDA ldInst="BLQ" prefix="" lnClass="YPTR" lnInst="3" doName="Irp" fc="MX"/>
<FCDA ldInst="BLQ" prefix="" lnClass="YPTR" lnInst="3" doName="LtNum" fc="MX"/>
<FCDA ldInst="BLQ" prefix="" lnClass="YPTR" lnInst="4" doName="Icap" fc="MX"/>
<FCDA ldInst="BLQ" prefix="" lnClass="YPTR" lnInst="4" doName="Ix" fc="MX"/>
<FCDA ldInst="BLQ" prefix="" lnClass="YPTR" lnInst="4" doName="Irp" fc="MX"/>
<FCDA ldInst="BLQ" prefix="" lnClass="YPTR" lnInst="4" doName="LtNum" fc="MX"/>
<FCDA ldInst="BLQ" prefix="" lnClass="YPTR" lnInst="5" doName="Icap" fc="MX"/>
<FCDA ldInst="BLQ" prefix="" lnClass="YPTR" lnInst="4" doName="LtNum" fc="MX"/>
<FCDA ldInst="BLQ" prefix="" lnClass="YPTR" lnInst="5" doName="Icap" fc="MX"/>
</DataSet>
```

避雷器监测测试数据如图 3-26 所示。

采集时间	设备名称	全电流(mA)	容性电流(mA)	阻性电流(mA)	动作次数(次)	状态
2011-08-11 10:36:28.0	2号主变压器110kV侧避雷器A相	0.776	0.0	0.152	31	正常
2011-08-11 10:36:28.0	2号主变压器110kV侧避雷器B相	0.72	0.0	0.107	14	正常
2011-08-11 10:36:28.0	2号主变压器110kV侧避雷器C相	0.734	0.0	0.09	21	正常
2011-08-11 10:31:28.0	2号主变压器110kV侧避雷器A相	0.776	0.0	0.152	31	正常
2011-08-11 10:31:28.0	2号主变压器110kV侧避雷器B相	0.72	0.0	0.107	14	正常
2011-08-11 10:31:27.0	2号主变压器110kV侧避雷器C相	0.734	0.0	0.09	21	正常
2011-08-11 10:26:25.0	2号主变压器110kV侧避雷器A相	0.776	0.0	0.152	31	正常
2011-08-11 10:26:24.0	2号主变压器110kV侧避雷器B相	0.72	0.0	0.107	14	正常
2011-08-11 10:26:24.0	2号主变压器110kV侧避雷器C相	0.734	0.0	0.09	21	正常
2011-08-11 10:21:25.0	2号主变压器110kV侧避雷器A相	0.776	0.0	0.152	31	正常
2011-08-11 10:21:24.0	2号主变压器110kV侧避雷器B相	0.72	0.0	0.107	14	正常
2011-08-11 10:21:24.0	2号主变压器110kV侧避雷器C相	0.734	0.0	0.09	21	正常
2011-08-11 10:16:25.0	2号主变压器110kV侧避雷器A相	0.776	0.0	0.152	31	正常
2011-08-11 10:16:24.0	2号主变压器110kV侧避雷器B相	0.72	0.0	0.107	14	正常
2011-08-11 10:16:24.0	2号主变压器110kV侧避雷器C相	0.734	0.0	0.09	21	正常
2011-08-11 10:11:25.0	2号主变压器110kV侧避雷器A相	0.776	0.0	0.152	31	正常
2011-08-11 10:11:24.0	2号主变压器110kV侧避雷器B相	0.72	0.0	0.107	14	正常
2011-08-11 10:11:24.0	2号主变压器110kV侧避雷器C相	0.734	0.0	0.09	21	正常

图 3-26　避雷器监测测试数据

第4章 智能高压设备

智能高压设备是根据我国智能电网建设需求提出的一种新的设备型式，是实现变电站智能化的重要单元，其在一次设备的基础上集成了测量、控制、保护、计量和在线监测等技术，实现设备状态自我诊断、自我动作等功能，并通过光纤将数据传输至变电站信息一体化平台。智能高压设备应配备各种数字化接口（能够反映设备所有的一次、二次信息），具备测量数字化、控制网络化、状态可视化、功能一体化和信息互动化等五项技术特征。下面对各类智能高压设备进行详细的描述。

4.1 智能变压器

电力变压器是变电站的核心部分，完成电能变换和输送等功能，其自身可靠性是电网安全稳定运行的直接保证。随着电力系统对智能化和运行可靠性要求的提高，以及传感、检测和通信等技术的飞速发展，智能变电站对电力变压器的测量、控制、计量、监测和保护等部分提出了新的要求。变压器的智能化可以提供电力变压器的状态信息、优化运行方案、降低运行和维护费用、提高设备利用率。

4.1.1 智能变压器组成

智能变压器由变压器本体和智能组件组成，包括内置或外置于本体的传感器、测量、控制、计量、监测以及各类 IED 等。通过在变压器本体、有载调压开关、套管上安装各种传感器和执行器，并将运行信息通过互联网通信技术传输至相应的 IED，并采用 IEC 61850 协议经光纤上传至信息一体化平台（或监测主机），实现变压器的智能化，其结构如图 4-1 所示。目前，对于大多数改造的智能变电站，保护一般置于继电室，在线监测就地化布置；对于新建智能变电站，变压器本体保护装置和各种在线监测单元就地布置，配置变压器智能汇控柜。

4.1.2 智能变压器功能

智能变压器除具有转换电压、传输电能、稳定电压的基本功能外，还可通过集中或者分布式微处理器系统和数据采集单元实现资源共享、智能管理，具有测量、控制、计量、保护、监测、报警、通信、信息交互等高级功能。各部分的功能简单描述如下：

1. 智能变压器的测量功能

智能变压器应具备参量获取和处理的数字化功能，包括电力系统运行和控制中需获取

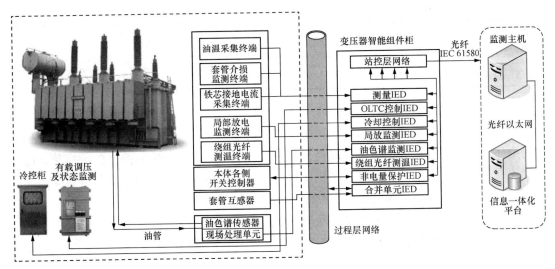

图 4-1　智能变压器结构示意图

的各种电参量和反映电气设备自身状态的电、光、放电、振动等物理量，具备数据采集和处理单元，各种参量以数字形式提供，信息的后续传播、处理与存储也是以数字化形式进行。具体运行数据包含电流、电压、有功功率、无功功率、功率因数、温度、油位以及其他必要的统计数据。

　　变压器测量主要包括以下方面：测量各侧负荷电流及中性点电流，进行保护和状态感知；测量变压器顶层和底层油温，判断变压器是否过热、冷却装置运行是否异常；测量有载分接开关切换次数来分析机械寿命；测量有载分接开关当前分接位置，判断当前工作状态；采集气体继电器节点信息和压力释放阀状态信号，检测是否由于内部故障产生严重放电或短路；测量主油箱油位和分接开关油箱油位，提前做好相应准备工作；测量风扇电机电流和电压，判断风扇及其电动机的工作状态；根据油流继电器提供的信号，分析油泵是否异常等。

　　变压器常规测量项目及技术要求见表 4-1，其常规测量项目采用数字化测量。

表 4-1　　　　　　　　　　变压器常规测量项目及技术要求

测量参量	应用	技术要求
主油箱油面温度	过热、冷却装置异常	1℃（不确定度）
气体继电器触点信息	内部严重放电、短路	0 差错
压力释放器状态信号	内部严重放电、短路	0 差错
主油箱油位	上限、下限	1cm（不确定度）
分接开关油箱油位	上限、下限	1cm（不确定度）
风扇电机电流、电压	风扇及风扇电机状态	1.5%（不确定度）
油流继电器信号（如有）	油泵异常指示	0 差错
有载分接开关驱动电源电压	操动电源状态	1.5%（不确定度）
有载分接开关切换次数	机械寿命	0 差错

续表

测 量 参 量	应 用	技 术 要 求
有载分接开关当前分接位置	状态量	0 差错
各侧负荷电流及中性点电流	保护、状态感知	符合设计要求

2. 智能变压器的控制功能

智能变压器应具备强大的自适应控制能力。依靠数字技术，根据实际工作的环境和工况对操作过程进行自适应调节，实现最优化过程控制。如进行智能温控、负荷控制、运行控制、有载调压、自动补偿功能、优化运行和实现系统经济运行（如按照负荷情况选择变压器运行方式，按照最优经济运行曲线运行实现损耗最低）。

智能变压器控制单元的配置基于变压器本体测控参量，通过约定的通信协议将本体控制箱与智能汇控柜中的控制单元 IED 进行连接。智能变压器控制单元 IED 的主要功能是接收来自间隔层或站控层的命令，向间隔层或站控层发送数据和进行有效的数据存储。变压器冷却系统与有载分接开关控制的相关参量及要求分别见表 4-2 和表 4-3。

表 4-2 变压器冷却系统控制的相关参量及要求

测 量 参 量	功 能 简 述	技 术 要 求
主油箱油面温度	过热、冷却装置异常	1 ℃（不确定度）
主油箱底部油温（如有）	过热、冷却装置异常	1 ℃（不确定度）
绕组光纤测温（如有）	过热、冷却装置异常	2 ℃（不确定度）
冷却装置开启组数	冷却装置运行状态	0 差错
铁芯接地电流	是否存在多点接地	2.5%（不确定度）
变压器各侧电流	发热原因判断、温度预测	1.5%（不确定度）
变压器各侧电压	是否过励磁	1.5%（不确定度）
环境温度	发热原因判断、温度预测	1 ℃（不确定度）

表 4-3 有载分接开关控制的相关参量及要求

控 制 参 量	功 能 简 述	技 术 要 求
分接位置	控制参考量	0 差错
变压器各侧电压	控制参考量	1.5%（不确定度）
变压器各侧电流	控制参考量	1.5%（不确定度）
变压器状态	智能控制	85%专家一致性

3. 智能变压器的计量功能

智能变压器的计量主要采用电子式互感器。ECT 正常运行时可以测量几十安至几千安的电流，故障条件下可反映几万安甚至几十万安的电流，输出的数字接口实现了变电站运行实时信息数字化和电网动态观测，在提高继电保护可靠性等方面具有重要作用。准确的电流、电压动态测量，为提高电力系统运行控制的整体水平奠定了计量基础。如果主设备集成了计量互感器，可以将计量功能集成到智能组件中，实现一体化设计。

4. 智能变压器的在线监测功能

智能变压器在线监测包括本体监测和辅助设备监测两部分，监测单元具有自我监测和诊断能力。其本体监测项目主要有温度及负荷监测、油中溶解气体及微水监测、铁芯接地电流监测、局部放电监测和套管绝缘监测；辅助设备监测有冷却器监测、有载分接开关监测和保护功能器件监测。目前，国家电网公司各试点站的变压器状态监测参量基本实现了对油色谱、局部放电、油温和铁芯接地电流等参量的监测，能实时监测变压器运行参数（局放、油绝缘等），掌握变压器的运行状态和故障部位以及故障发生原因，从而减少人力维修成本，提高设备运行的可靠性。

国家电网公司建议新造变压器及已运行变压器的监测项目见表 4-4 和表 4-5。

表 4-4　　　　　　　　　　　　　　　新造变压器监测项目

监 测 项 目	电 压 等 级	应 用 建 议
局部放电	110/220kV	可采用
	500kV 及以上	宜采用
油中溶解气体	110/220kV	可采用
	500kV 及以上	宜采用
油中含水量	220kV 及以上	可采用
绕组光纤测温	220～500kV	可采用
	750kV	可采用
气体聚集量（轻瓦斯）	110/220kV	可采用
	500kV 及以上	宜采用
主油箱底部油温	220kV 及以上	宜采用
	110/220kV	可采用
铁芯接地电流	500kV 及以上	宜采用
侵入波	500kV 及以上	可采用
电容式套管电容量	220kV 及以上	可采用
套管介质损耗因数	220kV 及以上	可采用
变压器振动波谱	500kV 及以上	可采用
变压器声学指纹	500kV 及以上	可采用

表 4-5　　　　　　　　　　　　　　　已运行变压器监测项目

监 测 项 目	电 压 等 级	应 用 建 议
局部放电	500kV 及以上	可采用
油中溶解气体	110/220kV	可采用
	500kV 及以上	宜采用
油中含水量	220kV 及以上	可采用
气体聚集量（轻瓦斯）	110/220kV	可采用
	500kV 及以上	宜采用

续表

监测项目	电压等级	应用建议
铁芯接地电流	110/220kV	可采用
	500kV 及以上	宜采用
电容式套管电容量	220kV 及以上	可采用
套管介质损耗因数	220kV 及以上	可采用
变压器振动波谱	500kV 及以上	可采用
变压器噪声	500kV 及以上	可采用

笔者设计的某智能变压器状态监测与诊断系统如图 4-2 所示。

图 4-2 某智能变压器状态监测与诊断系统

5. 智能变压器的保护、报警功能

智能变压器应具有保护和报警功能。对于过压、过流及内部器件损坏引起的故障应有完善的保护，智能保护单元与系统的微机保护装置进行接口通信，实现保护智能化；在变压器供电区域内发生故障时，能够发送故障数据，并在上级管理系统中显示故障点、故障类型、故障数据等，帮助检修人员快速定位故障和安排检修计划。

220kV 及以上变压器电量保护按双重化配置，每套保护包含完整的主、后备保护功能；110kV 变压器电量保护建议按双重化配置，采用主、后备保护一体化；变压器电量保护直接采样，直接跳各侧断路器。变压器非电量保护主要采集瓦斯信号、油温信号、绕组温度信号、压力释放阀信号及冷却设备全停信号等，非电量保护采用就地直接电缆跳闸方式。

6. 智能变压器的通信和信息交互功能

除以上功能外，智能变压器还应具备通信和信息交互功能。通信方式采用

RS-485/RS-232 或者光纤、GPRS 等，通信协议应符合相应标准，并满足与主控室及信息一体化平台交换数据的实时性和可靠性要求。智能变压器通过网络连接进行信息传播，记录设备运行参数，综合计算变压器使用寿命，为状态检修和设备管理提供信息。

4.2 智 能 开 关 设 备

4.2.1 智能断路器

断路器是电力系统中广泛应用的开关电器设备之一，它在变电站中起着控制和保护的双重作用。断路器的保护和控制功能是通过控制器（断路器的核心单元）对其进行合/分闸操作来实现的。相对于传统变电站，智能变电站对断路器的测量、控制、计量、监测和保护等部分提出了新的要求。断路器的智能化，可提供精确的状态信息、实现远程控制、延长运行周期、降低运行和维护费用，大大提高设备利用率和供电安全性。

1. 智能断路器的组成

智能断路器包括断路器本体和智能组件，本体上装有执行器和传感器，智能组件可包括过程层设备和间隔层设备，通过传感器和执行器与高压设备形成有机整体，由若干 IED 实现与宿主设备相关的测量、控制、计量、监测和保护等全部或部分功能。断路器智能化主要体现在断路器状态参量的在线监测，状态监测量主要包括分/合闸线圈电流、动触头行程、储能电机电流、SF_6 气体的压力和密度等。通过内置或外置于断路器本体上的传感器，经相应的 IED，采用 IEC 61850 协议经光纤上传至信息一体化平台，即通过各种 IED 实现断路器的智能化。智能断路器各装置布置如图 4-3 所示。

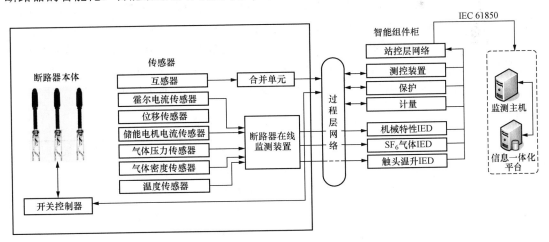

图 4-3 智能断路器各装置布置图

2. 智能断路器的功能

兼有微处理器系统和新型传感装置的智能化断路器，可进行分/合闸电流、气体密度等的监测。通过霍尔电流传感器实现分/合闸线圈电流的监测，判断断路器操作过程中的运行状态；通过气体密度传感器实现连续的状态监测，确定气体密度趋势及极限值，并能在此基础上实现常规的 SF_6 气体的锁定和报警功能；通过行程传感器，能够实现操动机构的状态监测。这些传感器的信号同时用于常规的位置指示和电动机控制功能。智能断路器的主要智能化项目及技术要求见表 4-6。

表 4-6 智能断路器智能化项目及技术要求

功能组	智能化项目	电 压 等 级	技 术 要 求
测量	参见《高压设备智能化技术导则》相关要求	110kV 及以上应采用	参见《高压设备智能化技术导则》相关要求
控制	分/合闸控制	110kV 及以上应采用	控制应满足所属各开关设备的逻辑闭锁和保护闭锁要求
	合闸选相控制	110kV 及以上应采用	断路器实际合闸相位与预期合闸相位之间的系统偏差应不大于 1ms, 合闸时间的分散性(σ)应不大于 1ms
计量	电子式互感器	110kV 及以上应采用	符合设计要求
监测	自诊断监测	110kV 及以上应采用	参见《高压设备智能化技术导则》相关要求
保护	集成继电保护功能	110kV 及以上应采用	

（1）智能断路器测量功能。智能断路器应具备参量获取和处理的数字化功能，包括电力系统运行和控制中需要获取的各种电参量和反映电气设备自身状态的各种状态量，如分/合闸位置信号、分/合闸报警信号、储能电机超时过流信号、SF_6 气压信号、交直流失电信号以及其他必要的统计数据。具备强大的数据采集和处理单元，各种参量以数字形式传输，并实时发送运行数据和故障报警信息。

断路器测量主要包括以下方面：测量分/合闸位置信号可以实现断路器位置指示；测量断路器操作次数，可以判断断路器触头的机械寿命；测量断路器分/合闸控制回路断线信号，可以实现断路器控制回路断线信号指示；测量储能电机超时、过流信号，可以实现电机过流超时报警；测量 SF_6 气压信号，可以判断 SF_6 气室的各种异常情况；测量交直流失电信号，可以判断电源是否正常工作。智能断路器测量项目及技术要求见表 4-7。

表 4-7 智能断路器测量项目及技术要求

测 量 参 量	应 用	技 术 要 求
就地、远方操作指示信号	就地/远方操作指示	0 差错
就地、远方操作位置信号	位置指示	
分/合闸位置信号	位置指示	
操作次数	机械寿命	
分/合控制回路断线信号	控制回路断线故障指示	
未储能报警信号	未储能报警	符合设计要求
电机过流超时报警	电机过流超时报警	
三相不同期分闸双重化报警信号	三相不同期分闸报警	
SF_6 低气压报警信号	SF_6 气室低气压报警	
交、直流电源失电报警信号	交、直流失电报警	

注 不同的操作结构测量参数有所不同。

（2）智能断路器控制功能。断路器智能控制主要体现在分/合闸操作控制和合闸选相控制。智能控制单元是断路器智能化控制的核心，当继电保护装置向断路器发出系统故障的操作命令后，控制单元根据一定的算法，得出与断路器工作状态对应的操动机构预定的最佳状态，自动确定与之相对应的操动机构的调整量并进行自我调整，从而实现最优操作。分/合闸操作控制是指智能组件应支持所属断路器间隔各开关设备的网络化控制，控制应满足所属开关设备的逻辑闭锁和保护闭锁要求。如果有就地控制器，可以通过网络连接至智能组件的开关设备控制器，接收开关设备控制器的分/合指令并向开关设备控制器发送相关测量和监测信息；如果仅有执行器，则由智能组件中的开关设备控制器直接控制分/合操作，相关测量、监测信息以模拟信号方式传送至开关设备控制器。此外，智能组件还应支持宿主断路器间隔各开关设备的顺序控制，即接收一个完整操作的一系列指令，智能组件自动按照规定的时序和逻辑闭锁要求逐一完成各指令所规定的操作。合闸选相控制是指断路器智能选择合适的相位进行合闸操作，在需要减少合闸暂态电压和涌流等场合，宜选择合闸选相控制器。

（3）智能断路器的计量功能。智能断路器的计量装置主要采用电子式电流互感器和数字式电能表，采用了数字输入输出接口，实现了变电站运行实时信息数字化。通过 IEC 61850 协议传输数字化电压、电流瞬时值，减少了传统二次回路的各种损耗，抗干扰能力强。计量系统的误差由电子式电流互感器和电压互感器决定，较之传统的互感器测量误差大大减小，提高了测量精度。电子式电流互感器在电网动态观测、提高继电保护可靠性等方面具有重要作用。如果主设备集成了计量互感器，可将部分计量功能集成到智能组件中，实现一体化设计。

（4）智能断路器的监测功能。断路器绝大多数事故发生在操动机构和控制回路中。智能断路器的状态监测参量主要包括：分/合线圈电流波形、行程、储能电机电流、SF_6 气体密度和压力。对各种监测信息的综合判断，可实现对分/合闸速度、弹簧机构弹簧压缩状态、传动机构、电动机操动机构储能完成状况等的监测，并可实现越限报警。智能断路器监测项目及技术要求见表4-8，智能断路器在线监测与状态评估如图4-4所示。

表 4-8 　　　　　　　　　　　智能断路器监测项目及技术要求

监 测 项 目	监 测 指 标
分/合闸线圈电流	分/合闸线圈电流波形允许测量不确定度为 1.5%（幅值）、1ms（时间）；分/合闸时间允许测量不确定度为 1ms
行程—时间曲线	行程时间曲线的时间和幅值测量不确定度应满足诊断要求
储能电机工作状态	断路器储能电机工作参量包括电机电流、电压、工作时间，允许不确定度分别为 1.5%、1.5%和 5s/24h；对于液压机构，还应统计储能电机的启动次数/24h、累计工作时间等
SF_6气体压力、密度	5%
开关设备触头温度	1℃（不确定度）
局部放电（GIS）	局部放电监测单元最小可监测的视在放电量应不大于 50pC，最大可测量为 5000pC

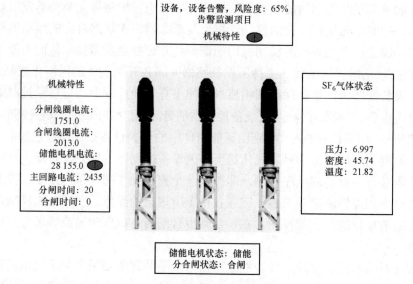

图 4-4 智能断路器在线监测与状态评估

（5）智能断路器保护功能。220kV 及以上电压等级智能断路器的保护按双重化配置，主、后备保护按一体化设计，每套保护包含失灵保护及重合闸等功能。出线有隔离开关时边断路器宜包含短引线保护功能，短引线保护可独立设置，也可包含在边断路器保护内。断路器保护装置接收来自合并单元的采样值信息，实现保护功能，并通过 IEC 61850 协议与站控层网络进行信息交互。如图 4-5 所示，当失灵或者重合闸需要线路电压时，边断路器保护需要接入线路 EVT 的合并单元（MU）中开关断路器保护任选一侧 EVT 的 MU；当重合闸需要检同期功能时，边断路器保护电压引入方式采用母线电压 MU 接入相应间隔

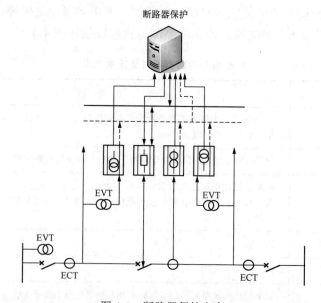

图 4-5 断路器保护方案

电压 MU。断路器保护装置与合并单元之间采用点对点采样值传输方式，断路器保护的失灵动作跳相邻断路器，远跳信号经 GOOSE 网络传输，使相邻断路器的智能终端、母差保护（边断路器失灵）及主变压器保护跳关联的断路器，通过线路保护启动远跳。

（6）智能断路器的通信和信息交互功能。除以上功能外，智能断路器还应具备通信和信息交互功能。通信方式采用 RS-485、CAN 或光纤、GPRS 等，通信规约应符合相应标准，满足与主控室及信息一体化平台系统交换数据的实时性和可靠性要求。智能断路器通过网络连接进行信息传播，记录设备运行参数，进行断路器使用寿命综合计算，为检修和设备管理提供信息。

4.2.2 智能 GIS

1. 智能 GIS 的组成

GIS 将套管、断路器、隔离开关、接地开关和电流/电压互感器等主要电气元件封闭组合置于接地的金属外壳中。GIS 的全封闭金属外壳使得运行维护较为困难，为了及时发现并消除故障隐患，避免重大事故，GIS 的智能化显得尤为重要。智能 GIS 是将微电子技术、计算机技术、传感技术以及数字处理技术同电气控制技术结合在一起，应用于 GIS 的一次和二次部分，并将测量、监测、保护、控制、通信和录波等功能集成一体。电子式互感器替代传统电流电压互感器，智能电子操动机构代替机电继电器，实时监测 GIS 的运行状态，并将状态信息传送到具有控制、保护、计量功能的控制单元，实现 GIS 的智能化，大大提高其运行可靠性。智能 GIS 结构如图 4-6 所示。

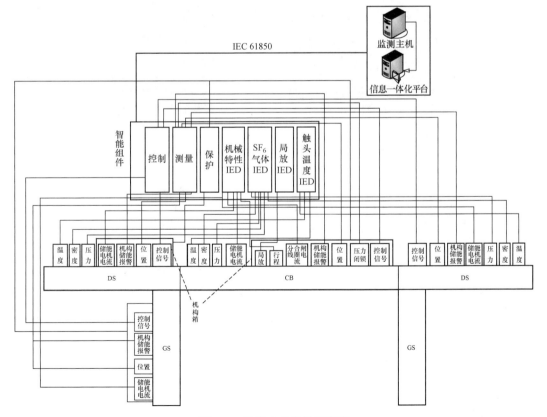

图 4-6 智能 GIS 结构示意图

2. 智能 GIS 的功能

智能 GIS 的状态监测主要包括 SF_6 气体密度和压力、局部放电、触头温度、分/合闸线圈电流、触头行程和储能电机电流等，在 GIS 本体安装各种传感器和就地数字化装置，相应 IED 完成数据接收和分析功能，采用 IEC 61850 协议传输给信息一体化平台。智能 GIS 可以根据电网运行状态进行智能控制和保护，能及时发现故障的前兆，具备预警功能，真正做到设备自诊断。智能 GIS 的控制、保护、测量功能和智能断路器类似，这里不做介绍。

4.2.3　智能高压开关柜

高压开关柜是输变电系统中的重要设备，承担着开断和关合电力线路、线路保护、监测运行电量数据等重要作用，在电力系统中获得了日益广泛的运用。智能高压开关柜将传统高压开关柜和智能单元有机结合，使其不仅具有传统高压开关柜的功能，而且具有自我监测、自我诊断和自我动作等功能，实现了高压开关柜的智能化。传统高压开关柜与智能高压开关柜的区别如图 4-7 所示。

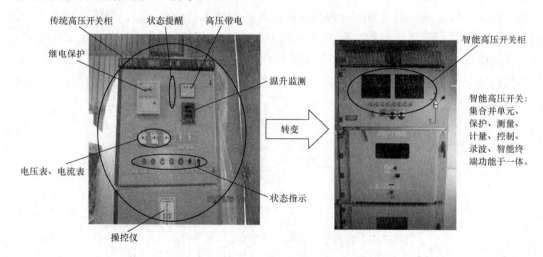

图 4-7　传统高压开关柜与智能高压开关柜的区别

1. 智能高压开关柜的组成

智能高压开关柜由智能监测、智能控制、智能识别和智能开关柜 IED 四个单元组成，智能高压开关柜结构如图 4-8 所示。其中，智能监测单元包含电量监测子单元、操动机构故障检测子单元、母线/触头温度监测子单元等；智能控制单元包含柜体智能操控子单元、新"五防"闭锁控制子单元等；智能识别单元主要包括嵌入各种设备信息的电子标签；智能开关柜 IED 通过 CAN、ZigBee 等传输方式与其他单元相连，获取各单元信息，并做相应的处理和算法的实现；智能开关柜 IED 采用 IEC 61850 协议与信息一体化平台互联。

2. 智能高压开关柜的功能

智能高压开关柜一方面具有传统开关柜的功能，另一方面具有自我检测、自我诊断和自我动作等功能，不但可以就地处理和分析开关柜的状态，完成相应的操作，而且能够基于 IEC 61850 协议实现智能开关柜 IED 与信息一体化平台的互联。下面分别介绍智能高压开关柜智能监测、智能识别、智能控制和智能开关柜 IED 四个单元的功能。

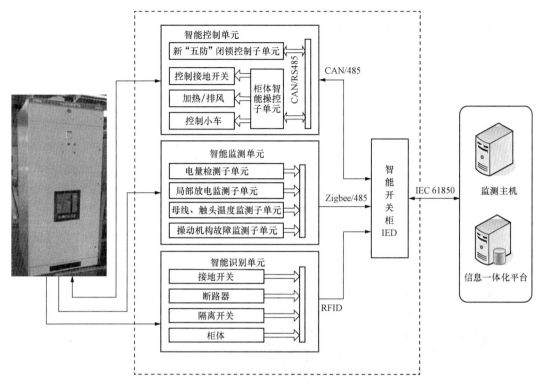

图 4-8 智能高压开关柜结构示意图

（1）智能监测单元功能。智能监测单元包括电量监测子单元、柜内局部放电监测子单元、操动机构故障监测子单元、母线/触头温度监测子单元 4 个子单元。

1）电量监测子单元主要通过传感器实现对母线的电压、电流、有功功率、无功功率、电网频率、功率因数和电能的实时监测。

2）柜内局部放电监测子单元主要是对柜内高压开关设备、电容器及母线等局部放电的监测。

3）操动机构故障监测子单元能够通过监测弹簧蓄能时间，与正常值进行对比，判断操作弹簧的蓄能情况；通过监测脱扣线圈的电流，辨别脱扣线圈的工作情况，特别是监测脱扣线圈的断线，防止拒动等重大事故的发生；监测开关机械性能，主要是监测分/合闸速度。

4）母线/触头温度监测子单元安装在母线、触头臂上，主要监测母线/触头的温度，通过 ZigBee 无线通信方式将监测数据传送至开关柜 IED，基于 ZigBee 网络的温度传感器节点示意如图 4-9 所示，无线温度传感器的安装示意如图 4-10 所示。

（2）智能控制单元功能。智能控制单元主要包括以下 3 个部分：

1）完成柜内的开关量的监测，如断路器手车位置指示、断路器的分合指示、隔离开关的分合、接地开关的分合、储能状态和高压带电等；

2）实现开关柜电动操作控制，通过控制手车和接地开关电动执行机构完成手车电动进出和接地开关电动分合操作；

3）监测开关柜内温湿度信号、开关柜前的人体感应信号、有害气体浓度信号、开关柜的加热器断线信号。智能开关柜内的加热和排风设备如图 4-11 所示。

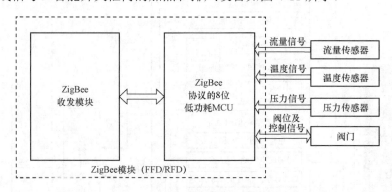

图 4-9 基于 ZigBee 网络的温度传感器节点示意图

1250A VS1断路器安装

图 4-10 无线温度传感器的安装示意图

图 4-11 智能开关柜内的加热和排风设备

（3）智能开关柜 IED 单元功能。笔者针对高压开关柜内各种不同监测单元设计了一种新型的开关柜 IED，它把智能开关柜用到的多种通信方式整合到一起，采用有线传输和无线传输的方式实现各个监测单元与 IED 之间的数据通信和控制，克服了开关柜内高电压、大电流的强电场、强电磁辐射、高频噪声和谐波的干扰问题。IED 采用双 CPU 的结构，具有保护、测量、控制、通信等功能，功能集成度高，满足智能开关柜通信实时性和高速性的需求，保证了数据传输的稳定性、可靠性和实时性，实现了智能开关柜的智能化、信息化、高可靠性和低成本。符合 IEC 61850 协议和智能开关柜的要求，便于信息一体化平台

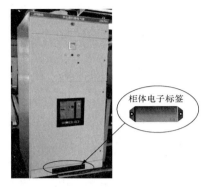

图 4-12　智能识别单元

远程处理数据，因此有利于实现开关柜自动化的安全监控。具体 IED 设计可参考第 2 章相关内容。

（4）智能识别单元功能。智能识别单元采用无线射频识别技术（RFID）识别断路器、柜体等设备的信息。断路器、隔离开关、接地开关、母线、TV、TA 和柜体等设备的本体信息以电子标签的形式预埋在设备中，通过 RFID 直接将设备信息传递给智能开关柜 IED，并遵照 IEC 61850 协议由光纤上传到信息一体化平台。对设备进行准确定位、跟踪，了解设备动态信息。智能识别单元如图 4-12 所示。

4.3　智能容性设备

电容型高压电气设备是电力系统中重要的变电设备，主要包括高压套管（BUSH）、电容型电流互感器（TA）、电压互感器（CVT）和耦合电容器（OY）等，数量约占变电站设备总数的 40%～50%，其绝缘状况是否良好直接关系到整个变电站的安全运行。智能容性设备是传统容性设备集成智能组件，具有电压、电流保护、介损监测等基本功能。

4.3.1　智能容性设备组成

智能容性设备主要包括容性设备本体及容性设备智能组件，如图 4-13 所示。容性设备

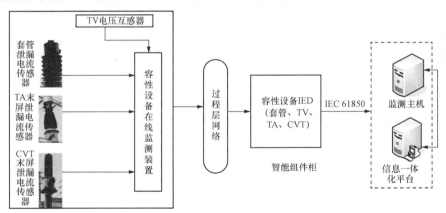

图 4-13　智能容性设备结构

本体及其操动机构和常规容性设备功能作用相同，加装在容性设备上的传感器能采集反应容性设备运行状态和特征的信息。智能组件除满足介质损耗、等值电容等相关参量监测外，还可以承担计量、保护等功能，并能够与站控层设备或其他智能设备进行网络通信。

智能监测单元由传感器和就地数字化装置组成，主要完成容性设备特征量的采集和处理，并将处理后的数据传送给容性设备 IED。容性设备 IED 对监测参数进行数据分析，判断数据是否异常，如果被监测设备出现故障，将缩短采集周期，跟踪故障点。IED 对监测数据和故障信息进行数据封装，依据 IEC 61850 协议上传至信息一体化平台，并实时接收来自信息一体化平台发送的控制指令，验证相关指令合法后立即响应控制，包括数据采集

周期控制、前端连接设备工作方式、前端设备启停控制等。信息一体化平台通过对数据的全面对比分析，结合出厂标准数据，判断容性设备运行状态的变化以及发展趋势。

4.3.2 智能容性设备功能

智能容性设备将监测、控制及通信等功能融于一体，具有高效快速的处理能力和强大的实时监控功能，能很好地满足电容型设备在线监测的要求，使监测系统模块化、系统化成为可能。智能设备的控制信号依据 IEC 61850 通信协议，采用 IRIG-B 码对时提供精确统一的时间基准，保证数据传输的可靠性和实时性。智能容性设备主要功能如下：

1. 智能容性设备的监测功能

容性设备的监测主要包括末屏泄漏电流监测、介质损耗因数 $\tan\delta$ 监测和电容量监测等。智能容性设备具备对各参量信息的获取和数字化处理功能，包括容性设备运行和控制中需要获取的各种电气参量和能够反映设备自身运行状态的物理量。容性设备常规测量项目及技术要求见表 4-9。

表 4-9 　　　　　　　　　容性设备常规测量项目及技术要求

测 量 参 量	参 数 范 围	技术精度要求
末屏泄漏电流	$70\mu A \sim 700mA$	$\pm 0.5\%$
介质损耗（相对介损）	$-100\% \sim 100\%$	$\pm 0.05\%$
等值电容	$30pF \sim 0.3\mu F$	$\pm 0.5\%$
环境温度	$-40 \sim 60℃$	$\pm 0.5\%$
环境湿度	$0 \sim 100\%RH$	$\pm 5\%$

2. 智能容性设备的报警、保护功能

智能容性设备具有智能的保护和报警功能。当智能设备监测到运行参数信息（如内部器件绝缘损坏）超标时，及时向监测主机或信息一体化平台发送故障数据，并在一体化平台中显示故障点、故障类型、故障数据等，帮助检修人员快速定位故障和安排检修计划，具有完善的报警功能。智能容性设备的在线监测与微机保护装置进行接口通信，实现保护智能化。

3. 智能容性设备的通信和信息交互功能

除以上功能外，智能容性设备还应具备通信和信息交互功能。通信方式采用 RS-485、CAN、光纤和 GPRS 等，通信规约应符合 IEC 61850 协议，满足与监测主机及信息一体化平台交换数据的实时性和可靠性要求。智能容性设备通过网络连接进行信息传播，可获取其他设备监测到的设备运行参数和环境信息，对于需要测量的物理量直接应用，避免了对同一监测参量的多次测量，并提高了数据计算上的精确度。

4.4 智 能 MOA

4.4.1 智能 MOA 组成

智能 MOA 的主要功能是实时监测 MOA 的绝缘状态，并将该状态以及反映该状态的数据发送至监测主机或信息一体化平台，供数据中心以及调度中心调用和分析，以对 MOA 的运行状态有更直观的了解，保证电力系统安全运行。智能 MOA 的组成如图 4-14 所示。

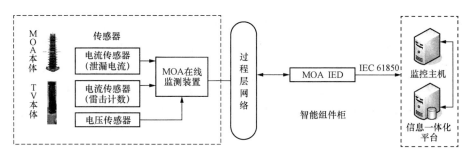

图 4-14　智能 MOA 组成

智能 MOA 过程层包括采集信号的电流传感器（包括泄漏电流传感器和雷击计数传感器）和电压传感器、MOA 在线监测装置以及被监测本体。MOA 在线监测装置将采集信号经过程层网络发送至间隔层的 MOA IED，在该 IED 中计算相应的阻性电流和雷击次数并做出初步的诊断，当接收到发送数据指令后将计算和诊断结果由 MOA IED 发送至信息一体化平台。由于 MOA 本身不需要控制，只需要监测它的状态参数来反映它的实时绝缘状态和雷击次数，所以数据传输是单向的。MOA IED 与测控、计量、保护装置共同组成了智能变电站的间隔层的部分智能设备。监控主机和信息一体化平台构成了智能变电站的站控层。信息一体化平台完成数据转发、保护信息、管理系统数据接口以及其他通用功能服务等。

4.4.2　智能 MOA 功能

（1）泄漏电流监测。虽然阻性泄漏电流对氧化锌避雷器绝缘状态反映最为灵敏，但并不能直接测得，必须将其从总泄漏电流中分离出来，所以采集终端需要对 MOA 本体泄漏电流以及 TV 二次侧电压进行采集，以实现对阻性电流的计算。采集过程中，目前采用较多的是 IRIG-B 码进行对时，实现精确同步采样，保证测量精度。对于 MOA 而言，统计正常运行时某一区域发生的雷击次数是制定防雷击计划的重要依据，因此有必要对雷击次数进行准确统计。该信号由电流传感器进行采集，采集完毕后经过相应的限幅、整流、滤波后驱动电磁计数器记录雷击次数，并保存在采集终端的存储芯片中，待采集终端按照一定的采样时间间隔进行采样后，将该雷击次数与 MOA 本体泄漏电流和 TV 二次侧电压数据共同发送至 MOA IED。

（2）阻性电流计算。MOA IED 对接收到的数据进行阻性电流计算并对 MOA 的雷击次数做出统计，然后使用相应的诊断策略对绝缘状态以及遭受雷击情况做出初步分析，待接收到发送数据指令后将这些数据发送至信息一体化平台。

（3）信息一体化平台。智能 MOA 应具备通信和信息交互功能。通信方式采用 RS-485、CAN、光纤和 GPRS 等，通信规约应符合相应标准，满足与主控室及信息一体化平台系统交换数据的实时性和可靠性要求。信息一体化平台主要完成数据的分析与处理，以及采集指令的发送，完成数据转发、信息保护、管理系统数据接口以及其他通用功能服务等。

↘ 4.5　未 来 智 能 设 备

智能变电站一、二次设备的融合是未来智能设备发展的必然趋势，它符合现代装备工业的高性能、低能耗以及软硬件融合趋势。

《变电站智能化导则》描绘了变电站设备智能化的 3 个阶段：第一阶段为所有的传感器以及智能组件均与一次设备本体分离，属于松散型布置，传统的变电站处于这个阶段；第二阶段则是所有的二次部分整合为一个智能组件，相应的传感器与一次设备一体化设计集成，现在基本处于这个阶段；第三阶段则是没有一、二次设备的界线，一次设备本身高度集成各种二次功能，提供标准的接口和数据通信模型，只需插一根光纤就可以通过 IEC 61850 的相关服务接口获取各种数据以及实现控制调节等功能，这是变电站未来智能设备的发展趋势。

4.5.1　未来智能设备构想

根据智能变电站的发展需求，结合当前对智能设备的认知，图 4-15 是变电站未来智能设备的框架设计。未来智能设备主要由电气部分和信息部分组成，电气部分包括互感器、传感器、一次设备本体及其操动机构，信息部分为智能组件及其内部所配置的智能单元。

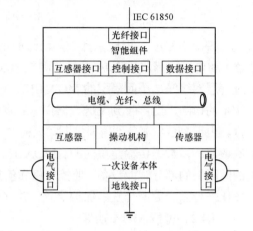

图 4-15　未来智能设备框架

其中，一次设备本体及其操动机构（以下简称一次设备）和常规一次设备功能相同；互感器和传感器加装在一次设备上采集一次设备的状态和特征信号；智能组件是具体智能化技术的应用终端，具有计算、分析、处理和决策的能力，可实现一次设备的通信和执行等功能。

一次设备本体的电气接口通过电缆或导线与变电站电气主接线相连；地线接口连接至变电站接地网中，用于一次设备本体的工作接地以及设备整体的保护接地；未来智能设备与外界之间的通信均是通过信息部分的光纤接口进行，用于智能设备与信息一体化平台、智能设备相互间的通信；智能设备内部接口根据技术要求选用电缆、光纤或内部系统总线进行连接；控制接口连接智能组件和一次设备本体的操动机构，用于操作命令的发布；智能组件的互感器接口和状态接口连接了互感器和传感器，用于测量数据的采集获取。

上述智能设备的几个部分可分离制造、就近安装组合以实现一次设备智能化，称为智能一次设备的分离模式。分离模式适合现有一次设备的智能化改造工程，其技术要求低，但需要在现场组装，变电站接线较为复杂，增加了故障隐患和变电站建设难度，不能适用于智能变电站整体构造的发展要求。随着技术的发展和需求的提高，也可直接将各部分集成制造成为一体，称为智能一次设备的集成模式，该模式将成为未来智能设备的发展趋势。

4.5.2　未来智能设备实现

未来智能设备的高度集成性主要体现在设备的配置方案，下述 2 个方案可供参考：

（1）每个智能组件负责 1 台一次设备的 1:1 方案，即智能单元只负责对应 1 个一次设备的控制，进行个体的信息采集、分析处理和决策动作。

该方案满足一次设备的智能化发展要求，符合智能变电站一次设备与智能单元模块合并的发展方向和生产趋势，但是耗费较大，适合重要的一次设备的智能化设计，如变压器和断路器，而对于结构和操作都较为简单的隔离开关等一次设备没有必要进行独立配置。本方案将使现有变电站的智能化改造工程复杂，仅适合新建的智能变电站。

（2）每个智能组件负责多台一次设备的 1:N 方案，即 1 个智能组件负责对应多个一次设备的信息采集、分析处理和决策动作。1:N 方案可以按主接线的各线路进行配置，即 1 个智能组件管理同一线路的所有一次设备本体；也可按主接线的间隔配置，即 1 个智能组件管理同一间隔的所有一次设备本体。

该方案较为经济地满足了一次设备的智能化发展要求，共用 1 个智能单元减少了上层网络数据量的交换负担，同时配置也较为经济。但是本方案使得智能一次设备内部结构较为复杂，检修时不够灵活，智能单元较大的工作量使得其可靠性有一定隐患。利用接口进行本方案配置适合现有变电站的智能化改造工程，其智能化功能也满足未来新建智能变电站的要求。

根据以上两方案，从可靠、智能、经济三方面进行分析，优先考虑采用 1:N 配置，个别情况选择 1:1 配置。

图 4-16 是未来智能开关的配置参考，断路器采用 1:N 按间隔配置。1 台断路器和它前后的隔离开关、互感器和接地开关配置 1 个智能组件，称为智能开关。智能开关配置的智能单元应包含该开关所属线路的继电保护以及断路器保护；所在线路的电流、电压、功率等参数的采集也由智能开关完成。母联开关和分段开关也同属智能开关，只是具体内部配置有所区别。

图 4-17 是未来智能变压器的配置参考，变压器采用 1:N 按间隔配置原则。1 台变压器连同其相应互感器、隔离开关等，配置 1 个智能组件，称为智能变压器。智能变压器的智能单元应负责变压器本体冷却系统的操作与控制；继电保护实现变压器非电气量保护和后备保护；纵联差动保护由两侧的智能开关协同完成，跳闸方式通过对相连断路器发送控制命令实现。

根据实际情况可考虑将母线或线路作为 1 个设备进行 1:1 配置，其智能组件的配置相对较为简单。SVC（高压动态无功补偿装置）装置采用 1:1 进行配置，即 TCR（晶闸管相控电抗器）或 TSC（晶闸管投切电容）设备通过配置 1 个智能组件成为 1 个智能 SVC；其他系统装置根据具体情况进行配置。

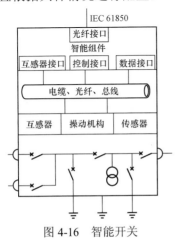

图 4-16　智能开关

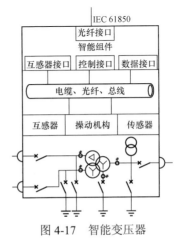

图 4-17　智能变压器

以图 4-18 常规变电站双母线分段接线为例，暂不考虑输电线路和母线的智能化配置，仅对该主接线的智能开关和智能变压器进行配置，配置结果如图 4-19 所示。变电站的电气主接线除了母线和线路以外，均由未来智能一次设备组装而成。

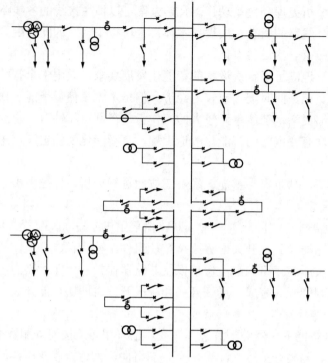

图 4-18 常规变电站的双母线分段接线图

采用未来智能设备配置方案后，变电站过程层的一次设备与间隔层的二次设备将成为统一体，两层间的网络成为智能一次设备的内部网络。由此对于整个变电站的结构而言，将三层式结构变成双层式结构，可参考图1-5。

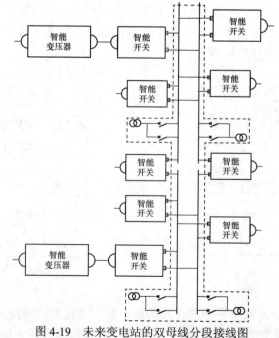

图 4-19 未来变电站的双母线分段接线图

第5章 智能辅助系统

按照国家电网公司指导性技术文件（Q/GDWZ 414—2010），目前智能变电站的辅助决策系统主要包含视频监视、安防系统和照明系统等，具体见表5-1。

表5-1　　　　　　　　　　　主要辅助设施智能化改造基本技术要求

功　能	技　术　要　求	应用策略
视频监视	配置视频监控系统	应用
	与站内监控系统在设备操作时协同联动	可用
安防系统	配置灾害防范、安全防范子系统	应用
	配置语音广播系统	可用
照明系统	采用高效光源和节能灯具	应用
	采用太阳能、风能供电	可用
站用电源系统	全站站用电源一体化设计、配置、监控、监控信息无缝接入当地自动化系统	应用
辅助系统优化控制	定时监测设备运行温湿度	可用
	远程控制空调、风机、加热器	可用
环境智能化监测	保护室、控制室、智能组件等设备设施、温度、湿度监测、告警及空调自动控制	应用
	变电站站内降雨、积水自动监测、告警与自动排水控制	可用
	变电站安防、重要部位入侵监测、门禁管理、现场视频监控等	应用
	全站火警监测与自动告警	应用

5.1　智能变电站防火防盗

每年变电站的失火、失窃等事件给国家造成了巨大的经济损失。传统变电站的管理主要是靠人力在变电站内部值班监控，这样造成了大量电力技术人员的浪费，随着自动化技术和网络技术的发展，无人值守变电站远程监控系统应运而生。该系统不需电力工人在变电站内部实时值守，而是通过 CCD 摄像头对变电站内部的场景进行实时监控，同时采用烟感探头、红外探头以及视频差异分析技术对变电站内的火灾情况和变电站盗窃情况进行监测。近年来，随着智能变电站技术的发展，无人值守变电站的防火防盗技术越来越智能化。

5.1.1　常规变电站防火防盗措施

常规变电站防火防盗设施的工作原理是：安装在变电站的烟感、红外探头以及视频差异分析设备对站内火灾情况和变电站盗窃情况进行监测，一旦探测到火灾或者盗窃行为，则发出报警信号，报警信号通过网络传至指挥调度中心，指挥调度中心根据情况通知相关人员赶到现场，利用配备在现场的手提式灭火器进行灭火以及使用扩音喇叭警告犯罪分子等。常规变电站的防火防盗系统大多是独立运行的，通过不同通道上传数据，甚至每套系统都配有独立的管理人员。这些各自独立的系统很难做到综合监控、集中管理，无形中降低了防火防盗系统的高效性，增加了系统管理和运行的成本。由于设备自动化程度不高，或存在某些先天不足，监控设备经常会出现问题，例如：瞬时大批量上传的干扰信号严重干扰监控人员的判断，可能会遗漏重要信息；如果网络通信不畅，报警信号不能及时报至指挥中心，就会对变电站安全运行造成干扰，这些干扰可能会造成事故发生或使事故扩大。因为大多数变电站一般建设在比较偏远的地方，火警或者防盗报警信号传输到控制中心，再由控制中心下达指令，等到救援人员以及相关威慑盗窃分子的员工赶到现场时，变电站的盗窃案件也许已经发生，火势也可能已经蔓延，灭火器的作用已显得微不足道。对于无人值守的变电站，这种情况导致的后果尤为严重。

5.1.2　智能变电站防火防盗系统实现

智能变电站防火防盗系统以辅助系统或信息一体化平台为核心，完成了对安全防范系统、消防报警系统的高度集成。除了强调各个子系统之间的信息共享和信息互动之外，防火防盗辅助系统还在多个维度与其他系统进行整合：纵向负责与上级统一信息平台的信息交互，横向负责与变电站自动化系统的信息交互、行为互动，满足智能变电站辅助系统的新需求。该系统充分体现了系统之间的信息共享和信息互动，并对相关环节实现了智能化管理，为变电站降低运维成本、优化资源配置、提高运行指标提供了重要保障。防火防盗具体实现方式如下所述。

1.　防火技术

变电站的变压器、断路器和电容器等充油设备，在设备发生严重短路故障的情况下可能会发生局部火警；变电站的电能传输及信息传递的主要载体（电缆）也是变电站发生火灾的安全隐患。根据物质燃烧的过程中所伴随的燃烧气体、烟雾、热、光等物理及化学变化情况，人们研制了不同类型的探测器，大致分为感温、感烟、感光、复合和可燃气体5种。

智能化变电站的防火系统包括火灾探测设备（主要是感烟式、感温式和感光式）、灭火设备（水喷雾、七氟丙烷气体、消火栓）和防火控制 IED 等，如图 5-1 所示。在易发生火灾的高危区安装各种火灾探测设备，这些设备可通过 RS-485/CAN/以太网/无线电等方式将变电站内烟雾、温度、感光的环境信息传输至站内的防火控制 IED，IED 实现站内火情分析和诊断。如果现场有火灾发生，可以按照预先的设定进行联动：如将 1 个或者多个灭火器指向告警点，开启灯光，并发出告警音响提示值班员有情况发生，同时，IED 还可通过光纤以 IEC 61850 协议将上述监测信息和动作控制信息等传输到站内信息一体化平台。此外，也可对火警动作的区域实行联动录像以及利用数字图像处理技术对现场视频图像进行智能分析。消防系统与智能视频监控的有机整合有利于及时判断火情的真伪，为及时组织救火节约时间，现场的录像可作为事故及原因分析的辅助依据。具体智能视频监控部分可参考 5.2 节。

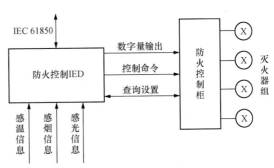

图 5-1　智能变电站防火技术的系统构成原理图

2. 防盗技术

在一些偏远的地区，变电站设备盗窃案件经常发生，给电力系统的正常运行造成很大影响，所以变电站防盗设施的完善显得尤为重要。目前主要通过安装各种入侵探测器（加速度传感器、振动传感器、雷达探测器等）、电子脉冲式围栏以及智能视频监控防盗系统等方法实现变电站防盗。

电子脉冲式围栏是一种主动入侵防御系统，对入侵企图做出反击，击退入侵者，延迟入侵时间，可安装在现有周界围栏、围墙上，或自立式安装。电子脉冲式围栏由带电脉冲的电子缆线组成，电子缆线产生的非致命脉冲高压（采用 5000～10000V 的高压脉冲、小于 5J 的低能量）能有效击退入侵者，不威胁人的生命，并把入侵信号发送到安全部门监控设备上，以保证管理人员及时了解报警区域的情况，并快速做出处理。电子围栏主要有威慑、阻挡、报警输出和智能显示四大功能：首先给企图入侵者一种威慑感觉；其次增加了围墙的高度，使入侵者难以攀越，延长了翻越的时间；如果强行入侵或破坏系统，系统便能发出报警，而且系统还有报警输出，能与其他的安防系统联动，提高了系统的安全防范等级；智能显示窗可以显示出系统运行的情况，是目前国内最领先的技术。将四大功能有机结合在一起，可以大大降低案发率和误报率。

智能变电站防盗系统包括人体目标探测设备（红外对射、红外双鉴、电子脉冲式围栏、振动入侵、玻璃破碎入侵探测器等）、告警装置（灯光、摄像头、高分贝声光）和防盗控制 IED 等，如图 5-2 所示。在主要围墙配置电子脉冲式围栏、主要出入口以及站内易盗设备配置红外双鉴等设备，该设备可通过 RS-485/CAN/以太网/无线电等将变电站内是否有人入侵的信息传递给站内的防盗控制 IED，IED 实现站内行人入侵情况分析和诊断。如果现场有非法入侵，可以按照预先的设定进行联动：如将 1 个或者多个摄像头转向告警点，开启灯光，进行录像，鸣响警笛，对入侵人员进行劝阻。

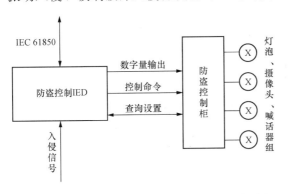

图 5-2　智能变电站防盗技术的系统构成原理图

同时，IED 还可通过光纤以 IEC 61850 协议将上述监测信息和动作控制等传输到站内信息一体化平台，在值班室计算机上推出该点画面，并发出告警音响，提示值班员有情况发生,以便采取相应的措施。此外,随着数字图像处理技术的不断发展,基于视频差异分析的智能识别防盗技术也已成为智能变电站防盗的重要手段之一。具体防盗识别技术可参考5.2节。

↳ **5.2 智能变电站视频监测**

目前大多数变电站已安装了视频监测装置,实现了对变电站重要设备或区域的全天候"目不转睛"监视,和其他"四遥"功能结合,保证了操作和设备的安全性,为电力安全生产提供服务。通过视频监控结合远程和本地人员操作经验的优势,避免误操作;通过视频监控、报警联动、环境监测监视现场设备的运行状况,起到预警和保护作用;通过报警录像与点播功能,可以回放报警发生时的现场录像,起到事故追查的作用。国内大部分常规变电站没有充分利用变电站信息共享的优势,没有实现变电站智能化建设所要求的"统一资源、统一平台、统一管理和业务应用融合",需要人工参与分析与事故处理。随着智能变电站的建设,要求实现变电站视频的智能分析、诊断和预警功能,对观测的画面进行不间断的分析,发现可疑行为或异常事件进行主动报警;嵌入强大的图像处理功能和智能目标识别算法提高了对威胁特征定位的精确性,可自动识别出可疑情况进行报警,自动生成和执行安防措施,并将上述信息接入到辅助系统或信息一体化平台。

5.2.1 变电站智能视频监控系统

智能视频监控系统根据组网方式由视频监控前端、通信网络和视频监控 IED 3 部分组成,如图 5-3 所示。监控前端主要包括固定摄像机、带云台的普通摄像机、一体化球形摄

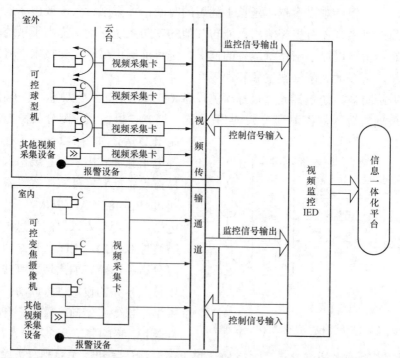

图 5-3 智能视频监控系统基本结构

像机和无线摄像机等实时图像采集设备，将采集到的图像经摄像机的视频信号线传送至视频控制 IED，IED 通过 IEC 61850 协议将数据传输至辅助系统或信息一体化平台。此外 IED 还可接收来自信息一体化平台的控制指令，实现对云台镜头、画面质量等的控制。

5.2.2　智能图像处理和检测算法

1.　变电站防火检测

目前基于图像检测识别的火灾探测和报警技术逐渐兴起。常用的智能火灾识别算法有根据早期火灾"边缘抖动"的特点，计算尖角数目，设定尖角数目阈值；计算连续几帧图像的相似度，并设定相似度阈值；计算火灾区域的面积，并设定面积阈值；另外，利用红外检测，采用双波段算法检测图像的像素值的变化，反映火灾温度，将某一温度（由试验和经验获得）设为火灾发生的阈值。也可以综合使用以上几种判别方法，如果有一种结果超过规定的阈值，将向信息一体化平台发出报警信号，并查看监控设备，确定是否有火灾，如果有火灾将启动灭火系统和疏散系统。智能变电站火灾识别原理图如 5-4 所示。

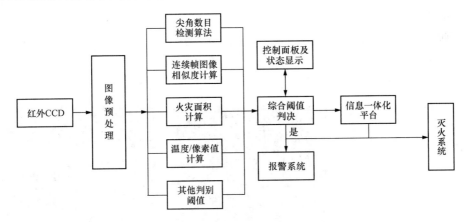

图 5-4　智能变电站火灾识别原理图

2.　变电站防盗检测

常用的模式识别方法有经典的基于统计模式的识别方法（利用目标特性的统计分布、目标识别系统的大量训练和基于模式空间距离度量的特征匹配分类技术）、基于知识的自动目标识别方法（如 ATR 算法）、基于模型的自动目标识别方法（需要明确的目标模型、背景模型、环境模型和传感器模型，再通过模型匹配进行识别），以及多传感器信息融合的自动目标识别方法。通过视频监控和智能图像识别算法来可靠的检测跟踪可疑目标并进行预警，可以弥补传统变电站防盗措施的不足，是未来变电站防盗的发展趋势。

从动态系统状态估计的角度，可将跟踪算法分为多值估计方法和单值估计方法两类。多值估计方法基于概率思想，将跟踪看作贝叶斯框架下动态估计问题，典型的算法有卡尔曼滤波、多假设跟踪（如粒子滤波、蒙特卡罗跟踪）等；单值估计方法是用已建立的模板与当前帧做匹配，找到最有可能的匹配区域视为目标区域。多值跟踪拥有跟踪鲁棒性强、不易丢失等优点，但计算代价大；单值跟踪算法跟踪速度快，但跟踪丢失率大于多值跟踪，所以要根据实际情况，综合运用两类跟踪算法。基于视频分析的变电站防盗系统结构如图 5-5 所示。

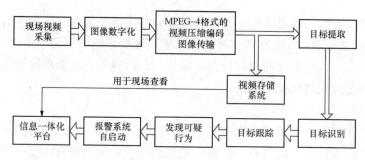

图 5-5 变电站防盗系统结构图

3. 变电站开关状态识别

首先对采集到的开关柜的图像进行图像预处理（腐蚀、膨胀、开闭运算等方法），根据处理后图像的特征和开关图像的特点（开关闭合时，指示灯为红色；开关分闸时，指示灯为绿色）进行通道分解。对红色通道的图像进行阈值分割，判断每个开关区域的面积，如果区域的面积大于给定的面积阈值，就认为此时开关处于合闸状态；同样，对绿色通道的图像进行阈值分割，判断每个开关区域的面积，如果区域的面积大于给定的面积阈值，就认为此时开关处于分闸状态，最后把这些分析出的结果传至信息一体化平台，并直接报告隔离开关、接地开关、断路器处于何种状态。实验结果如图 5-6 所示。

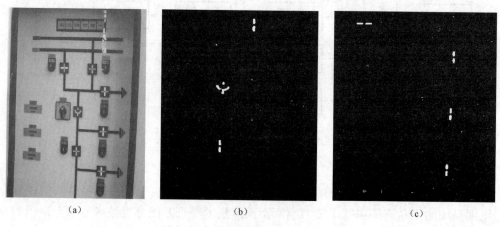

(a)   (b)   (c)

图 5-6 变电站某柜开关状态识别
(a) 原图；(b) 红色通道；(c) 蓝色通道

4. 数字仪表的识别

智能变电站中的数字仪表分指针式、数字显示式及其他种类，通常采用直接数字显示式。对于数字显示式仪表的字符识别，一般包括图像预处理、特征提取和目标识别三个部分。常用基于 SVM 和 BP 神经网络算法进行字符识别；利用模糊识别的最大隶属原则，构造分类器进行识别；使用感知器进行字符识别。另外，对于表盘式数字仪表的识别，利用基于霍夫（Hough）变换的仪表指针角度识别算法以及同心圆环搜索法，其特点是实时性好，识别误差小。

5. 区域入侵检测

目前对运动目标的检测方法可以归纳为光流法、帧间差分法、运动能量法和基于背景估计的 4 种方法。光流法通过评估两幅图像之间的灰度信息，假设一个物体的灰度在前后两帧没有明显的变化，得到图像的约束方程，不同的光流算法解决了假定不同附加条件的光流问题，计算量大，不适合实时检测；帧间差分法是一种通过对视频图像序列中相邻两帧作差分运算来获得运动目标轮廓的方法，它可以很好地适用于存在多个运动目标和摄像机移动的情况。当监控场景中出现异常物体运动时，帧与帧之间会出现较为明显的差别，两帧相减，得到两帧图像亮度差的绝对值，判断它是否大于阈值来分析视频或图像序列的运动特性，确定图像序列中有无物体运动，但检测精度不高，分割运动对象的完整性差；运动能量检测法适合于复杂变化的环境，能消除背景中振动的像素，使按某一方向运动的对象更加突出地显现出来，但不能够准确地分割出运动目标；背景估计法是将当前图像与事先存储或随时间更新的背景图像相减，若某一像素值大于阈值，则认为该像素属于运动目标，对所有像素操作后的结果就是目标的整体信息。如果发现禁止进入的区域内有运动目标，将进行告警。

5.2.3　视频监控在智能变电站中的应用

视频监控在智能变电站中的应用主要表现在以下 2 个方面：

（1）安全防护监控。变电站的监控对象包括室内外各种电气设备、设施，以及进入危险区的人或者大型运动物体。监控系统在事件发生前提供实时预警，在事件发生时能提供现场报警及时通知信息一体化平台，并保留事件现场有力证据。视频监控 IED 增加智能视频分析服务器，对监控区外围人的徘徊、滞留，以及其他大型运动物体进行检测，或者对运动物体越过警戒线等行为进行跟踪和预警，如果发现跟踪目标违反预设规则，将触发现场警告，通过电力专网传输报警信息和检测的可疑目标图像，及时通知管理中心的监控人员。

视频监控系统可通过分布在变电站各个角落的烟感传感器、红外微波探头等在地图上按地理位置和区域进行可视化定位。如果消防系统接收到火灾报警信号，系统自动打开火灾点所在地图中的位置，并在终端显示器上居中显示，同时将该火灾周围的视频监控点实时录像自动调阅。系统可提供火警探测器属性信息的维护、关联周围的视频监控录像、远程喊话可视化使用功能。当变电站发生突发事件时，工作人员可在指挥中心通过远程喊话设备，结合现场视频录像，利用 GIS 系统快速查找周界的应急资源，并进行快速、有效的调度。

（2）巡视监控。巡视监控是指远程巡视变电站区域内重要设备，包括变压器、断路器、隔离开关、电流互感器、电压互感器、引线接头和绝缘子的运行状态。如通过智能识别算法识别设备信号灯（红灯、绿灯和黄灯）的亮与灭；利用远程数字视频监控与图像识别技术识别被监视的 7 段式数字灯或液晶数字的数值，用以显示电压、电流、温度等数值；采用告警区域指针查找法，确定大量指针式的电压表、电流表、气压表及温度表等的值，并判断是否在安全范围内；利用图像识别技术对变电站内开关的状态和主开关设备的指示牌进行图像识别，判断此时开关分/合状态；根据变压器油液面高度随变压器内部温度的升高而升高的特点，对变压器油液面位置进行识别。变电站视频监控系统结构如图 5-7 所示。

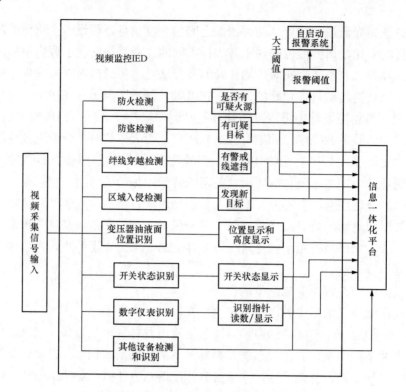

图 5-7　变电站视频监控系统结构

↘ 5.3　智　能　PDA　巡　检

个人数字助理（Personal Digital Assistant，PDA）使用 PDA 掌上电脑作为移动手持终端，与信息一体化平台相结合，实现变电设备巡检作业的数字化、信息化管理。应用智能变电站 PDA 巡检系统，可以保证巡检各项工作到位，设备缺陷信息准确快速录入。先进的智能识别技术与计算机管理的有效结合，克服了传统巡检方式的种种弊端，对巡检人员实行有效的监督，做到不漏检、不缺位。借助有线通信技术（USB 串口）和无线通信技术（红外、蓝牙、GSM、GPRS、WiFi），可以及时发现设备故障，上报设备缺陷信息，从而保证信息一体化平台及时安排检修，消除故障与缺陷。监控中心实现信息一体化后，站内各巡视点的设备运行信息可实时共享，各技术管理部门可共享查询巡检信息，实现高效率的联动作业。完善设备管理和缺陷处理流程，保证了巡检工作的标准化作业、规范化管理，达到效率最大化，进一步提高了变电站设备运行的可靠性与稳定性，为智能电网安全有效运行提供有力支撑。智能 PDA 巡检系统具体的功能可以根据实际情况的要求进行选择配置。

5.3.1　智能变电站 PDA 巡检系统构成

智能变电站 PDA 巡检系统一般由 RFID 卡、PDA 手持机、PDA 监控 IED、通信网络及站内信息一体化平台组成，如图 5-8 所示。

（1）RFID 卡。安装在电力设备上，被 PDA 扫描识别后，RFID 卡主动发射信号，快速将标签信息录入至 PDA。利用此无线射频识别技术可识别一定范围内的对象，并能获取相关数据信息。射频识别范围一般为 1～5m，工作频段一般为 2.5～3GHz，特点是识别速度快、识别距离远，采用固态封装，抗高强度跌落与振动。

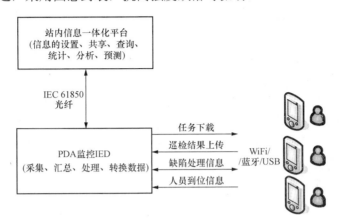

图 5-8　智能变电站 PDA 巡检系统架构图

（2）PDA 手持机。手持终端为一体化设备，具有工业级手持设备的防振、抗摔、防雨等特性。硬件方面一般主要包括：

扫描模块——内嵌式 RFID 射频读取模块；

数据通信模块——支持无线/有线局域网互联功能；

拍照模块——摄像头像素高，支持缺陷拍照；

电话功能——内置电话通信模块，方便沟通。

软件部分分为 PDA 操作系统和 PDA 客户端。操作系统一般采用 WIN CE 等，用户界面友好；客户端部分实现 PDA 本机部分的巡视信息采录功能，用于巡视人员巡检任务的下载，对巡视点的设备信息进行记录与查询。

（3）PDA 监控 IED。将 PDA 经过局域网上传的信息进行分析、汇总、处理，IED 实现站内设备运行状态分析和诊断。可根据各种巡检参数结果，初步对设备运行情况作出判断，随后将信息打包成符合 IEC 61850 协议的数据，经过光纤上传到站内信息一体化平台，达到信息汇总、信息共享、方便协调管理、实现联动作业的目的。

（4）信息一体化平台巡检管理系统。信息一体化平台巡检管理系统即后台上位机通信管理部分，是运行在桌面操作系统上的信息处理与分析应用软件，一般用于设置巡视人员、巡视点、巡视工作任务，以及统计分析处理上传的巡视结果，并对设备运行状况作出合理预测。平台接受 IED 上传过来的数据，可及时安排检修，节省时间，提高效率。平台的数据信息再传递至电网生产管理系统（PMS），有助于各级调度中心全面了解电力设备的运行状态，使电力企业管理和业务决策更加迅速。一体化平台巡检管理系统是整个巡检系统最重要的部分之一，具体完成的功能有：

1）变电站基础数据的录入，如变电站、巡检人员、设备、检查项目等基础数据的生成，是整个系统运行的前提条件；

2）通过通信网络（WiFi/蓝牙/USB 线等）接受 PDA 终端实时传送上来的巡检数据（缺

陷信息及到位信息等),并通过系统的历史数据库和专家数据库对巡检信息进行综合、比较、诊断,得出设备大致所处的状态及未来的发展趋势;

3)用户根据不同权限登录此系统,进入相应的 WEB 页面,从而完成相应的工作。主要完成系统设置、报表、制作巡视标准与巡视计划、缺陷查询、缺陷处理、到位信息查询等功能。

5.3.2 智能变电站 PDA 巡检技术

运用 PDA 手持机进行巡检的工作流程是闭环的,首先站内一体化平台制定好定期和非定期的巡检任务,然后由系统管理员安排日期和巡检人员、巡检地点,巡检员登录 PDA 客户端后,即可下载这些信息。巡检人员按指定的地点使用巡视卡刷卡进入相关巡检点,在进行巡检作业时,数据采集时间自动生成且不可修改,从而掌握了巡检人员到达巡检地点的具体时间,提高了采集数据的真实性,也以此作为到位监督的手段。用 PDA 手持机扫描电力设备 RFID 卡后,进入相应的巡检作业界面,PDA 终端屏幕上会出现被标识的设备的名称、相关巡检项目、具体巡检内容。巡检人员凭借专业知识和工作经验,对巡检设备的正常、异常、缺相以及数值项等进行相关选项的勾选及记录,定出缺陷等级,初步给出处理意见,并保存退出。巡检结果实时上传到站内的 PDA 监控 IED 上,监控 IED 通过信号采集与处理模块对站内设备运行情况进行处理,初步对设备运行情况作出判断,并输出符合 IEC 61850 协议的数据,经过光纤传输到站内信息一体化平台,一体化平台利用强大的统计分析预测功能,将采集处理的数据和平台专家数据库进行对比,自动生成设备缺陷及处理建议,并图形化显示出设备大致所处的状态及未来的发展趋势,供管理员和相关工作人员查询、参考,做出管理决策,及时安排人员进行检修消缺。图 5-9 为某 PDA 的巡检作业操作界面。

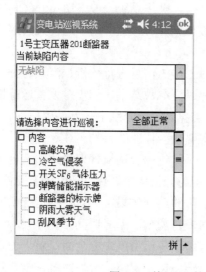
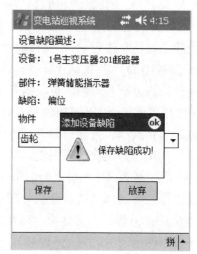

图 5-9　某 PDA 的巡检作业操作界面

PDA 系统巡检流程如图 5-10 所示。巡检系统为平台实时了解设备运行状态提供可靠数据,保证了站内设备可靠稳定运行,提高了设备利用率。

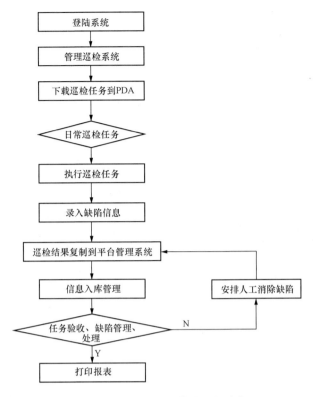

图 5-10　PDA 系统巡检的运行流程

↘ 5.4　智能巡检机器人

变电站传统的巡检方式，不管是人工巡视还是"五遥"微机监控都不能满足智能变电站的巡检需要，巡检机器人的出现不仅可以减少因人员疏忽、漏检等带来的设备损失，提高电网的运行质量，而且可以减少供电系统的人员投入，降低人员成本。

5.4.1　智能巡检机器人的主要功能

巡检机器人属于电力特种机器人研究范畴，它集机电一体化、多传感器融合、导航定位、路径规划、机器视觉、智能控制、无线传输、电磁兼容等技术于一体。整个变电站巡检机器人系统设计为网络分布式三层架构，包括站控层、间隔层和过程层，其中，间隔层由网络交换机、无线网桥基站及移动站、光纤网等设备组成，过程层则包括移动机器人和充电室等。

巡检机器人携带了可见光摄像仪、红外热像仪、拾音器、超声波等传感器，采用磁轨迹导航，按最优路径规划室外高压设备的自主或遥控巡视，及时发现电力设备的热缺陷、异物悬挂等异常现象。它通过携带的各种传感器，根据操作人员在基站的任务操作或预先设定的任务，自动进行变电站内的全局路径规划，完成变电站设备的图像巡视、设备仪表的自动识别、一次设备的红外检测等，并记录设备信息，生成统一规范的告警事项和巡检报告，向运行人员发出告警信息，并为设备状态检修提供基础数据。通过信息一体化平台接收的实时巡检数据和图像等信息，操作人员即可完成变电站的设备巡视工作，提高了工作效率和质量，真正起到减员增效的作用，能更快地推进智能变电站无人值守的进程。

5.4.2 变电站智能巡检机器人的实现

机器人的主体部分可设计成小车的模型，也可称为变电站智能巡检小车。智能小车是一个完整而复杂的无线监测的体系结构，主要构设了小车的几个重要功能模块，基本组成和各功能模块实现了机器人在变电站的现场自主巡检，其功能如图 5-11 所示，实际应用的智能巡检机器人如图 5-12 所示。下面介绍各个部分的功能和工作原理。

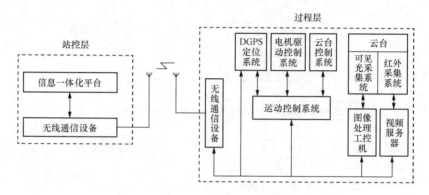

图 5-11　硬件结构示意图

1. 辅助系统（机器人巡检单元）

图 5-12　智能巡检机器人

辅助系统或信息一体化平台提供友好的操作交互界面，为机器人运动规划提供相应的命令及环境信息，完成监测工程，并可以对机器人采集的设备数据进行分析、存储，提供专家诊断功能，是用户了解机器人工作情况和结果的直接渠道，主要完成以下功能：

（1）机器人遥控。可远程遥控机器人行驶和云台动作、摄像机调焦、红外热像仪的操作、可见光与红外数据采集，实现机器人的遥控巡检。控制动作主要通过键盘、鼠标完成。

（2）自动巡视。实现机器人自动巡视任务的创建、存储、删除、人工下发和定时自动执行。通过机器人巡视任务创建和删除的人机界面，操作人员可以手工设定自动执行的时间。自动巡视任务执行时，把本次任务与要到达的停靠点以及工作任务下发到移动机器人。机器人可执行的相应工作任务有自动云台动作、自动摄像机调焦、自动红外热像仪的操作、自主充电和自动可见光与红外数据采集。

（3）实时图像数据监控。对可见光摄像机和红外热像仪进行实时视频显示，配合遥控和自动巡视功能，实现操作人员的后台巡视及实时检测数据的存储。

（4）机器人状态信息显示。对机器人的内部状态信息进行实时的后台显示，通过这些信息可以反映机器人的更新状态，便于机器人的巡视控制，通过电子地图方式可以显示机器人的实时运行位置。

（5）数据库存储与分析。把机器人运行需要的电子地图信息、任务管理信息、工作系统信息及实时数据库信息保存到数据库，以备历史查询和分析。提供检测数据的处理分析功能。

（6）设备历史温度分析。分析设备历史温度变化趋势，比较同类设备的温度，对比设备负荷和设备温度关系，为设备检修和状态评估提供决策支持，实现变电站设备运行状态分析诊断的功能。

2. 巡检机器人

巡检机器人主要由主控计算机、运动控制、导航定位、巡视检测、能源电池、网络通信等系统以及机器人机械结构等模块组成，实现机器人运动控制、导航定位、可见光及红外数据检测采集、能源管理补给以及状态信息上传等功能，结合基站控制系统，还能完成机器人遥控巡视和自动规划巡视等。其主要功能包括：

（1）主控计算机系统。主控计算机系统程序采用基于 WIN CE 嵌入式实时多任务操作系统，由 C++ 面向对象编程语言开发，主要负责导航定位信息的采集处理。根据监控主站控制命令，一方面控制机器人运动，另一方面控制检测传感器，进行检测数据的采集和上传，并上传机器人状态信息。

（2）导航定位系统。主要由导航传感器和定位传感器两部分组成。导航传感器为磁导航传感器，跟踪地面预先铺设的磁导航轨迹实现导航。定位传感器采用 RFID 定位传感器，为机器人提供系统定位、停靠等位置信息。

（3）DGPS（Differential Global Positioning System）定位系统称为差分全球定位系统，是一个中距离圆形轨道卫星定位系统，可以为地球表面绝大部分地区提供准确的定位和高精度的时间基准。全球定位系统具有全天候、全球覆盖、三维定速定时高精度、快速省时高效率、应用广泛多功能等特点。巡检机器人可以通过 DGPS 定位进行路径选择，也可通过视频遥控控制行走的路径。

（4）运动控制系统。运动控制系统包括机器人的行驶机构、驱动电机、运动控制器等设备，实现机器人的运动控制。其采用底层动力驱动，由 2 套直流伺服系统分别实现两后轮的驱动，步进系统实现前两轮的耦合转向。根据车体结构建立车体运动模型，分析机器人运行过程中两后轮驱动速度分配与前轮转向角的关系。根据运动模型将局部路径规划指令与遥控指令分解，实现机器人指令速度（速度大小、转向角度）与各轮转动相匹配，并将指令下发，实现车体运动控制。根据上层控制指令的不同，运动控制系统可实现自主行驶和遥控行驶两种形式。

（5）动力系统。动力系统包括电池、电源管理器、自动充电机构等模块，为机器人的长期可靠运行提供保障，实现电池能源的分配、管理、自动供给。

（6）检测采集系统。检测采集系统主要包括可见光摄像机、红外热像仪、云台以及相应的采集和传输设备，通过基站系统的监控计算机和移动站系统的主控计算机配合，控制云台、摄像机和红外成像仪的操作，进行数据采集和传输。

3. 智能机器人巡检系统采用的主要新技术

为有效促进智能变电站设备巡检工作，减轻运行人员繁重的设备巡检任务，国家电网公司和南方电网公司都已在变电站尝试推广机器人设备巡检项目。将先进的智能技术、检测方法应用于变电站设备巡检中，在三维导航、目标识别和实时数据分析等领域均取得长足进展，最新技术成果主要表现在如下 3 个方面：

（1）三维电子地图技术。采用三维虚拟现实技术对变电站进行建模，代替二维平面地图，给后台操作人员身临其境的感觉，更直观地确认当前巡检的位置，其应用效果如图 5-13 所示。

图 5-13　变电站三维电子地图效果

（2）实时数据曲线分析技术。设备温度随负荷变化产生相应波动，单纯的温度变化趋势往往难以体现设备老化或缺陷变化，若与设备运行负荷变化相关联，通过温度变化趋势和设备运行负荷变化进行综合分析，可明显判断出温度波动是由负荷变化引起的，还是由设备老化或缺陷故障引起的。

（3）模式识别技术。由于受运动控制精度、导航停靠精度的限制，机器人不可能每次都能完全对准具体检测点的被检设备；同时由于观测距离的不同，一次可能会检测到多个设备，从而影响整个检测结果。根据检测位置，通过模式识别算法计算，可以有效分辨、定位目标设备，确保检测数据的准确性，为及时掌握设备的运行状态提供可靠信息。

↘ 5.5　红外在线监测技术

电力系统中的运行设备和线路，随着运行时间的增加，某些接点开始出现接触不良和生锈腐蚀，部分设备老化或损坏，造成电阻增大或电流过大的状况，导致设备和线路出现发热异常和过热故障。传统的设备故障主要靠运行人员的定期巡视发现，一般可通过目测、耳听和鼻嗅等手段来判断设备的状况。但这些方法有着很大的局限性，如设备故障不能被及时发现，尤其对于设备的一些内部缺陷，往往要等到设备发热比较严重时才能被发现，会对故障设备的处理造成延误，使设备出现不同程度的损坏。利用红外热成像仪，可以以"面"的形式对目标物体整体进行非接触式探测红外能量，并生成热图像和温度值，显示在屏幕上。操作者可以通过屏幕显示的图像色彩初步判断设备的发热情况，对可能的故障点，通过查看这些点的精确温度进行分析，从而高效、准确地确认故障所在。红外热成像仪测温时因不需与被测设备接触，避免了设备的高压对人体和测量仪器造成的威胁和损害，因此测量时不需要对设备停电，不影响设备的正常运行。另外，该测量方式在设备工作时进行测量，测量结果比停电检测的结果更能准确地反应设备的工作状况。红外热成像仪还可通过通信接口，将数据传输到计算机，利用计算机对温度数据进行后台处理。如设定温度预警值进行超温自动报警，存储和调用历史数据，方便工作人员对历史数据进行分析和总结。

目前利用红外热成像仪进行在线监测的电力设备主要包括变压器、电容器、电抗器、断路器、绝缘子串、互感器、隔离开关触头及连杆座、避雷器、高压母线压接管及下引线夹等。

5.5.1　红外测温自动巡检仪

应用于智能变电站的红外测温方式主要有红外热成像仪固定在云台上进行测温和嵌入到智能巡检机器人中进行测温。

（1）固定式。固定式红外测温监控系统由数字云台、摄像机、红外热成像仪、网络通道、红外监测 IED 组成，IED 通过 IEC 61850 协议将数据传输至信息一体化平台。信息一体化平台对数字云台发出控制指令，并对温度数据进行分析，发出报警信息，提示变电站工作人员及时处理设备故障。系统结构框图如图 5-14 所示。

（2）嵌入式。在智能巡检机器人上安装视频摄像机和红外热成像仪，机器人在设定路线行进过程中检测出该线路两旁设备的温度，并将温度数据与其他监测信息一起传回信息一体化平台进行处理。

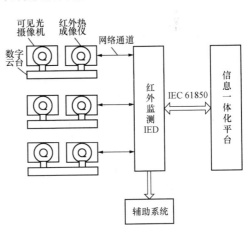

图 5-14　系统结构框图

信息一体化平台收到通过以上两种方式传回的红外图像与视频图像后，需根据可见光摄像机拍摄的视频图像进行定位，将设备所在区域从红外图像中准确提取出来，进而准确得到设备各点的温度。定位过程包括对象分割、定义以及图像配准。信息一体化平台将处理的结果传给红外监测 IED，在站内监控器上显示出来，提示工作人员设备的状态以及报警区域。

5.5.2　红外在线诊断方法

（1）电力设备运行中都会产生热量，但是一定的温升按照设计要求是允许的。当检测出异常温度点时，将其与正常运行时的历史值进行比较，考虑周围环境的影响，综合判断温升是否超过规定值，确定设备是否故障。

（2）变电站大部分以三相形式传送电能，三相系统对称，各相金属材料相同，负荷也基本相同，所以三相的温升也应基本相同。如果设备三相中的某一相温度过高或过低，则可判断该相出现故障。

（3）同一部件的材料相同，工作时的电压、电流也相同，正常情况下整个部件的温升应该是相同的。但随着工作时间的增加，部件老化，内部出现缺陷，材料特性发生变化，当电流通过时，部件不同部位产生不同的热量，温升也不相同。可以根据同一部件的温度分布，确定部件损坏的部位。

（4）红外热成像仪可通过通信接口将温度数据传回信息一体化平台，工作人员可方便地对历史数据进行整理和归纳，总结出变电站各设备在不同负荷、不同气候环境等综合条件下正常工作时的温升阈值，制定适合于变电站的红外故障监测规范。当设备温升超过规范中对应的阈值，即判断该设备故障。这样的规范可统一工作人员对设备故障诊断的标准，更具备可操作性。

↘ 5.6　变电站智能照明系统

智能照明控制系统是根据具体的场合、具体的情况，实现灯光自动控制、自动调节的系统。智能照明控制系统以自动控制为主，人工控制为辅，可以充分利用自然光的强度自动调节灯光强度。控制系统实现了自动开关灯和调光功能，在保证必要照明的同时，大大减少了灯具照明的工作时间，节省了能源开支，延长了灯具的寿命，并且排除了由于人为因素而出现的不定时开关灯影响正常工作、生活秩序等问题，也为管理人员带来了方便。

5.6.1　变电站智能照明系统的基本组成

智能照明控制系统通常可由智能照明系统 IED、传感器（感知声、光等信号）、光信号采集模块、时钟控制模块、输出调光模块和手持式编辑器等部件组成，将这些具备独立功能的模块通过通信总线连接起来就可以组成一个控制网络，经 IEC 61850 协议与辅助系统或信息一体化平台相连。智能照明控制的典型系统组成如图 5-15 所示。

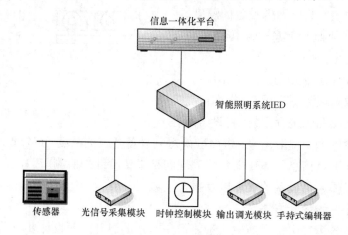

图 5-15　智能照明系统结构框图

智能照明系统 IED 接受各个感光模块传来的信息，并对这些信息进行汇总分析，实现对输出调光模块的控制；传感器将获取周围环境声、光等信号传送至 IED，IED 判断是否开启灯具进行照明；光信号采集模块用于对光照强度的采集；时钟控制模块用于提供一天内的照明控制事件和任务的动作定时，可通过按键进行设置，如可以设置只允许夜晚照明而白天禁止照明；输出调光模块是控制系统中的主要部件，用于对灯具进行调光或开关控制，能够预设灯光场景方案，且不会因停电而被破坏。手持式编辑器由管理人员进行操作，将插头插入程序插口与网络连接，从而对变电站的任何一个调光区域进行数据读取等的控制。

5.6.2　变电站室内室外照明智能化

1．变电站室内照明

根据不同的照明控制方式，变电站的室内智能照明一般有以下 3 种方案：

（1）方案一。在室内出入口安装人数流量计，对在室内的人数进行统计，当系统判断有人时开启所有灯具，没人时关闭室内所有灯具，如图 5-16（a）所示。这一方法虽然实现了对室内有人时开灯没人时关灯的功能，但是对室内人数进行统计非常艰难，当许多人集中进出时，无法正确统计人数，导致统计错误。此外，由于室内没有安装光信号采集装置，所以即使在白天光照充足时，一旦室内有人都会开启室内所有灯具，从而造成资源浪费，具体如图 5-16（b）所示。

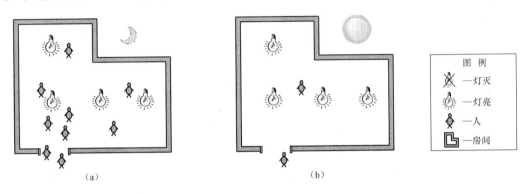

图 5-16　方案一示意图

（a）正常情况；（b）异常情况

（2）方案二。利用自然光检测装置，在自然光充足的情况下，关闭照明灯以达到节能的目的，如图 5-17（a）所示，而在光线不足时打开照明灯。依据这一设计思想实现的方案主要有下列问题：由于不能判断室内是否有人，当室内没有人但光线不足时系统仍然会打开照明灯，如图 5-17（b）所示。

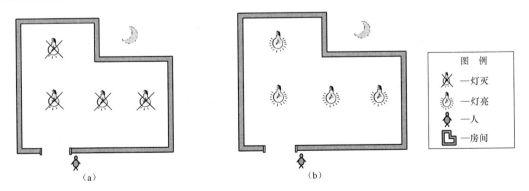

图 5-17　方案二示意图

（a）正常情况；（b）异常情况

（3）方案三。与上述两种方案相比，一种更简单的基于时间控制的方法是设定在某一段时间内打开照明灯，其他时间则关闭，而不考虑有无人的情况，也不考虑阴天、晴天光线不同等情况。

（4）方案四。利用人体信号感测装置感测人体信号，对人体位置进行定位并在人所在位置照明，对没人的区域关闭灯具，如图 5-18（a）所示。这种方案在室内面积较大、室内人数不多的情况下可以较好的节省资源。但是此种方案同样存在缺点，比如白天光线充足时，只要有人的位置，系统仍然会对其进行照明，如图 5-18（b）所示。

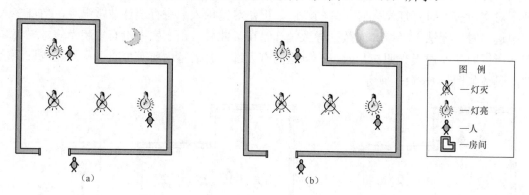

图 5-18　方案四示意图

（a）正常情况；（b）异常情况

以上各种方案都有缺点，目前比较成熟的方案是把上述几种方法相互结合，互相弥补不足，实现变电站智能照明控制。利用光信号采集模块采集光线强度，根据不同的光线强度来控制输出调光模块，对照明光线进行调节，从而达到最佳节能目的。

2. 变电站户外照明

传统变电站户外照明系统具有分布散乱、数量多、功率大、安全系数低、不易管理、耗能多、用电量高等缺点。根据这一情况对传统变电站照明系统进行改造，在户外根据不同的场合、不同的人流量，把不必要的照明关掉，在需要时自动开启。

变电站的户外照明控制系统中，主要有光控、时控、远程控制三种控制方式。

（1）光控方式是在变电站的照明灯上安装光控开关，光控开关根据光线的强弱自动打开、关闭灯光。当晚上光线暗下来时，自动打开照明灯，白天光线好时，自动关闭照明灯。这种方式的优点为安装方便、接线简单，缺点是整个晚上开灯，能源浪费太大。

（2）时控方式是在变电站的照明灯上安装时控开关，时控开关根据设定的时间段自动打开或关闭照明灯。该方式的优点为安装方便、接线简单，缺点是夜间远程监控设备的时间是不确定的，时控开关也就无法确定具体的时间段。

（3）远程遥控方式是通过控制系统远程控制变电站的照明系统，在需要监视时打开照明灯，不需要监视时关闭照明灯。监视的目的性、主动性强，节约能源，是一种比较理想的控制方法。要实现远程遥控灯光一般有两种方法：一是利用变电站自动化系统现有的遥控回路控制灯光，虽然工作量小，但是灯光控制和图像监控不在同一套系统中，使用不方便；二是重新设计一套独立的灯光控制系统，需要设计软件和硬件，工作量大。

变电站的户外照明控制系统不仅需要人来灯开、人走灯灭的基本功能，而且当变电站发生紧急事故（如发生火灾、盗窃事件）时，需要自动打开照明系统进行照明。

↘ 5.7　交直流一体化电源系统

变电站站用电源系统（Station Power System）是保障变电站安全、可靠运行的一个重要环节。一直以来，变电站站用电源各子系统采用分散设计、独立组屏方式，设备由不同的供应商生产、安装和调试，供电系统也由不同的专业人员进行管理，存在很多弊端。随着智能变电站的发展，传统站用电源系统逐渐被智能站用一体化电源系统所取代。

所谓智能站用交直流一体化电源系统，是指将站用交流电源系统、直流电源系统、逆变电源系统、通信电源系统统一设计、监控、生产、调试和服务，通过网络通信、设计优化、系统联动、设备档案统一管理的方法，实现站用电源安全化、网络化和智能化，实现站用电源"交钥匙"工程。交直流一体化站用电源系统包括智能交流电源、智能直流电源、智能逆变电源和智能通信电源4个子系统。

5.7.1　交直流一体化电源系统构成

交直流一体化电源系统以直流电源系统为核心，UPS电源系统和通信电源系统不再设置独立的蓄电池组，共享直流系统的蓄电池组。正常运行情况下，站用交流系统为变电站的主设备提供储能、驱潮、冷却和操作电源，平时通过充电模块对直流系统的蓄电池进行浮充电，并带正常负荷。

图5-19是2路独立的高压电源通过站用变压器变为380V低压交流电源，为站用电源

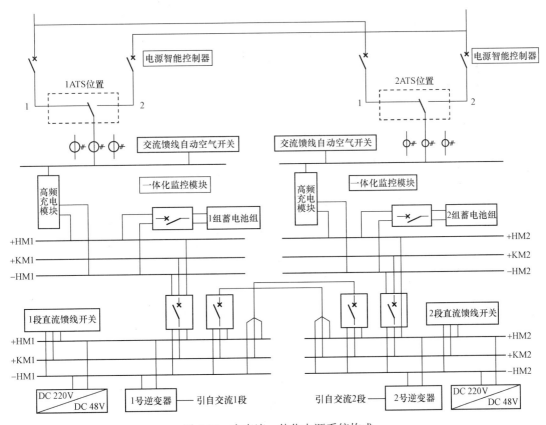

图 5-19　交直流一体化电源系统构成

交直流一体化系统供电。站用电源交直流一体化系统采集 2 路交流电源，每路交流分成 2 个分支，并用 2 个电源智能控制器分别控制其关断。变电站交流设备从 2 组交流母线上取电，1 组电源用于供电，1 组电源用于备用，这样可以保证电源供电的可靠性。逆变器从交流母线上采集 1 路交流、2 路直流，输出交流电源，供给保护、监控、计算机、打印机等设备用电。蓄电池组由多组电池块组成，电池块间串联连接。为保证供电可靠性，每组直流母线与进线设备间需加装 2 组直流断路器。当全站交流失电时，保护动作跳闸，通信设备通过 IED 传入信息一体化平台。

5.7.2 交直流一体化电源系统功能分析

交直流一体化电源系统架构如图 5-20 所示。

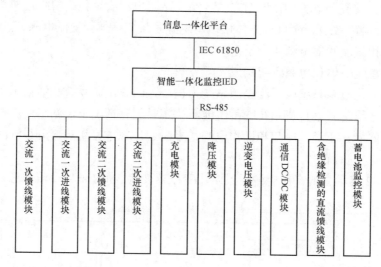

图 5-20   交直流一体化电源系统架构示意图

1. 一体化电源各模块的功能

（1）一体化监控功能。一体化监控功能主要包括通信功能、人机界面功能、报警功能、历史记录功能、逻辑处理功能和程序化联动控制功能等。

（2）交流进线模块。交流进线模块集进线开关、转换开关、电流互感器和智能电路于一体，主要包括转化开关的 3 种工作模式（固定电源 1、固定电源 2、停止供电）、通信功能、实时时钟、事件记录、保护功能和电量检测等功能。

（3）交流馈线、直流馈线、逆变交流馈线和通信馈线模块。这些模块的功能相同，主要实现以下功能：转换开关位置及事故跳闸报警功能（将开关位置接点、事故报警跳闸接点作为开关量接入智能电路部分，并经通信网络上传状态量）、交直流电流采集功能、漏电流采集及越限报警功能、通信功能、遥控、实时时钟以及事件记录等。

（4）逆变模块。输入 1 路交流经整流逆变输出；2 路直流直接从操作直流母线取电，经整流逆变输出；1 路旁路，在前 2 路均失电或逆变需检修情况转为旁路输出。

（5）直流监控模块。直流监控模块包括蓄电池智能管理及直流监测、报警功能。

（6）直流母线绝缘监测模块。在系统正常运行时实时监测母线的对地电压，得到母线绝缘电阻值；在母线绝缘下降时发出报警信号、点亮故障灯，并将故障信息上送监控模块。

（7）充电模块。充电模块主要完成 AC/DC 功能，另有强大的保护、报警功能；输入过、欠压保护；输出过压保护、欠压告警；短路回缩；缺相保护；过温保护；原边过流保护；风扇温度控制；故障显示；通信功能。

（8）DC/DC 通信电源模块。DC/DC 通信电源模块将 110V（220V）转为 48V 输出，DC/DC 通信模块直接挂在操作直流母线上。

（9）蓄电池监测模块。蓄电池监测模块主要包括在线自动监测单体电池电压、电池组端电压、充放电电流和温度，可记录电池充放电过程每一瞬间的变化；静态放电测量电池组容量，放电过程各项参数、曲线全程显示；放电保护；多种故障报警功能；无级调压功能。

2. 站用电源模块化、智能化的实现

（1）开关智能模块化是指将开关及传感器、智能电路板集成在一个机箱内，所有二次接线全部在机箱内完成，对外只有通信接口的设计模块。

（2）集中功能分散化体现在各模块之间、屏柜之间无二次联络线。直流绝缘检测分为母线绝缘检测和馈线绝缘检测。母线绝缘检测只需将母线电压作为装置电源接入即可；馈线绝缘检测分散到馈线模块监测漏电流，并通过通信上传数据到信息一体化平台，进行综合分析。蓄电池巡检分布化要求每层蓄电池配置一台采集模块，各采集模块通过通信总线上传数据分析。

（3）开放式系统。系统内设备和系统外设备均能进行信息互换，执行特定功能。同时各模块通过 IED，经 IEC 61850 协议与信息一体化平台进行互联通信。

图 5-21 为 UPS 电源监控系统。

5.7.3 传统站用电和智能站用电的比较

某变电站中交直流一体化电源与传统交直流电源的比较见表 5-2，以 2 回交流进线＋2 组充电模块＋2 组蓄电池（300A）的系统为例进行说明。

表 5-2 传统站用电和智能站用电的比较

对比项	传统站用电源配置	交直流一体化电源配置	对比
功能差别比较	交流、直流分离设计，分别配置交流监控、直流监控，无统一通信接口	交直流一体化监控器负责交流、直流监控，对上一个通信接口	一体化监控器=交流监控器+直流监控器
	设置操作蓄电池组、通信蓄电池组、UPS	取消通信蓄电池组，由 DC/DC 直接挂于操作蓄电池组代替；取消 UPS，由逆变电源挂于操作蓄电池组代替	一体化蓄电池组=操作蓄电池组+通信蓄电池组+UPS电池
	运行方式调整：交流、直流分别执行	站用电源运行方式根据变化自动调整各运行方式，以使系统运行最佳	站用电源运行方式自动调整
	无智能二次配电管理	二次配电智能化：智能照明系统、智能风机系统、智能门禁系统、智能空调系统等辅助设备系统实现智能化	一体化设计同时实现辅助设备系统智能化
	防雷分别配置，波形有干扰时不能综合治理	站用电源统一防雷配置，利于波形治理	一体化针对问题统一综合解决

续表

对比项	传统站用电源配置	交直流一体化电源配置	对比
组屏比较	交流屏：2 面	交流屏：2 面+一体化监控器+事故照明	一体化连线简单方便，降低施工方人员工作量
	直流屏：充电屏 2 面，馈线屏 2 面，电池屏 6 面，共 10 面	直流屏：充电屏+馈线 2 面，馈线+绝缘检测屏 1 面，通信 DC/DC+逆变电源屏 1 面，电池+电池巡检屏 6 面，共 10 面	
	通信蓄电池室：1 间，放置 48V/单 2V 100Ah 蓄电池组 2 组。UPS：1 台，供计算机、打印机使用	总计 12 面，所有馈线实现五遥，同时应因负荷区别实现辅助设备智能化管理	

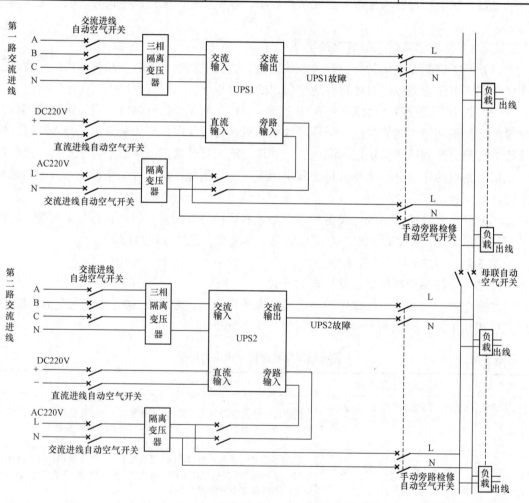

图 5-21　UPS 电源监控系统

第 **6** 章　智能控制装置

智能控制装置是智能变电站的重要组成部分，其具有强大的自检和就地操作等功能，使得运行维护人员无论在现场还是远方都能及时了解设备的运行控制情况，大大提高了智能变电站运行的安全性和经济性。本章将以智能变电站电压无功智能控制装置、备用电源自动投入装置、变压器冷却智能控制装置为例进行介绍。

↘ **6.1　电压无功控制装置**

电力系统的波动性负荷造成的局部电网电压不稳定和无功功率不平衡，严重影响了供电质量，威胁电气设备的电气寿命，制约着企业生产效率的提高。因此，电压无功调节对于维持电压稳定和无功平衡具有重要的意义。目前电力系统使用的无功功率补偿设备，主要有发电机、同步调相机、静电电容器和静止无功补偿器。

6.1.1　无功功率原理

电力系统中的电压水平和无功功率的状况密切相关。所谓系统的无功功率，主要指以滞后的功率因数运行的用电设备所吸收的感性无功功率。无功功率分为感性无功功率（电流滞后电压一个角度 φ）和容性无功功率（电流超前电压一个角度 φ），因此容性无功功率可以抵消感性无功功率而提高功率因数。有功功率 P 与视在功率 S 的比值，称为功率因数 $\cos\varphi$。

在电能传输中，无功功率从电源端经线路和变压器向负荷端输送时会产生电压损耗。高压线路和变压器的电压损耗主要取决于通过的无功功率，输送的距离越远、中间环节越多，引起的电压降也就越大，负荷端的电压也就越低。合理配置无功电源，实现无功功率就地平衡，不仅可以提高电压水平，而且可以减少电网中有功功率的损耗。

充分利用各种调压手段和无功电源的补偿作用，实现电压无功综合控制，对于提高电压合格率和无功平衡具有重要意义。从理论上讲，通过电网调度中心实施全网电压、无功综合控制最为理想，但受限于我国目前电力系统的自动化水平，实现全系统的电压、无功控制困难较大，所以一般以变电站为单位自动调节电压和无功功率就地平衡。

6.1.2　系统的总体方案

1. 硬件方案

电压无功智能控制是一个多输入多输出的闭环自动控制系统，硬件系统框图如图 6-1

所示。由开关量输入、模拟量输入、开关量输出等接口板、控制装置 IED 和信息一体化平台构成。采集变压器高压侧电流、各侧母线电压模拟量和变压器的开关状态，根据电压、无功判别运行区域进而决定控制策略。当检测电压、无功功率不满足系统运行要求时，则根据电压、无功判别运行区域，由信息一体化平台向 IED 发出控制命令，进行变压器分接头调节和（或）电容器组投/切，将电压和无功控制在给定范围内。

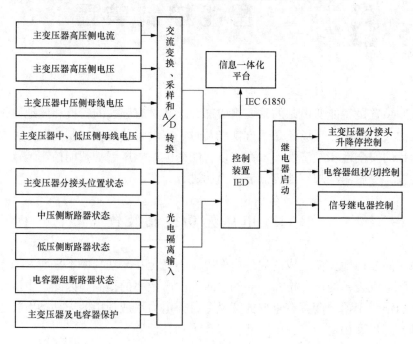

图 6-1　硬件系统结构

（1）模拟量输入单元。包括主变压器高压侧线电压、相电流、中压侧和低压侧线电压模拟量。

（2）开关量输入单元。包括主变压器中低压侧断路器、中低压母线分段断路器和母联断路器、电容器组断路器和隔离开关、主变压器分接头挡位信号和继电保护信号等。

（3）开关量输出单元。包括用于控制主变压器分接头调节的开关量（升压、降压、急停）、控制电容器组投切的开关量以及报警信号等。

（4）信息一体化平台。用于实现数据采集、计算、逻辑判断、定时、存储和控制等功能。

（5）电源部分。将 220V AC 或 DC 电源变为装置所需的直流 5、±12、24V 等电源。

2. 软件方案

电压无功智能控制装置的软件嵌入信息一体化平台，现场数据经 IED 上传至信息一体化平台，由相应的软件进行计算、分析并给出相应的控制策略，实现变压器分接头的调节和电容器组的投切操作。

电压无功智能控制装置的软件系统包括主程序、定值整定模块、信号采集与计算模块、逻辑判断与动作模块、信息处理模块和显示等部分，如图 6-2 所示。

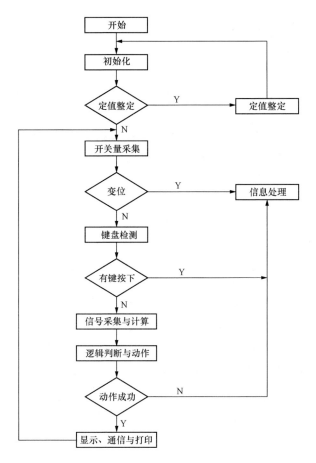

图 6-2　系统软件图

6.1.3　装置的控制功能分析

变电站电压无功智能控制装置能够根据电力系统运行的要求自动进行电压无功的调节，其实现功能如下。

1. 基本功能

对于变电站电压无功智能控制装置来说，最基本的功能是在保证母线电压合格的前提下，充分利用低压母线上并联电容器组的补偿作用，使变电站的无功功率达到就地平衡。具体来说，控制装置应具有下列基本功能：

（1）当被控目标母线电压运行值在其允许变动（整定值）范围内时，应以控制投切并联电容器组为主，并应防止发生投切振荡。

（2）当被控主变压器无功负荷小于与该变压器相连母线上每组电容器的容量（或整定值）时，应以控制调节主变压器有载调压分接开关位置为主。

（3）当被控母线电压运行值超过允许变动（整定值）范围，而主变压器有载调压分接开关位置已处在上限（或下限）时，应利用电容器组的调压作用，对电容器组实行强投或强切调节控制。

（4）具有谐波检测功能，当投入电容器引起谐波放大时，可切除所投电容器，消除谐振现象。

2. 闭锁和报警功能

当装置出现异常情况时,装置应具备闭锁的控制功能,以免造成损失。以下情况时应具备闭锁功能:

(1)变压器电流过大或者过小时闭锁该主变压器的调挡指令,发报警信号。电流恢复正常时自动延时。

(2)母线电压出现过压或欠压时,闭锁相关变压器和电容器的控制指令,发报警信号。电压恢复正常时自动延时解除闭锁和报警。

(3)变压器调节出现滑挡时,闭锁主变压器调挡,发报警信号,闭锁和报警需运行人员手工解除。

(4)变压器挡位达到极限时,闭锁该变压器在该方向的调挡指令,直至该变压器出现反向调挡时解除闭锁。

(5)变压器调挡拒动或电容器投切拒动时,闭锁该对象的控制指令,发报警信号。待故障解除后,由运行人员手工解除。

(6)并联运行的变压器挡位不一致时,闭锁该变压器及与其并联变压器的调挡指令,闭锁相关电容器的投切指令,发报警信号,闭锁和报警需运行人员手工解除。

(7)变压器本体或有载调压分接开关轻瓦斯动作时闭锁调挡指令。

(8)变压器有载调压装置出现联调故障时闭锁调挡指令并报警。

(9)远方要求闭锁。

(10)高压侧三相不平衡或 TV 断线,闭锁该段母线电容器组投切指令,发报警信号。

3. 控制策略

从控制理论的观点来看,变电站电压无功控制系统是一个多输入多输出的闭环自动控制系统,其控制目标为达到有功网损最小和电压合格率最高,其约束条件为电容器组数的限制和变压器挡位的限制。根据控制目标函数、约束条件和状态方程就可以确定控制规律。表 6-1 为某变电站调节变压器分接头和投切并联电容器组对变电站电压无功的影响。

表 6-1　　　　　　　　　　　变电站电压无功的影响

动 作 类 型	无功和电压变化
调分接头降压	无功减小,电压降低
调分接头升压	无功增加,电压升高
投电容器组	电压升高,无功减小
切电容器组	电压降低,无功增加

目前变电站电压无功综合控制装置的控制策略大多采用图 6-3 所示"九区法",即根据电压无功的上下限值将电压、无功划分为 9 个区域,根据实时电压和无功的测量结果判断所处区域并据此建立相应的控制规则。

1 区:电压、无功均合格,不动作;

2 区:电压越上限、无功合格,调分接头降压;

3 区：电压无功均越上限，先调分接头降压后投电容器；

4 区：电压合格、无功越上限，投电容器组；

5 区：电压越下限、无功越上限，投电容器组；

6 区：电压越下限、无功合格，调分接头升压；

7 区：电压无功均越下限，先调分接头升压后切电容器组；

8 区：电压合格、无功越下限，切电容器组；

9 区：电压过高、无功过低，先切电容器组后调分接头降压。

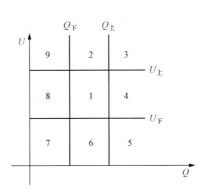

图 6-3　九区法

6.2　备用电源自动投入装置

为了保证重要设备和重要负荷用电的可靠性，备用电源自动投入装置（简称备自投装置）得到广泛的应用。当工作电源因为故障或不正常情况而切除后，备自投装置将立即投入正常的备用电源，从而保证了供电的可靠性。备自投装置是智能变电站中重要的控制装置。

6.2.1　备自投装置工作原理

备自投装置可设置多种工作方式，主要有分段备自投保护、进线互投、应急进线自投、电源自复保护、三段式过流保护、母线充电保护和过负荷保护等。根据工作方式分为因母线失电引起的备用电源自投和因供电线路来电引起的工作电源自复。

图 6-4 为备自投工作原理图。

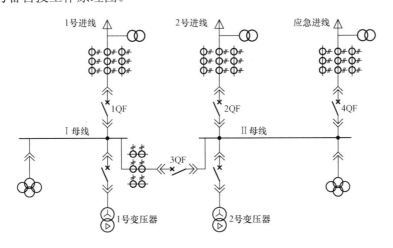

图 6-4　备自投工作原理

其中：1QF 为 1 号进线断路器，2QF 为 2 号进线断路器，3QF 为分段断路器，4QF 为应急断路器。

分段备自投动作逻辑为：

（1）当 I 母线失压时，断开 1 号进线断路器 1QF；在 II 母线有电压情况下，将断路器

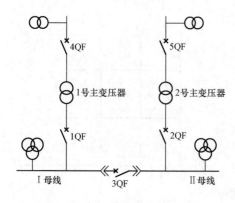

图 6-5 变压器分段备自投接线

3QF 闭合。

（2）当Ⅱ母线失压时，断开 2 号进线断路器 2QF；在Ⅰ母线有电压情况下，将断路器 3QF 闭合。

以图 6-5 所示的变压器分段备自投为例分析其工作逻辑。

（1）充电条件（正常运行条件）。当 3QF 处于分位置，1QF、2QF 处于合位置，且两段母线均有电压，备自投投入断路器处于投入位置，无其他放电条件，则自投充电完毕，进入启动条件判断。

（2）启动条件。

条件 1：Ⅰ母线无电压，进线 1 号无电流，Ⅱ母线有电压；

条件 2：Ⅱ母线无电压，进线 2 号无电流，Ⅰ母线有电压。

自投充电完毕，且满足以上任一条件则备自投启动，进入动作过程判断。

（3）动作过程。

1）对启动条件 1：

若 1QF 处于合位置，则经延时跳开 1QF，确认跳开后合上 3QF；若 1QF 处于分位置，则经延时合上 3QF。

2）对启动条件 2：

若 2QF 处于合位置，则经延时跳开 2QF，确认跳开后合上 3QF；若 2QF 处于分位置，则经延时合上 3QF。

（4）放电条件。有装置闭锁信号、备自投投入断路器处于退出位置、备自投功能配置字或软压板退出、3QF 处于合位、备自投动作一次完毕。

但当一侧母线瞬间失压又恢复时，备自投立即退出动作过程，但不放电。

6.2.2 系统总体方案

图 6-6 为智能备自投装置总体结构。装置包括电源插件、继电器信号检测插件、继电器插件和交流插件（电压采集、电流采集）。

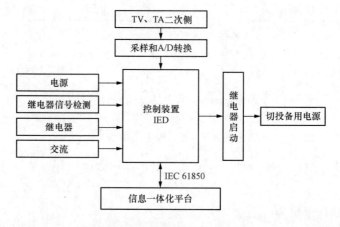

图 6-6 智能备自投装置结构

1. 电源插件

采用输入电压为交流 220V，输出为 5V/3A、±12V/0.5A、+24V/0.5A 的开关电源。其中：+5V 用于主控制器插件和硬件设备芯片的供电，±12V 经稳压后提供微控制器采集模块的参考电压，+24V 用于提供继电器开入量和开出量的继电器控制。另外，在电源插件上设置了 2 个磁保持信号继电器，用于设备故障告警和保护告警信号的输出。

2. 继电器插件

继电器插件有独立的继电器触点信号接口，定义跳闸、合闸控制等控制信号或告警信号。采集并上传开关的合位/跳位信号；当保护因事故跳闸及断路器偷跳时，发事故信号；当控制回路断线后，发控制回路断线信号。

3. 断路器信号检测插件

包括开关量检测端口、外部断路器信号检测、人工操作检测或各种控制闭锁信号检测端口。开关量输入（包括断路器工作状态、断路器气体压力信号、事故总信号等)/输出（继电器的控制信号）均带有光耦隔离。

4. 交流插件

交流插件包含电流采集插件和电压采集插件。

6.2.3　备自投装置功能分析

备自投装置具有原理简单、费用低的优势，在发电厂和变电站及配电网中得到了广泛的应用，是提高用户不间断供电的重要技术之一。

备自投装置在工程应用时应该满足以下基本要求：

（1）必须在具有备用电源的工作母线因任何原因失去电压时动作。

（2）应该保证停电的时间最短。

（3）只应动作一次，以免当母线或引出线发生持续性故障时，备用电源多次投入到故障元件引发更严重的事故。

（4）动作于永久性故障的设备上应加速跳闸。

（5）当电压互感器的熔断器熔断时不动作。

（6）当备用电源无电压时，备自投装置不动作。

（7）在确定工作电源已断开后再将备用电源投入。

其目的在于，在工作电源故障时避免备用电源投入后经过母线来供给故障点电流，以及其他一些所禁止的特殊运行方式。

备自投主要功能：

（1）分段断路器三段过电流保护功能。可作为母线充电保护用，利用低电压元件和负序电压元件作为启动元件。当检测到 TV 断线则取消电压判别，此时投入三段式电流保护功能，即电流速断、限时电流速断和过流保护。

（2）母线充电保护。一般适用于双母线接线和单母分段接线形式，在母线充电时起保护作用。主要为了防止空母线充电时接地线未摘除或产生其他故障，此时保护可以以较小定值瞬时切除故障。

（3）TV 断线监测。具备检出单相、三相 TV 断线的功能。对于微机型备自投装置不但可对单个电压进行检测，还可综合开关量和模拟量信息进行比较判别。

（4）位置检测。检测断路器位置信号，当断路器误跳时启动备自投。

（5）过负荷联切。利用进线线路中单相电流，可在备自投装置投入后，通过实时检测电流实现出口过负荷联切。

（6）监测功能。采集电压、电流模拟量，计算电压、电流有效值和有功功率、无功功率及功率因数，将这些数据上传至控制装置 IED。

（7）故障录波功能。记录保护动作之后的 50 个周波交流信号的采样数据，一般录取电压、电流离散数据标幺值，保护跳闸后上送信息一体化平台进行分析故障和装置跳闸行为。

6.3　冷却控制装置

变压器运行过程中会产生大量损耗，损耗的能量将转换成热量，使得绕组、铁芯、油箱壁和油面温度上升，超过额定的温度将影响到绝缘材料的寿命。因此，为了保证变压器长期安全、可靠、正常地运行，必须采用相应的冷却方式把热量移走，使其温升控制在一定的范围内。容量为 8000～40000kVA 或电压为 110～220kV 级的油浸式变压器一般采用自然油循环、强迫风冷方式。在自冷式散热器上加装吹风装置，强迫空气在散热器的外表面循环，以提高散热能力。大容量变压器配备功能齐全、运行可靠的冷却控制装置有利于保证变压器的安全正常运行。

传统变电站主变压器冷却系统一般采用继电式控制装置，其控制装置逻辑功能低下、无通信和保护功能、自动化水平低。近年来，各个生产厂家及相关单位在提高冷却控制装置自动化程度方面进行了大量的研究，取得了很好的效果。但是仍然存在着诸如数据共享能力不足，无法通过 IEC 61850 协议接入智能变电站信息一体化平台和在线监测系统，成本较高等问题。因此，有必要针对我国智能变电站建设的实际情况，对冷却控制装置的功能实现及自动化程度进行相应的改进。

下面以笔者设计的智能变压器冷却控制 IED 进行简单介绍。

6.3.1　系统构成

智能变压器冷却控制系统主要由就地数字化测量单元（测量主变压器油温、负荷、环境温度等）、冷却控制 IED 和冷却控制柜及监控后台软件构成。系统结构如图 6-7 所示。冷却控制 IED 实时采集变压器的油温、负荷电流和冷却器运行状态等工况信息，就地数字化，结合预先设定好的控制策略，准确、及时地对冷却机组进行实时控制。运行过程中可累计并均衡各组风扇运行时间。如：根据变压器负荷电流和顶层油温，确定应该运行的冷却器组数，再由循环投切模块根据冷却器组累积

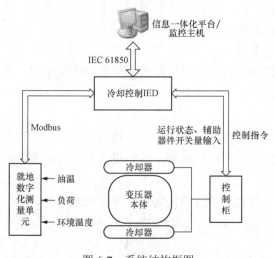

图 6-7　系统结构框图

运行时间决定具体启动哪几组冷却器；通过模仿继电器动作特性曲线的滞环，防止冷却器

组随油温变化频繁启停。同时可根据 IEC 354 标准中推荐的变压器热负荷模型或其改进模型计算出的绕组热点温度及监测到的状态对冷却器进行实时控制。对于不同的变压器结构和冷却方式应采用多参数建模，在以试验数据优化模型的基础上计算绕组热点温度以得到更理想的估算值。

6.3.2 功能分析

1．自动控制功能

就地数字化测量单元实现对变压器顶层油温、负荷电流和环境温度等的实时监测，再经过冷却控制 IED 的分析处理结合冷却器的运行状态，进而做出相应判断，由控制开出电路输出相应的控制指令，进行控制冷却器的投切，保持变压器油温基本恒定。

2．故障告警

就地或远程通信发出故障告警信号。利用红绿颜色的高亮 LED 灯实现装置运行状态的就地显示，故障时红色灯亮。同时，通过远程通信功能将冷却电源、风扇故障、冷却全停等故障信息上传至智能辅助决策系统，通过操作界面和声光报警进行显示，并能够提供具体的故障位置、发生时间和变压器工况信息，供监控人员进行查询。

3．远程监控功能

将变压器油温和负荷工况信息、冷却器运行状态等以 IEC 61850 协议发送至信息一体化平台，并通过操作页面进行展示。同时提供上位机远程操作功能，监控人员通过相应的操作界面，进行冷却电源、冷却风扇组的投切操作，进行冷却风扇组的油温启动定值、负荷定值的修改以及对电源切换周期、冷却风扇组的轮换周期的修改。

4．均衡冷却风扇组的运行时间

程序中设计了风扇组运行时间累计模块，累计相应风扇组的运行时间。当某一风扇组达到预设的累计运行时间时，控制装置发出风扇组的投切指令，切换至另一组，使各组风扇工作时间基本相同，从而延长其使用寿命。同时也避免了传统冷却器风扇分为"工作、辅助、备用"模式下风扇工作时间严重不均衡的缺陷。

5．就地告警和手动操作功能

冷却控制柜内采用高亮 LED 灯对冷却器运行状态进行就地显示，包括冷却器运行方式、工作电源状态、风扇组工作状态。箱内温湿度情况亦可通过箱内的相应装置进行显示。控制箱内配有手动控制回路，当控制方式切换至手动时，冷却器控制可以完全脱离自动控制，从而避免了由自动控制装置故障引起的停电事故，同时也方便了系统维护与升级。

6．故障自检功能

上位机软件中设计了装置工作状态自检模块。当控制装置因硬件故障等原因而无法正常工作时，上位机软件能够及时发现，并告知监控人员；同时冷却控制柜自动进入预先设定的默认工作状态，即一组电源和所有风扇组投入，从而避免因控制装置工作异常而导致冷却器工作停止。

下面就冷却控制柜及冷却控制 IED 的功能进行详细分析。

（1）冷却控制柜。冷却控制柜是控制装置与冷却电源回路的接口，主要由接触器和互感器等构成，如图 6-8 所示。接触器由控制装置的继电器控制，使强电和控制装置的弱电隔离。冷却控制柜设计了手动/自动选择回路，正常情况下，风扇组运行于 IED 自动控制

图6-8 冷却控制柜

模式下，风扇的投切由 IED 自动控制；当 IED 故障以及系统维修升级时，风扇组可运行于手动模式，通过手动方式完成对冷却器风扇组的控制。冷却控制 IED 和冷却控制柜之间通过阻燃铠装屏蔽电缆连接，接口采用无源接点，使控制柜的强电回路与 IED 的弱电系统相隔离。

另外，风扇组采用专用的电机保护，在冷却风扇组风机出现过负荷、短路、断相等故障时进行相应的保护。

（2）冷却控制 IED。智能变压器冷却控制 IED 具备自动控制、远程监控、故障及异常告警等功能，通过累计各风扇组运行时间，均衡各组风扇工作时间，以平衡磨损。可根据变压器负荷电流和顶部油温，依据 GB/T 1094.7—2008《油浸式电力变压器负载导则》中推荐的变压器绕组热点温度计算模型或其改进模型计算变压器绕组热点温度。此外，IED 装置配置看门狗、具有掉电记忆、故障自检等功能。冷却控制 IED 核心逻辑节点为冷却成组控制逻辑节点 CCGR，此外还包括 LLNO、LPHD、告警处理逻辑节点 CALH、人机接口逻辑节点 IHMI、远方监视接口 ITMI、远方控制接口 ITCI 等逻辑节点，其中逻辑节点数据描述见表 6-2。

表 6-2　　　　　　　　　　冷却系统控制装置逻辑节点数据描述

属性名	属性类型	说　　明
逻辑节点名	应从逻辑节点类继承（参见 IEC 61850-7-2）	
数　　据		
公用逻辑节点信息		
逻辑节点应继承公用逻辑节点类全部指定数据		
EEHealth	INS	外部设备健康
EEName	DPL	外部设备铭牌
OpTmh	INS	运行时间
测　　量		
EnvTmp	MV	环境温度
OilTmpIn	MV	冷却器油温输入
OilTmpOut	MV	冷却器油温输出
OilMotA	MV	油循环电动机电流
FanFlw	MV	风扇空气流
FanA	MV	风扇电动机驱动电流
控　　制		
CECtl	SPC	完整冷却组控制（泵和风扇）
PumpCtlGen	INC	所有泵控制

属性名	属性类型	说　明
PumpCtl	INC	单台泵控制
FanCtlGen	INC	所有风扇控制
FanCtl	INC	单台风扇控制
状　态　信　息		
Auto	SPS	自动或手动
FanOvCur	SPS	风扇过电流跳闸
PumpOvCur	SPS	泵过电流跳闸
PumpAlm	SPS	泵退出
设　定　值		
OilTmpSet	ASG	油温设定点

研发的冷却系统控制 IED 外观如图 6-9 所示。

图 6-9　风冷控制 IED 前面板

冷却控制 IED 通过过程层网络，将采集到的变压器油温、负荷电流和冷却系统运行状态等信息，经处理后通过 IEC 61850 协议进行数据封装，再通过变压器智能组件柜主 IED，上传至监测系统及信息一体化平台；同时监测系统通过 IEC 61850 协议完成对冷却控制 IED 的远程操控。监测系统操作界面如图 6-10 所示。软件界面主要提供主变压器顶层油温、负荷电流及冷却系统运行状态及相关报警信息的显示，并提供相应定值修改窗口。

笔者设计的智能变压器冷却控制 IED 已在某变电站投入使用，一年以来的现场运行情况正常，各项功能均达到技术要求。现场安装如图 6-11 所示，现场运行数据实例见表 6-3。

表 6-3　　　　　　　　　　　　　现场运行数据实例

顶层油温（℃）	负载系数	环境温度（℃）	绕组热点计算温度（℃）	冷却器开启组数
48.12	0.72	21.99	67.40	1
66.87	0.85	33.82	91.98	2

智能变压器冷却控制 IED 的研制及实际应用，实现了变压器冷却系统在智能变电站信息一体化平台和在线监测系统的接入，提高了相关信息的利用率及设备的可操作性，同时也为传统变电站的智能化改造积累了实践经验。通过对冷却控制系统的改进，能够提高冷却风扇的使用效率，延长其使用寿命，增强了运行人员对变压器的状态监测能力，有效地

避免了变压器相关事故的发生，提高了变压器的运行可靠性。此外，冷却系统改造可考虑改为变频调速机制，通过调节风扇转速达到满足要求的冷却容量，构建绿色节能环保的智能变电站。

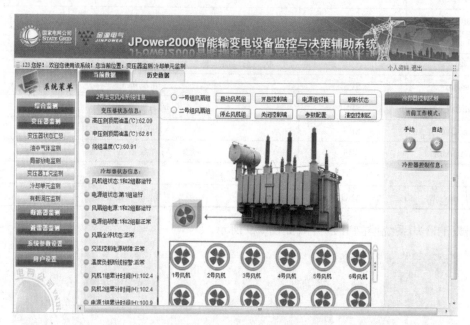

图 6-10 监测软件界面

图 6-11 现场安装

第 **7** 章　智能变电站信息一体化平台

7.1　信息一体化平台背景

2009 年国家电网公司启动了智能电网建设工程,智能变电站在智能电网建设环节中占据非常重要的位置,其为电网运行提供基础数据和命令执行载体。智能变电站具备自我分析诊断、整合各方资源、联动式自动控制、信息可视化等特点,改变了传统变电站内各系统分散独立、不能互通、无统一标准的局面。

旧变电站在建设初期,二次设备或数字化终端并不像现在成熟全面,在国家多年大力支持下,针对一次设备的各类辅助运行系统得到不断发展。目前,一般变电站的运行管理系统,如继电保护系统、电源管理系统、SCADA 系统、测控以及电能质量采集系统等,各个系统独立采集管理自身数据和进行相应控制。由于不同系统缺乏统一定义的数据管理和通信标准,系统之间无法有效沟通协作,使得同一运行数据在不同系统重复存储,通常称其为"信息孤岛",由此引起的系统维护量和投资成本逐步加大。

变电站现已进入智能化时代,国家电网公司发布了系列技术标准,为变电站智能化建设提供了有力的技术支撑,如 Q/GDW 383—2009《智能变电站技术导则》、Q/GDWZ 410—2010《高压设备智能化技术导则》和 Q/GDWZ 414—2011《变电站智能化改造技术规范》等,上述标准提出了统一的通信条件、技术原理、体系结构、数据参数等技术要求,根据变电站电压等级和复杂程度统一标准数据源,实现不同系统之间的信息共享,完成互联互通,进而采用科学有效的控制策略。信息一体化平台是实现智能变电站站控层功能的载体,是智能变电站建设的核心环节。

7.2　信息一体化平台架构设计

7.2.1　平台方向规划

信息一体化平台建设严格遵守各类智能化技术导则中提出的各项要求,并从变电站内部智能化项目建设中所遇实际问题出发,保障平台系统的理论支撑和实际应用,从功能、结构、通信、共享、集成出发进行设计,既能体现各个独立系统本身的业务特点,又强调不同系统之间的信息交流和功能联动。智能变电站系统结构由站控层和设备层(过程层和间隔层)共同组成,设备层完成变电站电能分配、变换和传输,并进行测量、控制、保护、检测等相应功能，其主要包含一次设备和各类智能组件，智能组件包括测量单元、控制单元、保护单元、计量单元、监测单元等。站控层完成数据采集和监控、操作闭锁、电能量采集、故障录波、保护信息管理等功能，涉及自动化系统、通信系统、对时系统、在线监测系统等各类应用子系统，其数据来源依靠设备层的各类合并单元和 IED，在这一层将进行信息一体化平台的建设工作，实现各级子系统的集中管理和信息共享，为保证系统运行安全可靠，网络结构采用双网备份机制。平台由多个子单元（如自动化系统、监测中心、辅助决策系统等）和一个核心单元组成，规划应具备以下 9 个方向点。

1. 统一的界面和操作风格

在同一平台下进行监测和控制，统一操作风格，形象直观展示整站各个系统信息，应用同一标准进行设备的故障分析诊断，组织来自不同厂家的不同设备进行高效协作，挖掘各级系统数据的合作价值。

原有子系统（单元系统）都有其专属的业务功能，各个单元系统需要高效协作。在一个平台下对所有系统功能整合实现的同时，需要考虑原有系统的业务特点，保持原有系统独立性，为平台各子系统沟通打好基础，避免平台运行期间个别单元系统发生故障，影响到其他单元的正常工作。从平台进入到单元系统，单元系统应具备符合自身业务模型的操作方式及界面元素，在此基础上与平台的整体风格协调。

2. 单元系统数据完整性与实时性

信息一体化平台在站控层收集各单元提供的信息数据，并做以汇总，单元通过各自的特征参量来反映设备的运行状况与控制结果，所以在收集数据过程中，需要保障单元模块参数的完整性。保护、测控、在线监测等均反映设备的实时运行情况，设备发生异常，或者控制设备执行命令后，平台需要第一时间掌握具体进展，因此收集来自于不同单元系统数据的实时性显得尤为重要。保护与控制内的电流电压值、设备控制信息、故障信息等涉及一次设备运行状态，其在工况异常情况下，需要最小时间孤立故障，并且反馈对站内运行的影响程度，实时性要求最高，一般设定在 20ms 以内；测量单元要求的电流电压值、设备状态信息等需根据测量单元的具体需求来定，实时性要求中等，一般设定在 1s 以内。在线监测通过各类传感装置采集一次设备自身特点的参数，由于不同的监测项目根据需求采集周期有较大区别，监测项目根据所有的参数来综合判定设备的故障类型，所以实时性要求较低，一般可设定在 1s 以上。平台根据实际需要按类考虑各个单元的数据采集周期，避免同一时间数据通道的占有率过高，平衡大量数据涌进系统出现的通信负荷，降低数据采集与控制等功能因通信导致出错的几率。

3. 单元通信标准

IEC 61850 标准采用面向对象技术统一了变电站内自动化系统的对象建模，规范了数据的命名和定义，规定了设备的行为、特征表述以及在系统中的通用配置语言。IEC 61850 标准不仅仅局限于通信中所依靠的规约协议，更为智能化变电站建设提出了全面的通信解决方案。

设备层合并单元之间的通信依据 IEC 61850 协议，从设备层各合并单元和各类 IED 汇总数据至平台中心采用 IEC 61850 标准，以此增强各系统间的互动性，将不同厂家不同型号的产品进行无缝结合。设计遵循 Q/GDW 396—2009《IEC 61850 工程继电保护应用模型》、电监安全〔2006〕34 号《电力二次系统安全防护总体方案》和《变电站二次系统安全防护规定》技术要求。

4. 系统单元功能全面性

平台主要特点在于融入不同单元系统，协调不同单元工作，并制定相应规则，去除重复冗余环节，统一作业流程。旧系统在融入新平台的过程中，会出现原来各项功能怎样取舍的问题，一方面保持旧系统功能的完整性，另一方面以一种更好的方式融入新的平台。平台融入各单元的过程中，需充分考虑它们的业务特征，抓住关键点，将单元的个体功能发挥至最大，增强平台在实际应用中的多元化，不影响原有系统解决问题的能力。目前智能变电站单元系统主要有以下 4 方面：

（1）保护与控制系统。前段保护单元装置部署在设备层，装置可以起到保护和监控双重功能，在断网情况下可独立保护设备，并执行保护系统的相关指令。通过变电站一次设备接线图，信息管理系统将设备的运行状态在图上实时直观显示，如断路器在接线图中的实时开断动作。如果设备运行异常，在系统中可及时进行声光报警，根据控制策略可默认自动进行保护指令下发，通过上层系统对现场运行设备控制隔离。系统实时性要求高，操作简易有效，执行效果直观，一般以组态软件为主。保护系统为平台提供保护控制设备以及其他设备的运行状态，反馈最新的控制状态数据与动作信息。故障录波器在系统中发挥作用，系统跟踪故障录波器自身工作状态，提供出现故障扰动时的系统电流、系统电压的波动信息，并提供继电保护装置的动作过程信息，反映一次或二次设备的缺陷隐患，测控与保护同时进行上行和下行信息处理，测量信号上发与控制指令下发并行处理，平台需平衡处理，保证数据与指令快速可靠，测控与故障告警在界面上以图形直观展示，可直接对图形上的抽象元件进行操作，实现对一次、二次设备远程遥控。

（2）高压设备在线监测系统。在线监测一次设备状态，采集高压设备运行参量，推断设备故障类型与结果。此单元应保留原有设备的各类监测项目，确保含有原有基础监测参数，如变压器油色谱中含 H_2、CO、CH_4、C_2H_4、C_2H_6、C_2H_2、总烃等，根据各气体组分含量和增长率，通过色谱分析算法，得出变压器内部的故障类型，并通过在线监测的辅助分析，推断出设备的故障等级和位置，进一步给出对应的故障处理建议。在线监测单元为平台提供设备实时监测状态、实时监测数据、故障类型与位置、决策建议。

（3）变电站辅助系统。依据国网 Q/GDW 231—2008《无人值守变电站及监控中心技术导则》要求，数字化无人值守变电站应配置相应视频系统和安防系统，实现运行情况监视、入侵探测、防盗报警、出入口控制、安全检查等主要功能，并具备远程控制、布防与撤防等功能。变电站辅助系统中主要包含视频监控系统、烟感火灾探测系统、入侵防盗报警系统等，系统的工作根据各子系统提供的报警信号，报警内容含防入侵报警、火灾报警、门禁报警、温湿度环境报警，调用摄像头预置位定位至报警位置，记录拍摄具体情况，并赋予声光报警方式，对发生的各类状况迅速做出一系列的反应。防护系统为平台提供报警信息、报警位置、报警类型、各个摄像头的安装位置以及所有预置位，信息一体化平台根据预报警类型迅速做出返回，促成报警与控制摄像机的联动策略，保证防护系统跟踪操作的连贯性。

（4）一体化电源监控系统。站内一体化电源系统将直流电源系统和通信用直流变换电源组合，公用直流系统的蓄电池组，为站内的通信设备提供同一电源出口，给继电保护与开关分合控制提供了连续可靠的操作电源，降低了投入建设和维护成本，成为目前站内直流电源主流的解决方案。一体化电源系统主要监测各电源模块的实时工作状况，判定每组蓄电池性能优劣，遥测每个单体电池的电压以及电池组的总电压电流，并设置总电压和单节蓄电池的报警阈值，针对具体设备运行状态进行预报警。

5. 信息共享与有效互动

信息一体化平台汇集各个单元子系统的数据以及功能，首先需考虑单个单元的独立性，避免出现子系统单独运行正常，融入平台后反而异常的情况。在平台中各单元做好基础后，接下来需要将各自身的特征参量最大限度进行共享，撮合平台之间的契合点，形成单元之间的数据覆盖，这样有效解决了数据的规范性命名，消除数据重复冗余，减少相似功能设备的投入成本，并能促成各单元之间的联动控制，提升信息一体化平台存在的实际价值。

在一次设备在线监测系统中通常需要环境参量作为其监测评估的基础参数，在平台中便可以调用来自辅助系统的气象数据，避免原来在线监测系统需要加入微气象监测系统的重复投资。又如在线监测系统中监测到变压器油温与电流负荷数据越界异常，将告警内容反馈给信息一体化平台后，平台调用风冷控制单元，给风冷装置下发控制指令，启动风扇组，在线监测系统将主变压器最新的工况信息实时传输至平台，平台分析后决定启动风扇组的运行时间和强度，当工况信息正常后，根据控制策略可停止风扇组运行，从而提高风冷系统的工作效率，提升设备的使用寿命，满足智能化变电站的基本要求。

6. 完善自动化控制

（1）可调策略。控制方案按照单元功能分类存储于平台命令执行策略集中，每种控制都会遵循一组默认的控制策略，此方式保证指令执行的可靠性，并根据不同的一次主接线图或者运行方式，生成基础的控制操作流程，提供给系统自动化执行过程。考虑到不同单元的业务模型差异，默认策略可进行人工针对性配置，配置成功后可在平台数据存储区生成策略库，保存先前配置条件、结果和策略，保证平台应用过程中的人性化和灵活性。

（2）防止误操作。平台在执行来自监控中心、调度中心或者本系统中的控制指令时，首先验证指令的合法性，然后根据控制环境调用来自策略库中的对应控制方案，判断此时进行相应控制的合理性，并将判断结果反馈给操作源，提醒操作者执行的后果，并给出建议控制方案做参考。根据高压设备网络结构、开关和刀闸当前的分/合闸状态，对高压设备带电、停电、接地三种状态进行拓扑变化计算，判断当前的操作是否合理。

（3）顺序控制。国家电网公司 Q/GDW 383—2009《智能变电站技术导则》规定顺序控制为站控层的核心功能之一，合理可靠的顺序控制会提升频繁控制的准确性，降低操作时间，减轻人员工作压力，可有效降低倒闸误操作的几率，降低事故发生率。控制规则按照默认控制策略库中设置的常规逻辑方法，结合五防闭锁中要求的控制规定，生成操作规则。当平台执行顺序控制时，将顺序进行环节截取，在每个环节中都融入控制策略校验，如果发生顺序或者控制错误，立即进行告警并进行事物回滚，恢复操作前的状态，通知人员进行策略调整，或者人工干预。

7. 系统预报警与容错

由于系统单元种类多样，其在平台所处的角色以及处理的设备类别都有所差异，所以每种单元中因数据异常产生的报警内容应该有不同等级区分，通知人员或者平台自处理。根据角色不同，应选择告警的优先级，将事故的紧急按需进行主次解决，防止大事故在反应上的滞后。信息一体化平台根据各类单元的业务特点，配置其预报警信息比重，根据单元种类、事故类型、设备等级、事故等级等进行权重配置，当事故发生时可根据系数进行组合得出事故紧急程度，进行排名报警和显示。在发生误报和数据漂移的情况下，对报警数据进行容错审核，如果发现数据不符合实际运行情况，将错误数据及时排除，避免其对正常预报警信息的干扰。如果检测到数据持续发生错误，可通过平台单元对设备层的智能组件下发数据复位重启操作，并可以人工操作停止单元模块继续运行，避免单元持续错误影响平台的正常运行。

8. 突发性故障应急措施

（1）故障恢复。设计外围进程监视平台系统自身运行，保证系统在发生突发性错误时，及时重启平台进程，帮助平台重新投入工作。

（2）默认操作。当设备层无法接受来自站控层正常指令时，控制方式按照默认的控制策略进行。默认控制策略在站控层平台正常运行时，由平台将控制策略指令下发给设备层智能组件并进行存储。

（3）数据备份。设备层与站控层通信断开时，数据及时存储于智能组件中，进行本地化数据备份。当通信恢复正常时，将备份与最新数据上传至平台系统。

（4）日志跟踪。当平台系统发生异常时，平台按照错误类型生成各类不同的故障跟踪日志，以供后续检查平台运行状况。

9. 站外数据共享

站控层的数据服务器接收到来自设备层各智能单元的数据参量，形成数据中心，监控全站设备的实时运行状况。此外，可将数据共享给外界系统，体现平台的开放性，实现对接系统间的数据转发。变电站内部平台遵循网省侧数据上发标准，将本站内的监控信息最终汇集转发到网省侧的数据中心，网省侧可进行更高级的应用，如生产管理系统（PMS）或能量管理系统（EMS）。

7.2.2　平台架构组成

1. 平台模块架构

信息一体化平台模块结构如图 7-1 所示。

（1）保护与监控单元。

1）一次设备接线监控图。以图形方式实时显示一次设备的运行状态，以及设备的部分特征参量，如变压器油温、调压挡位，可通过接线图中的元件进行直接操作，并在接线图操作上融入五防顺控的相关规则，确保开关设备分合操作正确合理。

2）光字牌一览表。在此单元中将所有设备保护涉及光字牌状态提示做集中显示，实现变电站虚拟光字牌，替代传统光字牌显示，平台系统的虚拟光字牌提供更为丰富的保护信息，并提示有关联的数据信息。如设备发生故障在点亮光字牌的同时，提示设备的运行数据以及故障种类，并提示相应的决策建议。

3）保护信息管理。通过建立继电保护功能的模型算法，并结合故障录波装置提供的最新数据，推断出当前保护装置的动作模型，可通过动作模型模拟演练即将执行的保护结果，并与故障录波器中跟踪的实际保护动作做差异比较，得出当前动作的合法性，此验证方式存在于保护系列操作的每个环节，对保护动作进行辅助与监视。

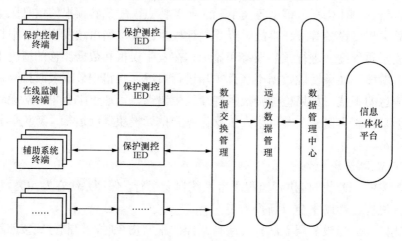

图 7-1　信息一体化平台模块结构图

　　4）故障录波信息。通过列表形式，直观展示站内所有故障录波装置的实时状态，并提示一体化平台与录波装置的通信状态，收集录波数据，可对下属所有故障录波数据进行手动请求，进行同步采样，以变压器和母线为对象，配置故障录波信息，并将录波信息的推断结果根据录波数据直观展示。

　　（2）状态在线监测单元。提供一次设备（包括变压器、断路器、开关柜、避雷器、容性设备等）运行在线监测数据，包含设备在线监测参数与数据状态，通过在线监测系统嵌入的数据分析算法，推断设备当前运行状态。此处设计的出发点是：实时显示被监测设备的完整信息，结合多个监测方法对一次设备进行综合诊断，汇总并快速定位告警信息和告警部位、全面直观显示各个监测参数、可对一次设备部件或关联智能组件进行相关控制操作。

　　1）变压器在线监测。在变压器的监测窗口显示当前的最新实时监测数据。列举已安装的监测项目，根据告警机制，得到发生异常的数据状态，结合监测数据的重要等级设置相应的验算权重，得出设备的综合风险度。监测项目有油色谱、局部放电、套管介损、铁芯接地电流等。

　　2）断路器在线监测。在线监测断路器的分/合闸电流曲线、行程曲线、SF_6 的密度、压力、微水、露点、温度、电机储能状态，并通过监测数据分析得出断路器运行的基本状态。通过对曲线（时间—行程曲线、操作线圈电流曲线）的全面对比分析，结合出厂标准曲线，判断机械状态的变化以及发展趋势，判断本次动作数据故障类型，如偷跳、单相短路、两相短路等。

　　断路器主窗口反映断路器的综合信息，信息来自最后一次断路器的动作情况，指出储能电机的储能时间和频率，集中显示变电站内断路器 SF_6 气体绝缘信息，综合这些信息进行故障诊断得出危险等级，实现对站内断路器的机械动作以及绝缘情况的全面掌握。

　　3）避雷器/容性设备在线监测。显示站内所有避雷器与容性设备的在线监测数据与告警信息，根据参数重要程度设置相应权重，计算当前出现异常的风险程度；对数据进行误差处理，根据判别规则判断被测设备绝缘状况，给出诊断结果，并对绝缘状况恶化的设备给出报警信息。

（3）变电站智能辅助单元。通过监测变电站的投运环境参数，控制相关辅助设备，进行一系列站内外的智能联动控制，为变电站正常运行保驾护航。平台单元实现视频图像的手动控制，根据其他子系统反馈的报警信息，自动控制视频或音频子系统进行联动拍摄与语音警告，联动方式从控制策略库中调用，控制策略可由用户自由配置，所有自动与手动操作生成跟踪日志，保存在历史库中，历史数据可通过时间段和报警点进行查询与导出。

1）视频图像监控系统。①实时视频监控与录像：根据不同监测点的预置位进行图像实时监视，并可根据设置的自动策略，周期性地进行巡视监控。期间将画面存储为通用格式视频文件，也根据联动需求进行视频拍照，生成通用格式图片文件。②语音喊话：通过外设扩音器实现远程语音播放功能。③本地与远程控制：站内本地可通过单元模块在系统界面上直接进行手动控制，通过调度中心跟视频控制单元进行指令互通，实现远程控制。④移动识别侦测：视频窗口捕获移动目标是否进入警戒区，实时检测视频图像边界区域异常，并及时反馈给单元告警信息。

2）环境监测系统。实时监测现场室内外的环境气象参数，可配置各气象参数的预报警阈值，当气象参数越界后，进行气象状态报警，并为辅助设备的控制单元提供判断依据，亦可为其他单元系统共享气象数据。

3）安全防护系统。一旦视频监控的边界报警或者人工监视到异常情况，联动站内的门禁、照明、视频等系统操作，开启远程喊话系统人工对讲，或播放不同告警状态对应的音频文件，实现防止入侵与防盗的基本功能。

4）火灾报警消防系统。①对重点监视对象实现可视状态预报警，出现警情，及时通过声光报警通知相关人员，并可根据需要发送短信至手机，联动视频、门禁、照明、消防等系统，实现警情定位、灾情遏制、帮助紧急疏散。②可将相关数据送与调度中心通知告警，并进行互动通信，通过视频控制单元实现远程视频监控，并通过喊话系统实现远程指挥功能。

5）辅助设备控制。站内空调装置、排气装置、灯光装置、门禁系统等，可通过辅助单元直接手动进行控制，在策略库中加入辅助设备的控制策略，开启和停止周期可自由配置，并能根据气象系统提供的各类气象参数，以及根据与之关联的告警信息，进行自动控制，如室内温度升高联动空调系统、出现火警自动启动排气风扇装置等。

6）系统联动管理系统。此处通过界面直观对各类辅助系统自动运行参数进行配置，可设置不同系统的自动工作周期、不同系统之间的联动关系、系统间联动条件、告警显示方式与内容。主要包含消防与视频联动、门禁与视频联动、告警与设备控制联动、告警与语音联动等。

（4）一体化电源管理单元。一体化电源单元解决了变电站交直流及通信电源零散分布，重复投资建设，无法集中管理的诸多难点。信息一体化平台支持电源系统的一体化管理，在线监测不同电源装置的实时状态和遥测值，提供整站电源装置的光字牌状态一览表，虚拟展示所有按类区分的光字内容，并在接线图上直观标注电源模块，连接各个电源装置的工作链路，显示电源的部署结构，让用户掌握电源的安装位置和工作状态。

（5）电能质量评估与决策单元。建立电能质量分析专家系统，收集专家与技术文献的规则经验，分析系统中谐波产生后的扩散规则，将各类实际的监测条件、对应的分析经验、决策建议等信息不断加入知识库。一体化平台建设自身完整的系统知识库，其中包含电能质量的知识库分析细则，并根据专家专工的实践经验，录入分析结果对应的决策信息。为用户提供直观的分析展示，并能对分析结果和决策意见生成报表和报告文件，形成对电网系统电能质量数据的模拟仿真，指导用户解决电能质量问题。

（6）汇控柜与智能组件状态单元。收集来自各汇控柜的温度数据，根据柜体温度及时决定是否进行温控，保证柜内智能组件运行环境条件。智能组件状态的参数主要包括柜体温度、IED 网络连接状态和 IED 工作状态等。一体化平台能够直接显示智能组件（IED）是否正常运行、通信网络连接情况等，并可通过平台软件界面直接对 IED 进行复位重启操作。

（7）高级功能应用单元。

1）故障智能分析与告警。结合国家电网公司《输变电设备评价标准》，对所有监控一次高压设备进行状态评价分析，收集综合数据，按照不同设备类型和不同算法进行故障分析，完成设备状态评价、故障诊断、预测评估、风险评价、决策建议等环节，得出设备的故障类型和等级、影响变电站运行的风险度，以及对应的决策建议。告警信息按照不同的设备类型、危机程度、故障类型等进行分类，便于预报警信息的管理和统计。

2）通信设备运行状态。站控层平台数据来自设备各个智能组件单元（IED），每个 IED 在完成数据上传平台的同时，也考虑自身的数据存储与分析，一旦网络意外断开，设备层装置仍能正常工作，并可将独立工作的历史数据存储于本地，避免因站控层故障产生监测数据丢失。一体化平台可监视站内智能单元的工作状态，根据故障和运行类别对通信设备状态进行归类。此外，在与平台通信正常的情况下，有可能出现采集数据时钟不同步、参数种类不全、数据状态持续漂移等情况，所以应及时标注设备层下属各个智能单元的状态情况，平台可根据实际情况对通信设备进行重启、复位、停止等操作，排除因网络设备或合并单元异常带来的故障。

3）变电站源端维护。国家电网公司 Q/GDW 383—2009《智能变电站技术导则》中明确指出变电站作为源端应保持与调度系统的互动和信息共享。平台单元模块集成标准配置工具，提供数据种类导入与导出。将 SCD 文件从配置单元入口导入，做各类模型之间的关系配置、导出参数配置，在操作时利用图形方式进行组态配置，导出一次接线图、网络结构图等图形文件时，以标准 SVG 格式生成。

4）操作票顺序控制。在一次设备接线图上以界面形式展示控制过程，在图形上可直接进行手动控制，手动控制过程中根据五防判定规则检查操作的合理性，并结合实际情况给出正确操控的建议。操作过程中遇到控制错误可以立即终止全部流程。

提供操作票开票功能键，在进行操作之前进行开票，提醒用户当前设置的顺控策略，如果当前控制策略不合适或需调整，可停止开票任务。从策略库中调用用户按需配置的控制策略，将其融入一个功能键中，可直接操作该键启动顺序控制。在此之前检查操作票是否开出，如无操作票生成信息，则无法进行顺控操作。顺控过程中，接线图的设备元件状态跟随实际情况实时变化，反映顺序控制的每个环节操作准确性。

2. 平台网络结构

平台包括多个子单元和一个核心单元，子单元集中处理各自的数据采集、数据加工、数据容错、数据算法计算、预报警处理，建立各自业务范围内的数据源，最终将各子单元熟数据汇总至核心单元，核心单元完成整体数据的整合、判别与评估，形成变电站的全景数据，提供给信息一体化平台各功能模块进行数据应用，并可对外进行数据共享。

7.2.3 平台架构特点

变电站的规划要求整站一体化监控，进行有效的预期判断故障点，跟踪逻辑节点，并根据故障点可以自行或手动控制设备运行，所以系统总体包含以下 10 个特点。

1. 实时性

根据不同监测单元将系统的模块数据进行分类，并根据单元的紧急程度设置平台的数据收集时间，降低不同单元同一时间批量数据涌进造成的延时或堵塞。平台以 B/S 和 C/S 两种模式部署，B/S 用户端与数据服务器的数据交互和指令控制，均采用 Socket 网络通信方式，提升数据通信实时性。

2. 直观性

系统采用各类曲线、报表、计量表图、一次接线图、变电设备位置抽象图等多种效果，并实时跟踪反馈上位机下发控制指令后的结果，保持同步，直观动态地展示设备的运行状况。

3. 辅助性

根据国家电网公司发布的最新技术导则，结合变电站内部日常运行检修条例，诊断设备的健康状况，并给出投运检修建议和决策。

4. 开放性

支持多种硬件平台，采用通用软件开发平台开发，具备良好的可移植性，客户端功能以插件形式兼容在其他系统中。采用 IEC 61850 协议标准开放接口，支持与其他系统的数据交换和共享，支持与其他商品软件的数据交换，支持与网省公司的 CAG 进行数据通信。

5. 标准化

各项软件开发工具和系统开发平台符合国家电网公司标准、信息产业部颁布标准、电力行业相关技术规范和要求。

6. 参数化

模块化设计，支持参数化配置，支持组件及组件的动态加载。

7. 容错性

提供有效的故障诊断及维护工具，具备数据错误记录和错误预警能力；具备较高的容错能力，在出错时具备自动恢复功能。设置关键参数时给出参考设置范围，并模拟预设可能出现的状况，减少手动设置出现的误操作。

8. 兼容性

满足向下兼容的要求，软件版本易于升级，任一模块的维护和更新以及新模块的增加都不影响其他模块，且在升级过程中不影响系统的性能与运行。

9. 易用性

具有良好的简体中文操作界面、详细帮助信息，系统参数的维护与管理通过操作界面完成。在所有操作界面中的字体、颜色、布局、按钮等使用相同的风格和操作方式。在操作上尽可能人性化，一个动作完成的操作不分解成多个动作完成。系统实现信息关联功能，即点击一条记录，弹出该记录的相关详细信息。

10. 灵活性

系统有充分的灵活性，可以适应各个区局的不同业务规则，灵活配备相关的监测单元模块和组件。

7.3 一体化平台功能分析

7.3.1 运行信息管理

《智能变电站技术导则》中明确指出，需要建立变电站电力系统运行的稳态、暂态、动态数据以及变电站设备运行状态等全景信息数据的集合。信息一体化平台在设计过程中，一方面收集来自不同子系统的基本数据，另一方面需要考虑平台本身运行过程中的数据支撑，塑造平台数据的完整性，并加强系统运行期间的可靠性和实际操作意义。

1. 电网运行信息

主要收集来变电站基础的运行数据，如母线电压、电流、系统频率、开关设备状态等，并且反应高压一次设备的运行状态，如断路器或隔离开关的当前状态以及是否闭锁情况，收集此类数据，将基本运行状况在平台的一次接线图中抽象描述、直观展示，以此了解站内当前的实时状态，用户可根据基本运行信息，对站内需要关注的设备加以注意，并可进行针对性处理操作，如变压器油温接近预警临界点并未进入自动投运的范围时，可人为操作风冷系统，根据实时信息决定投入风扇机组的数量。

在一次系统接线图操作界面上，将最新的遥测、遥信、遥控数据，在接线图上直观抽象展示。接线图的图元标识带有描述性语言，进入某一设备的具体单元描述，可将其自身的动作情况和关联信息详细列举，用户可根据关联信息决定遥控对象。在接线图上用直观符号表示设备的实时状况，如断路器在接线图上的状态可分为正常断开、正常连接、故障闭锁、未投运、未解锁、遥控信号电源未开启等状态。

平台通过 IEC 61850 与其他子系统 IED 通信，收集各类数据，数据实时与历史统一存储，并根据四遥类别进行分类。系统可提供专门的报表查询系统，根据厂站、设备、时间和信息类型快速检索对应数据。

平台收集到报警信息或参数越限时，进入接线图中某个设备标识后，可针对某个设备的详情内容，点亮对应的光字牌。系统设置专门光字牌索引，可快速通过索引进入被点亮设备，引起用户的持续关注和警告快速定位。

2. 操作及反馈信息

设备的控制状态无论在现场就地手动控制，还是远程通过遥控指令进行响应，一体化平台中需要迅速将设备最新状态反馈至操作界面中，如果通过远程进行控制操作时，需全程跟踪指令内容、指令执行状况以及成功或失败结果反馈，如断路器或隔离开关正常的操作开断信息，保护装置的软压板功能是否正常投入、退出及是否正常可用等。

根据电网运行数据，涉及自控制调节的子系统会根据情况适当进行操作，如保护装置的急停切除信息、VQC 调节信息、变压器挡位自动调节等。

3. 事故突发性信息

（1）故障跟踪信息。一次设备或系统运行数据出现异常情况后，由继电保护装置和故障滤波器提供故障期间的跟踪数据，由此来分析故障的严重程度及原因。用户可直观看到原始信息，并可推断出故障类型和位置等结果。

信息一体化平台数据部分需充分兼容此类故障的信息，符合站内全景数据建立的要求。设备出现异常后，在操作界面上直观提示、点亮光字牌后，调用显示关联的故障采集信息，根据系统推理机合理分析后，给出对应的决策建议，为决策建议提供理论根据，提高平台的故障分析能力。

平台信息呈现需注重考虑系统的集成性和快捷性，侧重收集故障分析结果。但故障种类多且没有固定性，所以需要考虑故障信息兼容性。光字牌展示信息可不断拓展，跟随故障子系统提供的故障类型自由伸缩，提供故障参考性，融入故障类型的分析依据，如故障录波器在点亮光字牌的同时可输出波形、谐波波形或故障测距等。

（2）一次设备故障状态。当站内设备出现故障后，必须迅速展现设备当前状态以及匹配的各类状况，如断路器发生偷跳、闭锁后，在操作界面中迅速给出设备的当前标识，涉及继电保护装置动作的，需在界面中以文字形式描述动作内容。

（3）站控层故障信息。平台与站内所属的所有子系统，通过 IEC 61850 进行网络通信，并监视各主 IED 的运行状况，由 IED 反馈的数据信息，判定站控层设备的运行状况。平台在设计阶段融入单个智能体交互作业的模式，并启用多线程进行跟踪运行，一个模块发生故障应不影响其他单个智能体的正常基本工作。在系统汇总区需要体现平台下的所有模块的健康状态，并标注下属各个子系统的运行情况，此设计主要考虑到站控层设备的稳定性，最大限度地降低系统运行期间各类故障对系统整体的冲击程度。

（4）网络安全信息。为防御来自电网中各类攻击侵害引起的电力事故，一体化平台系统考虑《全国电力二次系统安全防护总体框架》中提到的安全机制，在站控层将整体网络划分为三个安全区域：安全 1 区实时性最强，放置自动化监控系统、安全自动控制系统等；安全 2 区实时性相比稍弱，放置一次设备在线监测、故障录波系统、视频辅助系统、继电保护系统等；安全 3 区可连接电力内网，放置办公网络，与远方的生产调度系统进行通信等。

一体化平台中主要监视 1 区及 2 区的安全状态，记录出现的各类网络安全问题，收集区间防火墙的报警信息，使用户掌握当前分区的安全状况并做出相应处理。如发现某子系统出现安全问题并持续报警，可通过对防火墙的操作，人工对其进行暂时切除，减少对全网的安全威胁。

（5）人机交互信息。建立完善的账户管理及权限分配机制，详细跟踪用户通过平台对下属设备或相关参数的操作，形成日志跟踪统计功能，便于在出现各类问题时落实相关责任，提高用户使用系统时的警惕性。可通过用户名称、设备类型、操作时间等条件，快速检索相应日志情况。

4. 二次设备信息

根据《智能变电站技术导则》及《变电站二次系统安全防护方案》对二次设备的防护要求，在全站的平台系统中含有二次设备布局描述，并对二次设备的运行状况有所体现。

平台加入二次系统通信结构及运行状态模块，根据拓扑结构，一体化平台与站内子系统 IED 通过 IEC 61850 数据规约进行通信，平台实时轮询各个子单元的信息，如发现异常，在此模块中迅速显示出通信异常，并提供报警信息，避免因通信问题导致故障对用户产生的干扰。

7.3.2 设备保护控制

目前，变电站内 SCADA 系统、保护系统、电子票务等快速普及，由于系统种类繁多、功能多样，操作过程延伸复杂，对操作员的技术要求随之提高，出现的多个系统也可能来自不同的厂家，未达到安全统一的控制原则，厂家之间的系统联动也错综复杂，相应地加大了系统之间操作的风险度。信息一体化平台在考虑实现站内自动化控制同时，融入各子系统中应有的功能，使自动化控制功能安全迅速准确，平台自动化控制功能主要如下内容。

（1）数据采集：包含母线电压、线路电压、电流、有功功率值、无功功率值、变压器运行状态、断路器状态、隔离开关状态、一次设备告警信号、预告信号、事故跳闸总信号等。

（2）控制操作：站内值班人员可通过软件界面对一次设备的工作模式进行直观控制，可对断路器、隔离开关、电容器投入切换等进行远方遥控，在控制操作中保留两个步骤：第一步是先进行预设，检验当前操作的合理性，为五防规则提供依据，如果出现错误则进行提示，并禁止下一步操作；第二步则可以直接进行操作，操作的成功或失败，在操作界面上，用直观颜色和图形化表示。

（3）故障录波：智能化改造强调整体协作性，录波器需要将采集波形和初步分析结果通过 IED 传输至平台。上层系统根据故障录波安装的间隔单元和不同设备类型，启动规则配置，配置法则可在平台规则库中调用。

（4）智能诊断：智能分析一次设备故障原因，结合在线监测数据和故障录波信息，得出涵盖故障位置、保护动作、故障电流、故障内容和处理方案等简报。

（5）历史数据：包含调度中心、变电管理要求的数据，如断路器动作次数、断路器切除故障时截断容量、跳闸操作次数、变压器线路有功无功功率、控制操作信息等。

（6）系统电压：以柱状图直观显示，将站内每条母线数据集中展示，为控制提供辅助参考。

（7）微机保护：站内高压设备实现微机保护后，站控层应考虑收集来自不同保护装置的故障记录，对保护中的相关定值可远程操作，修订保护规则。

（8）设备工况：保护控制中涵盖多种二次设备，数量上也较多，在进行保护控制的同时，二次设备本身的工作状况也很重要，在平台中融入设备的工况信息，实时监测其自身状态，快速定位故障设备，避免因二次设备故障衍生的一系列事故问题。

（9）事件信息：对断路器、隔离开关等开关设备跳合进行事件跟踪，在平台中可以针对设备类型进行事件追踪，对各类保护动作事件进行记录，实时跟踪突发性事件，在系统中快速展示，并能根据时间和事件类型对历史事件进行查询。

1. 五防系统

平台五防功能具有操作前预演操作功能、输出操作票功能、历史操作票查询功能。

（1）操作预演功能：选择将要操作的开关设备或线路，进行操作预演。

（2）输出操作票功能：可以直接将操作票发送到下位机，进行开关设备的分/合闸操作。

（3）历史操作票查询功能：操作预演后，操作票被保存到特定的文件中。本模块提供历史操作票查询功能，有利于对历史操作的备份。

2. 一键式顺序控制

一键式顺序控制是指由平台将一系列对一次设备的操作指令集中在一个功能键中，当触发此功能键后，平台会根据当前设备的状态，将一批指令中的单个指令按照五防规则一个一个进行下发，单个指令执行成功后，平台会收集当前最新状态，待执行到位后，则进行下一步指令的下发，直到完成所有指令。此方式不仅提高了执行效率，并避免了人工操作中出现的一些常见问题。

顺序控制的触发源来自远方调度系统和本地信息一体化平台，当顺控单元每次接收到最新的执行指令后，先校验指令的安全性，再根据被控的设备状态结合五防原则，判断当前的闭锁逻辑和当前控制是否合理。如果合理，则进行一系列的顺序执行，而且将最新的执行结果反馈至触发源。

要实现顺控原则，平台需具备投退软压板保护功能，可以进行急停或单步执行操作，在平台界面中提供直观的可视化操作，顺序控制步骤在界面中用直观方式展示。

7.3.3　高压设备状态监测

1. 状态监测设计原则

一次高压设备状态监测中包含基础数据收集、设备状态诊断、设备状态信息评价、故障预测评估、设备电站运行风险评价、决策建议生成等功能。平台提供阈值比对预报警、显著性差异分析、纵横比分析三种计算模型，实现不同等级的报警功能。平台利用插件形式接收来自设备层反馈的各种报文信息以及心跳。诊断软件及监控软件可独立运行，并集成于信息一体化平台中，在信息一体化平台中可以进行两者的关键功能操作，主要功能如下：

（1）高压设备状态全景信息收集与建模，通过对不同数据类型和来源的数据进行统一建模，为设备诊断分析提供完备的全景信息库。

（2）主设备及监测设备工作参数管理。

（3）状态监测数据分析与预警。

（4）进行设备状态评价，为智能调度功能扩展提供参考依据。

（5）按照输变电设备风险评估的模型、流程和方法，确定设备风险值。通过识别设备潜在的内部缺陷和外部威胁，分析设备遭到失效威胁后的资产损失程度和威胁发生概率，通过风险评价模型得出设备在电网中的风险等级。

（6）提供阈值，以便实现报警功能。

（7）实时接收并解析以下命令报文：

1）监测部分：读取设备状态、读取阈值、读取数据报文、读取状态报警报文、读取装置故障报文和读取监测周期；

2）控制部分：改变阈值、改变监测周期、对时报文、实时采集报文、重启设备报文。

2. 在线监测项目

根据变电站内一次高压设备类型的特点，在线监测单元存在一定差异。如笔者研发的监测子单元分为 JPower2000-T、JPower2000-G 及 JPower2000-C 部分，每个部分所针对的逻辑设备各有不同，其涵盖的监测项目也不相同。

（1）JPower2000-T 智能油浸式变压器部分，监测项目包含油中气体分析及微水、局部放电、套管绝缘监测、变压器工况、有载调压及冷却系统监控。

（2）JPower2000-G 智能断路器、GIS 类部分，监测项目包含断路器机械动作特性、SF_6 气体绝缘监测、开关柜温度监测。

（3）JPower2000-C 智能容性设备、避雷器部分，监测项目包含 TA 电流互感器、CVT 电压互感器、OY 耦合式电容器、避雷器监测。

3. 状态评估诊断

系统内部的数据辅助决策处理过程遵循《智能变电站技术导则》、《国家电网公司输变电设备评价导则》等相关标准流程方法，并参考国际开放 MIMOSA OSA-CBM/ISO13374 标准的六层框架模型。以此设计功能模块与数据建模，决策数据信息来自设备状态在线监测数据、运行数据、预防性试验数据和台账信息等，分析评估一次设备的健康等级，从日常工作人员手动信息中获取设备评价审核信息，提供多种类型数据的综合判断，在状态诊断高级应用中汇集最终形成高压设备的全景信息库。依靠全景监测信息数据，综合分析设备工况，为日后的设备运行检修提供依据，提高设备使用寿命，降低事故发生率。状态诊断工作流程图如图 7-2 所示。

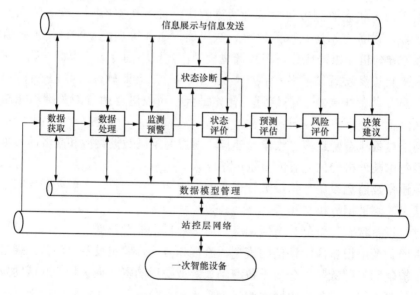

图 7-2　状态诊断工作流程图

（1）设备状态评价标准。依据招标方提供的各类评价导则标准，提供应对不同导则的配置文件，配置文件由专属的导则配置工具制作生成。

（2）导则引擎。系统提供不同设备类型的导则引入引擎，以及兼容不同版本的导则配置文件。

（3）整体健康状态。根据部件和本体的健康状况来综合判断设备整体的健康状况。

（4）触发模式。

1）定时周期分析：周期计算分析，计算周期可以根据需求自由调整。

2）数据触发式：当数据发生异常后或者明显变化后，对相关数据进行算法计算，形成触发式操作。

3）人工触发式：用户可以对任一设备进行状态评价，可由系统自动生成参考评价结果，并结合相关信息综合诊断设备状况。

（5）设备状态信息查询。可查询变电站任意设备的健康状况，并可以追溯到具体的计算过程和详细状况。

7.3.4　视频安全辅助功能

根据国家电网公司的技术规范要求，安防系统具有视频监控、周边防范、入侵探测、门禁系统、消防系统、环境监测（环境温湿度、烟雾报警、水浸报警）、智能告警和联动等功能。建立以视频监控为主的安全防范系统，实现对电力运行设备和变电站环境的远程监视。平台涉及以下基础功能单元。

（1）视频监控模块包括视频显示、视频分析、视频回放、布防功能、目标检测、目标跟踪、云台控制；

（2）周边防范模块包括布防、撤防、报警；

（3）入侵探测模块包括布防、撤防、报警；

（4）门禁系统模块包括大门开闭、报警、布防、撤防、人员进出统计；

（5）消防系统包括消防设备启动、关闭；

（6）环境监测包括环境信息显示；

（7）报警方式包括报警启动、关闭等。

7.3.5　智能告警分析

《智能变电站技术导则》规定站控层高级功能应用中需具备故障信息综合分析与告警功能。由于站内系统种类多样，有必要在告警信息中积极筛选出有价值信息并能迅速直观显示。平台需要对故障告警内容进行分类显示，根据配置可对具体设备实现信号过滤，建立告警内容的逻辑推理模型，并结合决策规则知识库，根据事件记录信息、故障录波等数据，推断出故障的位置、类型、严重程度、附带信息、处理建议等，在界面层清晰直观分类快速展示。

1. 智能告警信息

（1）告警分类。根据变电站不同系统和参数分类，告警信息归类不同。当显示等级较高的报警类型出现问题，则优先在界面中以文字形式提示，与等级较低的内容相对独立、互不影响。告警类别可分为遥信变位信息、软压板紧急投切、测量越限、保护信息和设备工况状态等。

根据信号的重要程度可分为一般性提示信息、告警信息和事故信息。一般提示信息是指设备正常操作信息；告警信息是指二次设备或控制一次设备的运行结构出现故障的信息；

事故信息是指一次设备在运行阶段出现的事故信息，如各类保护动作、开关变位等。

系统平台应用过程中，将显示窗口根据业务种类分别显示，可以归纳为以下5个页面。

1）时序页面：将所有实时接收到的信号数据，按照时间排序显示。

2）检修页面：当某设备处于检修时，将此间隔内的单元置于检修状态，只显示检修过程中提示的信息。

3）警示页面：显示各类告警事故信息。

4）操作页面：显示人工本地和远程操作过程中产生的实时信息。

5）未复归页面：按照时序显示的未复归告警信息，如实际动作后产生的未复归信息。

6）提示页面：一般性电网运行的普通提示性信息。

（2）告警等级。按照常规情况，告警等级分为三个等级，即普通、注意、警示。告警等级可供用户自由配置，在规则库中集中进行管理。

（3）信号过滤。当站内所有设备同时运行时，并发信息交织出现，容易分散关注点，在特定时间段，根据站内情况有时不需要进行告警，如安装调试阶段，可以对单个设备信号过滤，并可对某种类型的信号进行配置过滤。

2. 故障分析决策

（1）知识规则库。知识库是指公共库通过不断学习录入历史或最新的知识策略，丰富其故障类型和特点，并且针对此类故障可以提出合理的处理建议。建立设备知识规则库出于3方面考虑：一是主要收集或更新国家电网公司颁布的各类故障分析相关的技术导则；二是收集在电力专家指导下提出的各类较为可靠成熟的事故分析和应对方案；三是结合现场情况参考以往运行检修人员的实际操作经验。

平台中专门设置针对这种情况的知识录入窗口，知识录入信息包含设备所属单位、设备故障类型、事故严重程度、故障特征描述、事故处理建议等，并对各类故障信息进行标记和组合。知识规则是设备事故简报是否合理和具有操作性的保障，所以在录入信息时必须经过仔细的分析考虑。实际设备运行过程中，可能会出现多种故障并发的现象，平台可将多种故障特征进行组合，根据配置有关联的权重系数，计算当前的事故严重程度，可在一次故障简报中给出设备较为全面的处理建议，为工作人员提供决策建议。

（2）逻辑推理。以往在变电站内出现故障后，都需要进行一系列繁琐的人工分析，推断出故障原因和处理方法，《智能变电站技术导则》提出在分析决策中需要有完整的推理模型，为人工判定推理故障原因提供必要的参考，并且可以在线对各类故障进行分析，保障设备安全运行。推理方法可以分为单一事件推理和综合事件推理2种方式。

1）单一事件推理：当单个信号被接收到以后，结合知识库，可以迅速定位出单个事件对应的逻辑判定，设定单个事件的知识规则，分析事发原因。

2）综合事件推理：当某间隔设备出现一类故障时，很可能多个监测事件同时预警，需要设置该故障的多个阈值，综合推断此类故障发生的可能性。最后，需将此类判定逻辑存放于规则库中。

7.3.6　图模一体化与源端维护

考虑到系统的拓展性和标准化应用，《智能变电站技术导则》中提出系统高级应用中需具备配置全站数据模型和通信协议工具，并为调度系统提供源端支持。

1. 图模一体化

系统提供图形编辑界面，使用者可以通过工具标识库，搭建站内系统的网络结构和设备连接图，可以对变电站的整体布局做一一描述，提供图形化方式编辑站内的一次、二次设备属性和布局。

当图形化编辑完成之后，可通过图形产生对应的数据模型，进一步生成反应站内全景数据的完整标准数据库，最终可生成各类应用模型，如 SSD 模型、SCD 模型、IED 单元模型等。

2. 源端维护

系统需识别基于 IEC 61850 标准的 SSD、SCD、CID 等文件，可以通过 SCD 文件生成平台应用的全景数据库，可将图形界面生成标准 SVG 文件供调度端导入使用，并分析 SCD 文件中的一次接线关系，生成站内一次设备接线的网络拓扑结构。

↘ 7.4 信息安全分析

7.4.1 信息安全需求

在智能变电站中，网络安全需求应包括系统安全和信息安全。网络系统安全是指系统对外来破坏具有抵御能力，对不规范操作具有预防性，以及对自身信息的封闭性；而网络信息安全则表现为数据的完整性、保密性、合法性及不可否认性。

（1）完整性是指防止非法修改或窃取信息。确保数据不遭受非法插入、删除、修改或重发，并具有判断数据是否被非法修改的功能。

（2）保密性是指防止未经授权非法访问，确保系统的各种重要信息不被暴露。

（3）合法性是指防止服务拒绝。确保得到授权的用户在需要时可以立即访问数据，请求服务不能被非法拒绝。

（4）不可否认性即指抗抵赖性，信息给出事件是已经确定的，合法用户不能否认自己在网上的行为。

7.4.2 信息安全措施

智能变电站网络安全系统受到的攻击往往不是单一的形式，而是多种形式的组合。一种攻击模式可能会影响到多个安全机制。如当发生冒充身份时，会威胁到数据的保密性、合法性和不可否认性。而发生数据拦截时则仅仅影响到数据的完整性。由此可见，智能变电站网络的安全防范必须从多方面综合考虑。

在坚持安全分区的原则下，可具体采取以下措施：①备份与恢复；②防火墙技术；③数字证书与认证；④入侵检测 IDS；⑤防病毒措施；⑥IP 认证加密装置；⑦WEB 服务的使用与防护等。

1. 备份技术

当系统遭受到恶意攻击或病毒侵害，或操作人员失误造成数据不可恢复时，都会影响系统的正常运行，严重时可能造成系统瘫痪等严重后果。当上述情况发生时，可以通过数据备份快速、简单、可靠地恢复一个立即可用的系统。由于备份数据的使用频率不高，所以其存取速度不是最重要的因素，但存储介质的容量却非常的重要。所以选择合适的存储介质就显得十分重要。存储介质的选择与备份策略紧密相关，常见的备份策略如下所述。

（1）全备份：每天都要用硬盘或光盘阵列对整个系统（系统和数据）进行完全备份。

（2）增量备份：对相对与上次备份后新增加的和修改过的数据备份。

（3）差分备份：对相对与上次全备份后新增加的和修改过的数据备份。

2. 防火墙技术

防火墙是用来在两个或多个网络间加强访问控制，其目的是保护一个网络不受来自另一个网络的攻击。其实现方式有边界路由器上实现、一台双端口主机上实现、公共子网上实现。

此子网上可建立含有防火区结构的防火墙。防火墙系统的性能主要由网络的拓扑结构和防火墙的合理配置决定。常见结构如下：

（1）最简单的防火墙结构。它是把整个网络的安全全部托付与其中的单个安全单元，当此单个网络安全单元是攻击者的首选时，防火墙一旦破坏，主机就成了一台没有寻径功能的路由器，系统安全性不可靠。

（2）单网端防火墙结构。该结构中屏蔽路由器的作用是保护主机的安全而建立起的一道屏障。但这种结构仍把网络的安全性大部分托付给屏蔽路由器，系统安全性仍不可靠。

（3）增强型单网段防火墙结构。这种结构防火墙是在内部网与子网之间增设一台屏蔽路由器，这样就明显提高了系统的安全性。

（4）含"停火区"的防火墙结构。它是针对某些安全性特殊需要而建立的一种结构。整个网络的安全性分担到多个安全单元，所以系统的安全性有了较强的提高。

3. 数字签名技术

数字签名技术的一般过程如下：首先是发送方 A 对信息进行数学变化，所得的信息与原信息是唯一对应的；接收方 B 在接收到信息后，使用公开密钥确认数字签名，决定是接收数据还是废弃数据，若选择接收则可通过逆变换得到原始信息。一般只要数学变换方法（常见的有 Hash 签名、DSS 签名和 RSA 签名）优良，变换后的信息都具有很强的安全性，很难被破解、篡改。

4. 入侵检测系统（IDS）技术

该技术是通过计算机网络或计算机系统的关键点采集信息进行分析，来发现网络或系统中是否有违反安全策略的行为和被攻击的迹象。一般分为基于主机、基于网络和基于网关的入侵检测系统 3 种。

（1）基于主机的 IDS 通过监视与分析主机的审计记录来检测入侵。

（2）基于网络的 IDS 通过在共享网段上对通信数据的侦听采集数据，分析可疑现象。

（3）基于网关的 IDS 是将新一代的高速网络与高速交换技术结合起来，通过对网关中相关信息的提取，提供对整个信息基础设施的保护。

5. 网络管理和安全技术

（1）网络管理。网络管理设备配置应满足网络管理的所有要求，网络管理系统设备包括各节点的网管单元以及网络管理中心的设备和相应的软件。网络管理系统可对支持基于端口的 VLAN、IEEE 802.1Q VLAN 和 GVRP 协议的网络设备，轻松实现网络管理。其中，VLAN 是交换式以太网的一项关键组网技术，主要分为 IEEE 802.1Q VLAN（最常用，简单易管理，但端口连接不能随意改变）和根据 MAC/IP 地址等设定的动态 VLAN，由路由器或支持 VLAN 的交换机实现。考虑到现有的技术水平，建议由交换机实现基于端口的静态 VLAN。

（2）网络安全。如果由于通信网络存在安全漏洞而引起误动、拒动、整定参数的错误更改等，将给整个电力系统的安全稳定运行带来严重威胁，有时甚至引发重大灾难性事故。因此，保证变电站内部通信网络的安全性至关重要。

为了确保网络安全，采用 ACL-IP/MAC 机制可以对过程层交换机的接入端口进行 MAC 地址绑定设置以达到更好的网络安全性，防止未经授权的接入和 IP 欺骗。采用与 STP/RSTP 完全兼容的环网冗余协议的回环闭锁网络可以防止因为回路形成的广播风暴，如图 7-3 所示。另外，强固的以太网交换机保证 GOOSE 传输零丢包。

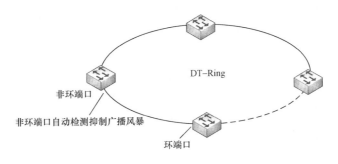

图 7-3　回环闭锁网络

6. 病毒的防范

由于在网络环境下，病毒的传播非常之快，所以智能变电站需要一个基于服务器操作平台的防病毒软件和针对各种桌面操作系统的防毒软件。如果与互联网相连，还需要网关的防毒软件来加强上网机的安全。另外，当存在网络内部使用电子邮件进行信息交换的情况时，还需要一套基于邮件服务器平台的邮件防毒软件。因此，需要使用全方位的防毒产品，针对网络中所有可能的病毒攻击点设置对应的防毒软件，通过全方位、多层次的防毒系统的配置，并进行定期自动升级，使网络免受病毒的侵袭。

7.5　未来平台建设

《智能变电站技术导则》提出，智能变电站系统具有信息数字化、功能集成化、结构紧凑化、状态可视化等主要技术特征，符合易扩展、易升级、易改造、易维护的工业化要求。当前行业中一些投运的集成平台还是以数据呈现为主，系统单元之间的互动性略显单薄，数据的智能分析以及决策建议尚未达到专家级的要求，平台下属的单元模块介入过程灵活度有待提高，变电站与变电站之间、变电站与省市局之间的数据交互也需要完善。

7.5.1　数据接入与通信

信息一体化平台强调整站式系统集成解决方案，当前国内变电站数量庞大、电压等级与功能分类有较大区别、站内部署的一次运行设备种类繁多，所以变电站的各类保护监测故障分析系统多种多样，且新建智能站与旧站智能化改造在系统配置方面要求也不太相同。

一体化平台应用环境复杂多样，这将对平台的扩展性、整体性、可靠性提出较高要求，尤其在系统应用中实现"即插即用"设计非常关键。

数据接入与通信严格按照 IEC 61850 标准中规定的通信规约与数据建模方式，统一设备节点的逻辑命名，并面向对象添加整理单元属性，使用一种描述方式进行通信载体的定义，数据通信从入口处声明一种身份证明，满足 IEC 61850 标准对逻辑对象的识别，解决来自不同厂家设备或者不同类别系统的数据接入问题，提供 IEC 61850 配置与建模工具，可以协助接入平台系统的系统进行在线调试、自动建模、自由扩容等功能。

数据线程分配根据不同监测单元的数据采集周期以及采集数据的种类自动进行，避免不同采集周期内同一线程多单元通信负荷不均，降低数据堵塞造成的数据延时或报错问题。平台建设中应充分考虑数据模型的多元化，存储数据时具有很强的扩展能力，加强 IEC 61850 标准在站内多系统集成中的应用，不过在此期间关注现场情况，可了解到以往历史遗留的系统仍旧保持自身惯用的方式，且由于 IEC 61850 标准在开发过程中需耗费一定的人力与时间，一些不符合 IEC 61850 标准通信协议的独立系统接入信息一体化平台有一定的难度，同时也存在运行不稳定的问题。自定义协议厂家设备的接入，需要进行规约转换或 OPC SERVER 开发。平台将通信管理作为子系统单独设计，只关注数据的通信驱动以及数据管理与发布。通信管理单元原理图如图 7-4 所示，设计需考虑以下 4 点：

（1）收集底层通信中采用的各种规约协议，开发多种通信协议转换接口，融入更多的数据转换协议和通信方式，底层通信在应用过程中可不断扩充；

（2）通信管理单元提供对外数据共享或调用的公共接口；

（3）对原有系统的历史数据，可按照数据标准格式进行抽取和导入到新数据库中；

（4）通信管理单元上线以后，由单元控制数据的采集、传输和入库。

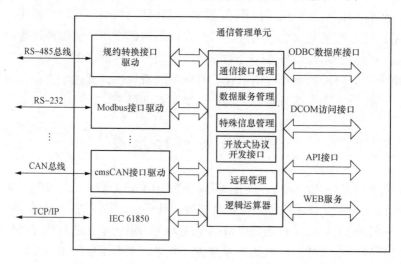

图 7-4　通信管理单元原理图

7.5.2　智能辅助分析

平台根据采集信息进行智能辅助分析，得出设备故障状态，推断出故障位置、故障等级、故障风险度，提供相应的解决方案。由于在线监测技术近年来才得到迅速发展和应用，一些智能分析模型在研究上缺乏实际运行数据的验证，造成现有设备故障分析不够准确，分析结果与实际情况有一定偏差。智能变电站需要有发现故障、自我愈合的能力，实现这种自我分析故障、形成策略、自动控制的人工智能式自动化控制，首先要解决故障评估的准确性问题。随着相关智能分析理论与系列标准的相继出现，笔者相信智能辅助分析必定能越来越准确，成为智能设备状态的准确评估的重要基础。下面简要列举当前智能辅助分析应用的相关问题：

1. 故障经验数据收集

目前，技术专家和设备运行维护专责初步具备一定的变电设备故障与处理能力，其常年对设备进行监视巡检，记录设备故障运行状况和异常监测数据，讨论设备故障原因，制定相应解决方案。高压设备故障分析除了理论仿真、实验室试验外，还需要集成专家的分析经验，提高智能分析的准确度。平台中建立知识经验库，在经验进入知识库时，可对进入条件不断进行丰富，细化经验入驻条件，这样可有效统计出现此类故障的典型条件，提取故障条件入口，不断丰富故障状态和解决方案。信息录入时需注意：故障产生的环境条件和特征参量，特征参量与此类故障关系，故障前期的设备变化，故障发生前的预防措施，故障发生后的应对办法，以及何种设备发生类似故障等。

2. 技术标准应用

国家电网公司陆续制定了 Q/GDW 383—2009《智能变电站技术导则》、Q/GDW 394—2009《330～750kV 智能变电站设计规范》和 Q/GDWZ 414—2011《变电站智能化改造技术规范》等系列标准，国际上 IEC 也陆续制定了《应用 IEC 61850 进行变电站间通信》等系列标准，这些标准已应用在变电站的智能化工程，在示范工程推荐标准中，不完备的地方将会得到进一步改进。

3. 状态检修实施

智能变电站的一个重要目的是实施状态检修，可应用《国家电网公司输变电设备评价导则》与国际标准 MIMOSA OSA-CBM/ISO13374 状态检修框架，通过集成高压设备在线监测系统、变电站运行工况、生产管理系统（PMS）、能量管理系统（EMS），获取设备实时监测数据和运行、检修、试验、不良工况等现场数据，结合神经网络、动态规划、遗传算法等智能领域的相关知识，实现对输变电设备状态预警、故障诊断、状态评价、风险评估、检修决策等全范围、全寿命周期的评价与分析。

7.5.3 与站外系统互动

目前，变电站与变电站、变电站与地市局、变电与网省公司数据交互与控制尚未成熟。当前智能变电站一体化平台的核心是站内自动化系统和设备状态监测，以设备状态监测为例，国家电网公司自发布《输变电设备状态监测系统接入数据规范》后，输电线路在线监测数据可通过 I2 协议接入网省侧在线监测中心，变电站一体化平台需考虑与网省侧在线监测中心的数据交换问题，支持多种与部署在不同位置的系统互动协议。目前，此功能可集成在通信管理单元上，解决了一体化平台与站外监测系统的数据调用和共享问题，实现由一体化平台为站级源头、网省侧调度系统为中心、其他应用系统为关键节点的网状结构，达到网省公司下属变电站之间的网络互联的目的。

7.5.4 平台建设展望

智能电网建设需要较漫长的阶段，其是一个融入绿色环保、节能减排、节约成本、安全可靠等诸多理念的电力能源解决方案。当前电力系统的问题还很多，需要思考和创新的东西也很多，实现智能化变电站建设不仅仅只强调概念，更多的需要脚踏实地攻关技术难点，突破制约行业发展的瓶颈，推动整个电网行业进入崭新时代。

第8章　智能变电站调试与运行维护

随着智能变电站关键技术的不断发展和完善，全站智能二次设备与网络、智能二次设备之间的配合协同工作能力对变电站运行可靠性意义重大。其技术特点对传统的电力系统专业划分提出了新的要求，出现了继电保护、计算机网络通信以及自动化专业技术的交叉融合。这对技术人员也提出了新的要求，需要培养精通继电保护、在线监测技术、网络通信和电气工程技术的复合型人才。同时，智能变电站技术交叉融合的特点也给维护和运行提出了新的要求，需要对运行维护管理制度进行适应性的改变。

8.1　调　试　内　容

智能变电站系统调试方法应既包括对 IED 单元自身功能和通信交互能力的测试，又能完成体现设备间互操作能力的系统性能测试。智能变电站调试包括两部分，首先是进行集成调试，主要包括 SCD 文件检查、系统建模和配置、单体功能测试和系统级性能测试；其次是现场调试环节，包括二次回路接线检查、通信链路衰耗和导通测试及整站性能试验等。

8.1.1　集成调试内容及试验项目

1. 集成调试内容

针对智能变电站的技术特点，调试内容应包括以下内容：

（1）全站 SCD 文件的确认，确定各个设备之间的接口，每个装置需要实现的功能和输入输出数据。即调试之前将变电站设计图纸转换为符合 IEC 61850 协议的变电站模型文件，编写虚端子表，确定各个装置之间的数据链接。

（2）全站网络结构图的确认。确定各个设备之间的光纤链接关系，端口链接的走向，编制全站设备的光纤链路表和光纤、尾纤和网线标牌标签表，从而确保链路走向清晰可见。

（3）编制全站设备 IP 地址分配表，确保全站设备 IP 通信地址唯一。

（4）网络负荷流量控制问题，确认 VLAN 划分方案。

（5）顺序控制逻辑确定。

（6）光纤通道导通检查。

（7）配置文件核对，检查 CID 文件下装是否正确。

（8）全站同步对时核查，检查各设备是否能够同步对时。

（9）单元测试。主要是对 IED 的功能模块及通信接口模块的测试，对 IED 的通信交互能力测试和自身功能测试，具体包括数字化采样的准确性和同步性、装置数字信号的电流/电压输入回路、通信接口、装置规约、测量值、基本功能、动作值精度和动作时间等测试。

（10）断路器防跳。

（11）保护整组测试。

（12）程序化控制。

（13）五防试验。

（14）网络性能测试，如吞吐量测试、时延测试、帧丢失测试、GOOSE 传输能力测试、VLAN 测试、帧抑制率测试、优先级测试和网络风暴对装置动作行为的测试等。

（15）系统测试。需要建立变电站级动模试验系统，接入多厂家的过程层、间隔层、站控层的多类设备，在模拟系统中设置多个故障点，考核各种装置的联合运行性能。组建与试验系统规模相适应的过程层网络和站控层网络。站控层以 TCP/IP 协议为主，辅助定向UDP；过程层包括 GOOSE 网络及 SMV 网络，以 IEC 61850-8-1 和 IEC 61850-9-2 协议为主，配置多类型同步时钟对时源，采用多种对时方式。

（16）一次升流试验。

（17）带负荷检查。

2. 试验项目

（1）常规试验项目。金属性故障、永久性故障、发展/转换性故障、经过渡电阻故障、单侧电源方式、系统操作、断路器失灵、变压器匝间短路、励磁涌流试验、系统稳定破坏、多点金属性故障等模拟故障试验。

除常规模拟故障试验外，需考虑针对 IED 特点、过程层网络正常及异常情况下对 IED 性能的影响等新型测试项目。

（2）新型测试项目。大电流短路故障试验、装置承受网络负荷能力测试、保护/合并单元/智能终端点对点及组网接口对比测试、合并单元双 AD 差异测试、合并单元守时精度测试、合并单元失步、合并单元故障对保护装置的影响、合并单元双 AD 数据不一致情况下对保护的影响、时钟同步源异常情况下对保护性能的影响、互感器、合并单元在电源异常情况下对保护装置性能的影响，以及过程层网络异常情况下对保护装置性能的影响等。

对智能变电站的典型测试项目如下：

1）交换机测试。基本性能测试有交换机吞吐量、端口吞吐量、地址缓存能力、地址学习能力、时延、帧丢失率和背靠背帧；

功能测试有虚拟局域网 VLAN、环网恢复时间、优先级、时钟同步、网络风暴抑制功能、端口镜像功能、端口汇聚功能、网络管理功能；

组网功能测试有基本组网功能（总线型、星型、环型）及根据变电站组网模式进行的网络功能测试。

2）电子式互感器（MU）测试。MU 通信接口测试、绝对延时测试、同步性能测试、输出延时抖动测试、发送报文丢帧测试、时钟同步及守时精度测试、发送报文频率及离散度测试、自检功能测试和复位及启动过程测试等。

3）保护及安全自动控制装置测试。装置承受负荷能力测试、多通道同步性能测试、通信通道异常情况测试、采样值标识异常情况下性能测试、采样值畸变情况下性能测试、合并单元双 AD 数据差异情况下性能测试等。

4）智能终端。包括调试、检修状态测试和传送位置信号测试等。

5）在线监测终端。包括传感精度测试、数据通信调试以及模型计算分析测试等。

6）录波器。测试、生成简报文件规范性测试、分录波功能测试、全录波功能测试、GOOSE 报文分析功能测试等。

8.1.2 测试仪器及工具

测试仪器及工具主要有：

（1）模拟式继电保护测试仪；

（2）绝缘电阻表；

（3）直流电源等常规性测试仪器；

（4）数字式继保测试仪；

（5）网络性能测试仪；

（6）精确时钟测试仪；

（7）电子式互感器综合校验仪；

（8）光功率计；

（9）AD 模拟器；

（10）恒流源；

（11）信号发生器；

（12）SCD 配置软件；

（13）报文抓包软件（wireshark、MMS Ethereal 等）；

（14）GOOSE 模拟软件（IEDScout）；

（15）SCD 文件查看软件（Altova XMLSpy）。

8.1.3 现场调试内容

相比于传统变电站，智能变电站的现场安装工作量大大减少，但调试工作量有所增加。在目前技术并不是十分成熟的条件下，出厂联调十分重要。出厂联调时可以通过借助各厂家充足的技术力量发现和解决问题，避免将问题遗留到现场。智能变电站传输介质的改变使得实验室调试成为可能，在技术成熟的条件下可考虑将主要的调试工作量放在实验室进行，待实验室调试通过后，再进行现场安装和整组联调，可以极大减少现场调试的工作量。智能变电站是基于 IEC 61850 模型设计的，有关 ICD、SCD 等文件的检验显得十分重要。现场调试内容如图 8-1 所示。

（1）ICD 模型文件检验。

1）检查 ICD 文件建模是否符合 DL/Z 860《变电站通信网络和系统》和 Q/GDW 396—2009《IEC 61850 工程继电保护应用模型》规范。

2）模型文件中站控层、GOOSE 和 SMV 模型是否健全，命名是否正规，数据集参数是否正确。

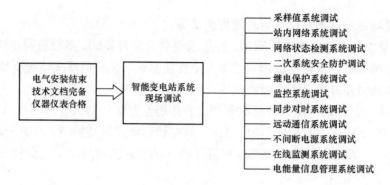

图 8-1　现场调试内容

3）核对 ICD 文件中描述的出口连接片数量、名称，开入描述是否与说明书、装置显示相符。

（2）图纸与 ICD 文件检查。

1）检查厂家图纸中的 GOOSE 和 SMV 输入输出虚端子图是否与 ICD 文件一致。

2）检查设计图纸与厂家图纸中虚端子名是否一致。

（3）全站配置 SCD 文件检查。

1）检查 IED 命名是否按命名规则分配，全站规则是否统一。相同类型的 IED 是否具有相同的前缀或后缀，不同类型的 IED 名是否具有明显的区分。

2）检查 SCD 文件中全站通信配置，站控层、间隔层和过程层 MMS、GOOSE 和 SMV 地址分配是否符合规范要求，是否和实际变电站网络拓扑相符。

3）核对 SCD 文件中二次回路的 GOOSE、SMV 连线是否与图纸和现场施工状态相符。在调试之前将 SCD 文件尽量确认清楚，避免现场调试阶段对 SCD 文件的改动。

智能高压设备的型式试验和出厂试验应在智能组件（包括传感器、控制单元等）安装完毕后进行。在进行高压试验时，智能组件应处于工作状态。试验中和试验后，整个智能化高压设备，包括高压设备、传感器、控制单元和智能组件等，应无异常。

现场调试工作的主要内容见表 8-1。

表 8-1　　　　　　　　　　　　　调试项目及调试内容

调 试 项 目	范 围 与 功 能	调 试 内 容
采样值系统调试	主要由过程层合并单元及电子式互感器电子采集模块构成，实现 DL/T 860 中的自动化系统采样值采样和传输功能	设备外部检查、绝缘试验和上电检查、工程配置、通信检查、变比检查、角比差检查、极性检查
站内网络系统调试	站内网络系统主要由交换机和各类通信介质组成，实现 DL/T 860 中的通信信息交换功能	设备外部检查、工程配置、通信光缆检查、通信铜缆检查
网络状态检测系统调试	主要由网络报文记录分析系统、网络通信实时状态检测设备构成，实现自动化系统网络信息在线检测功能	设备外部检查、绝缘试验和上电检查、工程配置、通信检查、网络报文记录分析功能调试、网络通信实时状态检测功能调试
二次系统安全防护调试	主要由站控层物理隔离装置和防火墙构成，实现自动化系统网络安全防护功能	设备外部检查、绝缘试验和上电检查、工程配置、网络安全防护检查

调试项目	范围与功能	调试内容
继电保护系统调试	由站控层保护信息管理系统、间隔层继电保护设备和过程层设备构成，实现 DL/T 860 中的自动化系统继电保护功能	设备外部检查、绝缘试验和上电检查、工程配置、通信检查、继电保护单体与整组调试、故障录波功能检查、继电保护信息管理系统调试
计算机监控系统调试	主要由站控层主机设备、间隔层测控设备和过程层设备构成，实现 DL/T 860 中的自动化系统监控功能，主要包括测量、控制、状态检测、五防等相关功能	设备外部检查、绝缘试验和上电检查、工程配置、通信检查、遥信功能检查、遥测功能检查、遥调控制功能检查、同期控制功能检查、全站防误闭锁功能检查、顺序控制功能检查、自动电压无功控制功能检查、定值管理功能检查、主备切换功能检查
同步对时系统调试	主要由全站统一时钟源、对时网络和需对时设备构成，实现 DL/T 860 中的自动化系统同步对时功能	设备外部检查、绝缘试验和上电检查、对时系统精度调试、时钟源自守时、自恢复功能调试、时钟源主备切换功能调试、需对时设备对时功能调试、需对时设备自恢复功能调试
远动通信系统调试	主要由站控层远动通信设备、间隔层二次设备构成，实现 DL/T 860 中的自动化系统远动通信功能	设备外部检查、绝缘试验和上电检查、工程配置、通信检查、远动遥信功能检查、远动遥测功能检查、远动遥控功能检查、远调控制功能检查、主备切换功能检查
不间断电源系统调试	属于站控层设备范畴，实现自动化系统不间断可靠供电功能	设备外部检查、绝缘试验和上电检查、工程配置、通信检查、功能检查
电能量信息管理系统调试	主要由站控层电能量信息管理设备、间隔层计量表计构成，实现 DL/T 860 中的自动化系统电能计量功能	设备外部检查、绝缘试验和上电检查、工程配置、通信检查、功能调试
在线监测系统调试	分为终端设备调试、间隔层 IED 调试、IEC 61850 通信调试和专家系统后台调试	设备外部检查、绝缘试验和上电检查、工程配置、通信检查、功能检查、精度检查

8.1.4　在线监测系统调试

以在线监测系统调试为例，简单介绍其现场调试内容及方法。在线监测系统调试主要分为终端设备调试、间隔层 IED 调试、IEC 61850 通信调试和专家系统后台调试。

1. 监测终端设备调试方案

（1）变压器监测设备。

1）油色谱在线监测现场调试方法。通过网络查看设备内通信状态，判断组件及设备工作状态。用 PC 直接连接子 IED，将接收的数据和离线数据做对比，验证数据的准确性。

2）局部放电在线监测现场测试方法。现场需采用已知信号对传感器进行数据准确试验的验证。使用脉冲源对 UHF 传感器输入 1 个 10mV 的脉冲，在子 IED 上接收该脉冲，经屡次试验，输入 10mV 脉冲信号，经光电转换后，利用接口程序读出的数据也为 10mV 脉冲信号，即得出设备的准确性。

3）控制参量现场调试方法：①检查 IED 的电源线，温湿度接线，油温接线，负荷接线，铁芯电流接线，报警信号的连线是否正确；②给 IED 上电，网口与笔记本通信，检查通信是否正常；③从 IED 上传的数据中观察采集的油温值与变压器仪表上指示的是否一致，负荷值与控制室仪表上指示的是否一致，温湿度值与实测的值是否一致，报警状态与控制室的是否一致；④利用现场接口程序从子 IED 中读出数据，计算得出铁芯监测单元的电流值，并与现场钳流表读数进行比对。

4）冷却控制现场调试方法：①接通两路电源，两个相序继电器灯亮，表示两路电源正确。若有一路相序灯不亮则调整该路电源三相顺序。②检查 IED 的电源线，温湿度接线，油温接线，负荷接线及与风冷柜连接的信号线。③按要求接通控制电源，把 IED 通过调试串口与笔记本相连。④先试手动操作：通过关合各开关，检查工作是否正常；再试自动操作：将工作模式切换到自动模式，由 IED 提供电源及风扇组运行信号，二门上对应电源、风扇组运行指示灯亮，同时送出两组相应电源或风扇组运行信号；按下 A/M 改为手动模式，风扇和加热器都工作。温度负荷出现故障由该控制器本身报出。另有一单升温控制器，把设定温度值调高，控制器控制加热器以提高柜内温度。

注意：1 电源和 2 电源工作的控制信号不能同时给入。

（2）SF_6 气体密度在线监测。

1）打开远传表调试软件；

2）连接调试软件与远传表；

3）由拨码开关进行地址设定，支持在线操作；

4）充气到额定压力值；

5）读取数据；

6）检查精度：通过降压与升压查看是否在其允许的精度范围内；

7）用 PC 机通过 RJ45 端口连接子 IED，打开后台接收软件，比较接收数据和密度继电器读数。

（3）断路器在线监测。

1）通过断路器机械特性测试仪、继电保护测试仪，模拟断路器动作时的电流信号，输出测试电流值（包含合闸线圈电流、分闸线圈电流、电机电流、三相电流）；

2）人工手动转动位移传感器，得到测试数据；

3）利用测试软件接收断路器在线监测装置所测数据，分析测试波形和数据。通过测试波形和数据得出结论，判断安装的断路器在线监测装置和传感器是否工作正常；

4）用 PC 机通过 RJ45 端口连接断路器监测子 IED，动作断路器，看接收到的数据与实际的情况是否相符。

（4）避雷器在线监测。

1）利用现场接口程序从子 IED 中读出数据并计算得出监测单元每一相电压值，与综自系统中的电压记录相比对；

2）利用现场接口程序从子 IED 中读出数据并计算出避雷器监测单元的全电流和阻性电流，利用避雷器带电测试仪对避雷器进行测试，将在线监测与带电测试进行数据比对；

3）将泄漏电流与一次设备自带表计读数、现场钳流表读数进行比对，同时检查阻性电流与容性电流的读数，阻性电流约为泄露电流的 1/10，而容性电流则接近泄漏电流。

（5）容性设备监测。

1）检测仪仅设置参考信号 Cn 和被测信号 Cx 两个信号输入端，测量电压信号时只需根据被测电压信号的大小，在输入端串接合适的取样电阻即可；

2）采用检测仪测量泄漏电流，可采用常规的 10kV 电桥校验方法对其介损及电容测量精度进行检验，校验线路如图 8-2 所示，其中标准电容器 Cn 最好选用高性能的 BR26，也可用介损较小的 BR16 代替。

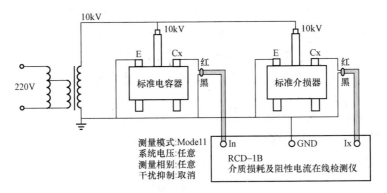

图 8-2　校验线路图

3）具体操作过程如下：①必须先施加 10kV 左右的试验电源，方可启动测量。如果施加的电压较低，或提前启动测量，将影响检测仪的介损测量精度；②启动测量以后，检测仪将显示出相应的测量结果，在数据刷新 10 次（即测量后再次听到"嘀"的响声）以后将获得较为稳定的测量结果；③记录稳定后的测量结果为 $\tan(I_x - I_n)$（即 C_x 与 C_n 的介损差值）、$C_x : C_n$（即 C_x 与 C_n 的电容量比值）；④精度判断：如果测得 $\tan(I_x - I_n)$ 与 C_x、C_n 实际差值的误差在 ±0.0005（0.05%）范围内，则精度正常；如果测得 $C_x : C_n$ 与 C_x、C_n 实际比值的误差在 ±0.5% 范围内，则精度正常。

2. IED 调试方案

（1）用 PC 机通过串口连接 IED 检查功能。

1）数据采集：能够正确采集传感器实时数据；

2）数据处理：数据能够正确计算处理，如 MOA 阻性电流、断路器刚分速度等；

3）时钟校准：完成时钟校准与变电站同步；

4）通信自测：数据及命令发送接收正常，无数据丢失现象；

5）系统复位：系统死机后能够自动复位。

（2）电源检查。

1）电源模块：电源模块输出稳定，无明显过热现象；

2）供电回路：供电正常，保险规格及电源正负极接线正确。

3. IEC 61850 通信调试方案

（1）IEC 61850 通信模型测试内容与方法。

1）文件和版本控制。根据不同的 IED 功能提供不同的 ICD 文件，文件具有具体的版本信息。如 JPower2000_BRK.Icd 等文件。

版本信息为<Hitem version="1.0" revision="0" when="2011-04-22" what="CID 文件"/>

2）配置文件。测试 ICD 配置文件与 SCL 文件类型定义是否一致（IEC 61850-6）；检查 ICD 配置文件与网络上的 DUT 实际数据、数据类型和服务是否相适应。

3）数据模型。数据模型测试内容有：检验每个 LN 存在的强制对象（出现 M 或条件出现为真）；检验条件为 false 的对象不存在；检查每个 LN 的所有对象的数据类型；检验来自设备的数据属性值是否在规定范围（即在整个一致性测试中连续有效）。

4）ACSI 服务模型测试。测试项目将一起列在表中，表将反应 IEC 61850-7-2 的 5.2 中模型规定的服务：服务器、逻辑设备、逻辑节点，数据和数据属性模型（SrV）；数据集模型（Dset）；报告控制模型（Rpt）；控制模型（Ctl）；文件传输模型（Ft）。

5）应用关联：设置最大数加 1 关联，检验最后一次关联被拒绝；断开通信接口的连接，DUT 在一特定的时间期限内应检测到链路断了。

6）服务器、逻辑设备、逻辑节点和数据。Srv1 请求 GetServerDirectory（LOGICAL-DEVICE）并检查应答（IEC 61850-7-2 的 6.2.2）等服务。

7）报告模型。总召唤、单个报告块上传。

8）控制模型。常规安全的直接控制（direct-operate）测试正确。

9）文件传输。对于每个响应文件（断路器的电机录波文件），用正确参数请求 GetFile 检验肯定响应（IEC 61850-7-2 的 20.2.1）；用正确参数请求 DeleteFile 检验肯定响应（IEC 61850-7-2 的 20.2.3）。

（2）业务测试内容与方法。从 IED 端接收数据和服务器端的数据比对，验证准确与否，具体如下：

1）油中气体分析及微水：检查 H2 等监测参数传递的正确性；

2）超高频局放：放电幅值、相位、频次的正确性；

3）控制参量：轻瓦斯报警等值正确性；

4）冷却器：工作模式（手动模式、自动模式、远方模式）、风扇组工作状态等值正确性；

5）断路器机械特性：电机录波文件等文件传输的正确性。波形文件—合闸线圈电流文件；

6）SF$_6$ 绝缘气体：压力、密度、温度等参数的正确性；

7）避雷器监测单元：全电流、雷击次数的准确性；

8）开关柜测温：进线母排温度等值的正确性。

4. 专家系统后台调试方案

（1）系统模块功能测试。系统共包含综合监测、变压器监测、断路器监测、避雷器监测、系统参数配置、用户配置 6 大模块。按照每个模块交代的功能，在页面进行操作核对功能和数据的准确性。

1）综合监测。在一次主接线图实时显示所有在线监测设备的运行状态，绿色表示设备正常、黄色表示预警、红色表示报警。鼠标移动到设备节点显示设备状态信息；点击设备节点查询按钮弹出信息汇总窗口显示详细数据信息；点击全屏按钮可以全屏显示该界面。

设备状态列表：显示监测项目当前运行状态。通过报表形式展现变电站设备当前运行状态。按照设备分类每次显示每类监测单元的状态，每一类监测单元的实施状态由 4 个状态灯（绿色表示设备运行正常、灰色表示设备停止、红色惊叹号表示设备报警、黄色惊叹号表示设备预警）组成。

智能组件状态：显示变电站内部所有安装汇控柜中二次智能组件的实时状态，状态包含故障、启动与停止，并显示当前汇控柜的温度。

综合预报警：显示变压器各种监测单元的报警的详细情况；报警报表可导出；可以消除报警。

故障信息一览表：显示所有设备故障信息及决策建议。

2）变压器监测。变压器状态汇总：设备健康等级、设备风险度、设备报警单元、设备所有监测最新数据与状态。

油中气体及微水监测：实时数据，历史数据，历史曲线。

局部放电监测：实时数据，历史数据，历史曲线。

变压器工况监测：实时数据，历史数据，历史曲线。

冷却器监控：实时数据与控制页面。

有载调压开关监测：实时数据，历史数据，历史曲线。

3）断路器监测。断路器状态与开关柜状态汇总：设备健康等级、设备风险度、设备报警单元、设备所有监测最新数据与状态。

断路器机械特性：实时数据，历史数据，历史曲线，波形曲线。

SF_6气体监测：实时数据，历史数据，历史曲线。

4）避雷器监测。避雷器状态汇总：设备健康等级、设备风险度、设备报警单元、设备所有监测最新数据与状态。

避雷器监测：实时数据，历史数据，历史曲线。

系统电压监测：实时数据，历史数据，历史曲线。

5）系统参数配置。报警策略：在线监测项目下属所有监测参数的预报警阈值配置。

6）用户配置。用户信息管理：当前所有用户和使用用户的基础信息配置功能。

（2）系统预报警测试。针对某一条在线监测项目的采集参数预报警阈值进行匹配设置，参数值设定后根据阈值线性判断预报警信息产生是否正常。测试预报警数据页面的消警功能。

（3）系统控制指令测试。选择风冷器控制页面，根据当前的风冷机的启动信息，进行人工测试，任意选择一组风扇组进行启停操作，观察系统和现场实际情况的控制是否正常与合理。

8.1.5 自动化系统调试

整个调试过程依据智能变电站相关标准，使用数字化调试仪进行调试，调试分为单体调试和系统调试。

1．单体调试

（1）采样值检查。

1）检查 FT3 采样值 LDname 是否和 SCD 文件中的一致。

2）采样通道检查：投入装置的 SMV 软压板，按照合并单元 ICD 文件中采样值输出格式，给每个通道输出不同的采样值。确认装置所有采样都正常后，然后根据通道号将保护采样和启动采样逐个退出，要求验证结果和通道定义相符，确定双 AD 采样通道正确。

3）SMV 软压板检查：给每个采样通道加入额定值，然后逐一退出 SMV 软压板，确定 SMV 软压板与采样通道的唯一对应。

4）保护采样值差值正确性验证：将电压和电流 FT3 输入信号的样本计数器和额定延时时间设为不同的值，使电压和电流具有一定的相位差，记录保护的有效值和相对相位关系是否正确。

（2）保护开入开出验证。

1）开入验证：对于单装置，将所有的 GOOSE 开入全部输入，确保所有开入为"1"。对于虚端子已连线的信号，逐个退出，相关开入变为"0"，同时有变位报文记录。当已连线的 GOOSE 信号全部退出后，所有的开入都应该显示为"0"。

2）开出验证：将所有的 GOOSE 出口全部投入，做一永久故障，保证所有的 GOOSE 出口报文置"Ture"。然后逐个退出 GOOSE 软压板，同时 GOOSE 出口报文相应位置"False"。

（3）保护逻辑调试。

1）依据图纸和正确 SCD 文件中定义的开入、开出及采样值配置，对保护逻辑功能和定值进行检验。

2）采样值闭锁逻辑检验：将采样值置数据无效或数据异常，确定能够闭锁相关保护逻辑。

（4）保护检修机制检验。投入装置检修连接片，检查相应 MMS 报文、GOOSE 报文和 SMV 采样数据是否符合 Q/GDW 396—2009《IEC 61850 工程继电保护应用模型》中的检修处理机制。

2. 系统调试

智能站系统调试与传统站的内容基本相同，但是形式上有质的区别。智能保护动作是报文驱动，传统保护是电量驱动；智能保护接线虚拟化，二次回路网络化。通过给保护装置输入数字采样量，验证 GOOSE 网络、SMV 网络和 MMS 网络动作的正确性和实时性。

8.2 运 行 维 护 分 析

为了规范智能电网设备生产管理，促进智能变电站运行管理水平的提高，保证智能设备的安全、稳定和可靠运行，需要完善变电站运行维护规程以满足智能变电站运行要求。

8.2.1 一次设备的运行与维护

1. 变压器正常运行规定

（1）变压器的运行电压一般不应超过该运行分接头额定电压的 105%。

（2）主变压器各侧电流表须满足监视主变压器过负荷的需要，并在满负荷红线处做标志。三相负荷不平衡时，应监视最大一相的电流。

（3）油浸式风冷变压器和干式风冷变压器，风扇停转时，负荷允许值和运行时间均要符合厂家规定。油浸式风冷变压器在其冷却系统故障风扇停转后顶层油温低于 65℃时可以带额定负荷运行。

（4）强油循环风冷变压器运行时，必须投入冷却。轻负荷时不应投入过多冷却器（空负荷时允许短时不投），不同负荷下投入的冷却器台数应严格按厂商规定。

（5）强油循环风冷变压器，在冷却系统故障并全部切除时，允许带额定负荷运行20min，若20min后顶层油温仍未达到75℃，则允许上升到75℃，但在此状态下运行最长时间不得超过1h。油浸式风冷变压器当冷却系统故障风扇停转后，顶层油温低于65℃时，允许带额定负荷运行。

2. 变压器过负荷运行规定

（1）检查变压器正常过负荷是可以经常使用，可以通过其过负荷曲线来确定其允许值。

（2）变压器在事故过负荷下运行时，由于绕组热点温度迅速升高，须投入全部冷却器（包括备用冷却器）。

（3）在变压器有较严重的缺陷（如冷却系统不正常、严重漏油、油中溶解气体分析结果异常等）或绝缘有弱点时，不宜超额定电流运行。

（4）油浸式变压器事故过负荷运行时，检查应尽量压缩其负荷，减少其运行时间，一般不宜超过0.5h。

3. 变压器巡视维护项目

（1）日常巡视项目。

1）检查变压器的就地油温、绕组温度和主变压器控制屏上的数字巡检仪的各个值是否一致，并检查本值内变压器运行中的油温、绕组温度达到的最高值。

2）变压器的储油柜油位需与油温相对应，检查变压器各部分（尤其是压力释放阀、冷却器、法兰连接处以及焊缝处等）是否有渗漏油现象。

3）检查呼吸器内硅胶受潮变色程度，油封杯油位、油色正常。

4）变压器三侧引线接头是否有松动、发红及发黑现象，引接线无断股现象，变压器外壳及中性点应保证接地完好。

5）变压器三侧及中性点套管无破损和放电痕迹，油位正常，无渗油现象，检查绝缘子污染及污染变化情况。

6）各冷却器风扇、油泵、油流继电器应正常工作，并无异常声音。

（2）特殊巡视项目。

1）变压器过负荷和过电压运行时应检查变压器冷却器是否正常，温度和持续时间是否越限。

2）变压器有重大缺陷时应检查其油温、油位、绕组温度。

3）小雨或大雾天气时应检查套管有无火花放电现象。

4）大风天气时应确保变压器的顶部，周围无杂物，引线无剧烈摇摆或脱落情况发生。

5）雷雨过后应检查绝缘子有无放电痕迹。

4. 断路器运行规定

（1）断路器的遮断容量应满足安装处母线的最大短路电流要求。每年都应由生产技术部门根据断路器安装处母线短路容量变化来校对断路器允许遮断故障电流次数。

（2）统计故障跳闸次数。对于110kV及以上的断路器，应分相统计其故障跳闸次数，断路器故障跳闸按1次，重合闸和重合闸不成功应按2次。110kV三相联动断路器，可按故障录波器故障报告或通过调度来确定故障相。

（3）新装或大修后的断路器，在投运前须经验收合格后才允许施加运行电压；正常运行断路器，其工作电压和电流均不允许超过铭牌规定值。

（4）断路器机箱内加热器的投解，油泵、气泵的启动和各压力值，均按厂家规定来执行。断路器机箱内加热器一般是在 0℃时投入，10℃时解除。

（5）对于气泵操动机构断路器，为减少储气罐中的水分寄存，应定期排水，每个巡视周期排水一次。

（6）日常巡视时，应注意玻璃类真空泡的颜色，如发现灭弧室内出现粉红色辉光时，须马上汇报，此时，断路器是禁止进行操作的，应按调度指令解除断路器跳闸连接片。

5. 断路器巡视维护项目

（1）断路器的名称、编号应齐全完好。

（2）断路器的套管、绝缘子应保证无断裂、裂纹、损伤和放电等现象。

（3）断路器的控制电源、信号电源应保证正常，无异常信号发出。

（4）断路器的软连接及各导流压接点应保证压接良好，无过热变色、断股现象。

（5）SF_6 气体表或密度表应在正常范围内，并记录压力值和零度值。

（6）断路器的端子箱的电源开关应完好、名称标志齐全、封堵良好、箱门关闭严密。

（7）各连杆、传动机构应无弯曲、变形、锈蚀，轴销应齐全。

（8）断路器接地螺栓压接良好，无锈蚀。

6. GIS 运行规定

（1）GIS 组合电器运行中的年泄漏率一般不超过 1%，微水含量标准按制造厂规定执行。

（2）当 GIS 组合电器内 SF_6 气体压力异常而发出报警信号时，应迅速处理；当气隔内的 SF_6 压力降至闭锁值时，严禁分/合闸操作。

（3）对于运行、检修人员经常出入的场所每班至少通风 1 次，每次至少通风 15min；对于人员不经常出入的场所，在进入前应先通风 15min。

（4）断路器事故跳闸造成大量 SF_6 气体泄漏时，只有在通过彻底通风或检测室内氧气密度正常，含氧量在 18%以上，SF_6 气体分解物完全排除后，才允许进入室内，必要时还应戴防毒面具，穿防护服。

（5）GIS 组合电器一般情况下应选择"远方电控"操作方式，当远方电控操作失灵时，就需选择就地电控操作方式。对于带有气动操动机构的断路器、隔离开关和接地开关，应杜绝进行手动操作，对于仅有手动机构的接地开关，才允许就地手动操作。

（6）为防止误操作，GIS 室各设备元件之间需装设电气闭锁，任何人不得随意解除闭锁。

7. GIS 巡视维护项目

（1）对运行中的 GIS 设备需进行外观检查，断路器、隔离开关、接地开关指示位置正确并与实际相符。

（2）现场控制屏、柜上的各种信号指示、控制开关的位置及加热器均正常。

（3）GIS 设备有无异常声音或异味。

（4）GIS 设备室的通风设施完好。

（5）各类柜、箱的门关闭严密。

（6）各种压力表、液压机构油位计指示正常。

（7）各类配管及阀门有无损伤、锈蚀，开闭位置是否正确，管道的绝缘法兰与绝缘支架是否良好。

（8）支架、外壳等有无锈蚀、损伤，瓷套有无开裂，破损或污浊情况。

（9）压力释放装置防护罩有无异常，释放窗口有无障碍物。

上述一次设备和其他一次设备的详细运行与维护可以参考《变电站运行规程》通用部分（济南供电公司 2005.01.01 发布），《变电站运行规程》通用部分（山西省电力公司 2005.01 发布）以及各变电站编写的《运行作业指导书》。

8.2.2　二次系统的运行与维护

1.　继电保护及自动装置的运行规定

（1）继电保护及自动装置（以下简称保护装置）的投入和停用及保护连接片的投退，必须按所属调度命令执行，只有在遇到保护装置异常危及系统安全运行时，才允许先停用后汇报。

（2）严禁电气设备无保护运行。对保护装置及二次回路的检查、试验应配合一次设备停电进行。

（3）投入保护装置的顺序应按照先直流电源后逆变电源，检查无异常信号后投入跳闸出口连接片；停用保护装置的顺序与之相反。

（4）为防止接有交流电压的保护装置误动，在运行和操作过程中，不允许保护装置失去交流电压。无法避免时，应经所属调度批准后，可退出保护装置的跳闸连接片。

（5）220kV 及以上变压器差动保护与重瓦斯保护的停用由运行单位主管领导批准，但必须向网调提出申请后方准执行。变压器差动保护与重瓦斯保护不允许同时停用。

（6）在电流、电压互感器及其连接的二次回路作业，必须按检修管理有关规定向网调申请，并经值班运行人员许可后方可工作，并且必须保证各自二次回路接线的正确性。

（7）带有交流电压回路的保护装置（如高频保护、距离保护、低电压保护、低压闭锁过流保护、方向闭锁过流保护、低压减负荷装置等），运行中均不允许失去电压。

（8）带方向性的保护和差动保护在新投入运行时，或变动一次设备、改动交流二次回路后，均应用负荷电流和工作电压检查向量。

（9）不允许在未停运的保护装置上进行试验和其他非常规测试工作，也不允许在未停运情况下用装置的试验按钮进行试验。

（10）多电源变电站，当仅由一条电源线路受电时，该线路断路器的所有保护装置必须退出运行（有特殊要求的纵联保护除外）。

（11）电容器组保护动作后严禁立即试送，应根据动作报告查明原因后方可按规定投入运行。

2.　继电保护及自动装置的巡视维护

（1）每个月清扫一次屏、柜、各类端子、继电器、保护装置。

（2）定期给屏、柜、端子轴加油，防止其锈死。

（3）继电器罩壳无裂纹，玻璃罩上无水汽。

（4）继电器外壳完整清洁，线圈不发热，接线无伤痕、不振动。

（5）保护装置插板和出口连接片的投运应符合投运要求，位置准确。

（6）保护装置的投、停应与当时的运行方式一致。

（7）保护装置内部、外部及二次接线状态完好。

（8）经常通电的元件无过热、异味、异音或失磁等不正常现象。

（9）保护室内的温度应保持在 0～40℃。

（10）动作后应确保继电器触点返回原位且无烧伤现象。

（11）动作后应检查故障录波器等自动装置的动作情况，确保继电器动作线圈无过热及烧伤情况。

（12）雷雨季节前，应检查空调机、防潮加热器等的工作情况，并根据实际的天气状况投停。

8.2.3　在线监测系统的运行与维护

1．在线监测系统运行

（1）在线监测系统检查与使用要求如下：

1）监测单元与传感器的连接应密封良好。

2）连接的导线及接地引下线无烧伤痕迹或断股现象。

3）监测单元机箱无破损、积水现象。

4）系统各项数据显示正常。

5）系统电源可靠，工作状态指示正常。

（2）高压试验班对在线监测系统数据进行管理和分析，指定专人查看后台处理系统，要求如下：

1）做好监测数据的存储和备份。

2）查看数据并注意其变化趋势，发现异常及时汇报。

3）检查数据通信情况，查看各项数据显示是否满足要求，发现异常及时与厂家联系处理。

4）监测数据与实验室数据偏差较大时，应及时通知厂家校验。

（3）监测系统发生报警时，应尽快做好以下工作：

1）检查后台系统是否异常，如是误报警，应查明原因并处理后方可投入运行。

2）若是正常报警，应进行带电的相关测试，并按缺陷流程上报。

（4）后台处理系统应有专用的计算机作为服务器，不得使用来源未知的软件和移动存储装置，运行中的程序不得随意更改、删除。

2．在线监测系统的维护

（1）日常检查内容如下：

1）检查变压器在线监测各参数是否异常或报警出现。

2）检查断路器在线监测各参数是否异常或报警出现。

3）检查避雷器在线监测各参数是否异常或报警出现。

4）检查开关柜温度在线监测各参数值是否异常或报警出现。

（2）定期检查。

1）每年进行 1 次。

2）检查日常检查内容。

3）检查油中气体在线监测数据和离线测试数据是否一致。

4）检查变压器工况在线监测数据是否和变压器真实运行状态保持一致。

5）检查变压器局放等传感器的灵敏度。

6）分别通过在线监测系统后台和风冷控制柜控制变压器风扇组运行状态，并观察风冷控制界面显示的风扇状态是否和真实运行状态保持一致。

7）检查断路器在线监测测得的分/合闸状态、分/合闸时间、储能电机运行时间等参数与厂家试验报告数据是否相符。

8）检查 SF_6 气体在线监测测得的密度和就地位置显示的数据是否一致。

9）检查避雷器在线监测测得的全电流和就地显示的数据是否一致，雷击次数是否一致。

10）检查开关柜温度在线监测测得的开关柜温度与开关柜实际温度是否相符。

（3）特殊检查：

1）在线监测系统发生报警后，在不能自动消警情况下，必须对报警的监测项目进行检查。对应的项目有避雷器泄漏电流显示仪、变压器温度表、开关柜测温当地终端、断路器 SF_6 压力表等。

2）在线监测系统提示异常的设备，应安排相应的带电测试项目。其中包括避雷器带电测试、容性设备带电测试、变压器油色谱分析、变压器铁芯电流测试。

3）进行高压设备测试时，应比较离线测试数据和在线监测数据的一致性。试验项目包括断路器机械特性试验、变压器油色谱分析试验、容性设备带电测试试验、避雷器带电测试试验。若数据不一致，应检查相关设备。

4）断路器动作时，应检查相应的在线监测数据。数据包括断路器机械特性、跳闸电流波形、辅助触点分合、分段电流等。

只有应用科学的测试方法、建立完善的规范体系、贯彻严格的测试流程、提供完备的监控手段，才能通过系统调试对智能变电站系统的有效性、可靠性、适用性、经济性进行合理评估，实现质量控制的完整性和一致性的目标，为推进智能变电站应用做好服务。

第**9**章　智能变电站设计实例

↘ 9.1　110kV 智能变电站设计实例

9.1.1　工程概况

本工程为新建智能变电站，其建设规模为本期装设 2 台 20MVA、远期 2 台 50MVA 三相三绕组有载调压变压器，主变压器 110kV 侧中性点装有带间隙保护的成套接地装置。110kV 接线本期及远期均采用单母分段接线，远期出线 6 回，本期出线 4 回，备用出线 2 回；35kV 接线形式为本期及远期均采用单母线分段接线，远期出线 8 回，本期出线 6 回，备用出线 2 回；10kV 接线本期及远期均采用单母分段接线，远期出线 16 回，本期出线 8 回，备用出线 8 回；10kV 每段母线上本期接有 1×2000kvar 电容器成套装置，预留一组 2000kvar 电容器组位置。具体一次接线图如图 9-1 所示（见文后插页）。

全站按无人值班运行方式设计，变电站自动化系统基于信息一体化平台，采用 IEC 61850 体系结构，实现测控、保护、录波、计量、监测等功能。采用开放式的分层分布式系统，由站控层、间隔层和过程层构成。采用星型组网，遵循 IEC 61850 协议，网络传输信息有 SMV、GOOSE、IEEE 1588 和 MMS 等，通过合理划分网段、设置优先级等手段，减轻网络流量，优化交换机配置，保证信息传输的实时性。

站用电系统与二次直流系统、UPS、通信电源等进行整合优化，通过一体化监控模块将站用电源所有开关智能模块化，集中功能分散化，实现模块外无二次接线、无跨屏二次电缆，建立数字化电源硬件平台。一体化监控模块通过以太网接口，IEC 61850 规约与站控层网络连接，使站用电系统成为开放式系统，实现与监控后台通信，可实现对交直流控制电源全参数透明化管理，建立专家智能管理系统避免人为误操作，提高电源系统运行可靠性。

9.1.2　配置方案

1. 系统元件继电保护及安全自动装置

元件保护选用微机型保护装置，通信接口采用 IEC 61850 规约，支持 GOOSE 网络的信息交换方式，保护配置按照《继电保护和安全自动装置技术规程》（GB 14285—2006）及国家电网公司关于《防止电力生产重大事故的十八项重点要求》的规定执行。取消装置屏柜上的打印机，设置网络打印机，通过站控层网络通信打印全站各装置的保护记录。

（1）110kV 线路采用保护测控一体化装置，每回线路配置 1 套微机线路保护，每 2 回

110kV 线路配置 1 面保护测控柜；110kV 母线本期配置微机母线保护柜 1 面；全站统一配置 1 套故障录波及网络记录分析一体化装置；系统安全自动装置不配独立的低频低压减负荷装置，其功能由站控层主机兼操作员站实现。

（2）主变压器保护采用微机型保护装置，通信接口采用 IEC 61850 协议，主变压器保护采用主后一体设备，冗余配置。交流采样应能和电子互感器配合，支持 GOOSE 网络的信息交换方式。每台主变压器配置 2 套主、后一体化的变压器电气量保护和一套非电量保护。主变压器保护配置如下：

1）主保护：纵差保护。

2）后备保护：高压侧配置复合电压闭锁过流保护，保护动作延时跳开主变压器各侧断路器；配置中性点间隙电流保护，保护动作延时跳开主变压器各侧断路器；配置零序电流保护，保护动作第一时限跳高压侧分段断路器，第二时限跳开主变压器各侧断路器。

中压侧配置复合电压闭锁过流保护。保护为二段式，第一段第一时限跳本侧分段断路器，第二时限跳本侧断路器；第二段延时跳开主变压器各侧断路器。

低压侧配置时限速断、复合电压闭锁过流保护。保护为二段式，第一段第一时限跳本侧分段断路器，第二时限跳本侧断路器；第二段第一时限跳本侧分段断路器，第二时限跳本侧断路器，第三时限跳开主变压器各侧断路器。

各侧均配置过负荷保护，保护动作于信号。

3）非电量保护：瓦斯保护由变压器制造厂随变压器本体配套供应。重瓦斯动作于断开变压器各侧断路器，轻瓦斯动作于信号。

主变压器本体的油位异常、压力释放、温度保护等均动作于信号。

（3）10kV 元件保护。10kV 并联电容器组按单元配置保护测控一体化装置，通信接口采用 IEC 61850 规约。具体功能配置有：电流速断保护、差压保护、不平衡电压保护，瞬时动作于断路器；过电流保护，延时动作于断路器。过电压保护、低电压保护，延时动作于断路器；过负荷动作于信号。

（4）小电流接地选线。小电流接地选线功能由监控系统实现。

2. 系统调度自动化

远动通信装置与站内监控系统统一考虑，配置 1 套，组柜 1 面；电能量计量系统方面，110kV 线路及主变压器各侧电能表独立配置，35、10kV 电压等级采用保护、测控、计量多合一装置。本期 110kV 配置电能表 2 只，主变压器配置电能表 6 只，组柜 1 面。

3. 变电站自动化系统

本站监控采用计算机监控系统，按无人值班设计，采用开放式分层分布式系统，由站控层、间隔层和过程层构成，如图 9-2 所示（见文后插页）。

（1）站控层设备配置。包括主机兼操作员工作站、远动通信装置、网络通信记录分析系统以及其他智能接口设备等。站控层设备按照变电站远景规模配置，远动通信装置双套配置。设置网络打印机，通过站控层和间隔层网络通信打印全站各装置的保护告警、事件等。

1）主机兼操作员工作站。功能要求：站控层兼人机工作站用作站控层数据收集、处理、存储及网络管理的中心，是站内监控系统的主要人机界面，用于图形及报表显示、事件记录及报警状态显示和查询，设备状态和参数的查询，操作指导、操作控制命令的解释和下达等。运行人员可通过运行工作站对变电站各一次及二次设备进行运行监测和操作控制。其配置应满足整个系统的功能要求及性能指标要求，应与变电站的远景规划容量相适应。

配置方案：主机兼操作员工作站双套配置。

2）远动通信装置。功能要求远动通信装置直接采集来自间隔层或过程层的实时数据，远动通信设备应满足 DL 5002 和 DL 5003 的要求，其容量及性能指标应能满足变电站远动功能及规范转换要求。

配置方案：远动通信装置双套配置。

3）网络通信记录分析系统。功能要求有网络通信记录分析系统应能实时监视、记录网络通信报文（MMS、GOOSE、采样值报文等）并周期性保存为文件进行各种分析。

配置方案有网络报文记录分析系统采用单套配置。

（2）间隔层设备配置。间隔层设备按照变电站本期规模配置，并考虑扩建需求。

1）测控装置应按照 DL/T 860（IEC 61850）标准建模，具备完善的自描述功能，与站控层设备直接通信。测控装置应支持通过 GOOSE 报文实现间隔层五防联闭锁功能，支持通过 SMV 报文接收电流电压信号。

其中主要监测量有：①输入电流电压数字、模拟量及计算量：110kV 线路的三相电流量、三相电压量、有功和无功功率及电能量；110kV 分段的三相电流量；主变压器高、中压侧三相电流量、三相电压量、有功和无功功率及电能量；主变压器低压侧的三相电流量、三相电压量和无功功率及无功电能量；主变压器油温和绕组温度；110、35、10kV 三相母线电压量；10kV 电容电流量；站用变压器低压侧三相电流量，380V 分段电流、线电压量；220V 直流电压量；二次设备室环境温度。②开关量：全站各断路器、隔离开关和接地开关位置信号；所有线路、主变压器、母线、分段、电抗器及电容器保护和断路器的重合闸动作信号；主变压器本体及断路器操动机构等设备的告警信号；主变压器调压分接头。③主要监控对象有：110kV 断路器和隔离开关及接地开关；35、10kV 断路器和隔离开关；380V 侧所用电进线断路器及分段断路器；110、35kV 部分、主变压器三侧以及 10kV 由计算机监控系统及电气闭锁共同实现防误操作功能，同时对非计算机控制的隔离开关和接地开关通过机械编码锁完成防误闭锁。④测控装置具体配置：110kV 线路、分段均采用保护测控一体化装置，单套配置；35kV 采用保护、测控、计量多合一装置，单套配置，本期设置 35kV 线路多合一装置 4 套，35kV 分段多合一装置 1 套，均安装于就地开关柜；10kV 采用保护、测控、计量多合一装置，单套配置，本期设置 10kV 线路多合一装置 8 套，10kV 电容器多合一装置 4 套，10kV 站用变压器多合一装置 2 套，10kV 分段多合一装置 2 套，均安装于就地开关柜；主变压器三侧采用独立测控装置，主变压器本体不独立设置测控装置，与主变压器智能单元整合。全站配置三套测控装置（110、35、10kV 各 1 套）。

2）保护装置：按照 DL/T 860（IEC 61850）标准建模，具备完善的自描述功能，与站控层设备直接通信。保护装置支持通过 GOOSE 报文实现装置之间状态和跳合闸命令信息传递，支持通过 SMV 报文接收电流电压信号，保护装置的功能投退采用软压板。具体配置按继电保护规程规范要求配置。

（3）过程层设备。过程层设备按照变电站本期规模配置，并考虑扩建需求。

1）合并单元。合并单元应具备的功能包括：每个合并单元应能满足最多 12 个输入通道和至少 8 个输出端口的要求；应能支持 GB/T 20840.8（IEC 60044-8）和 DL/T 860.92（IEC 61850-9-2）等协议。当采用 GB/T 20840.8（IEC6 0044-8）协议时，应支持数据帧通道可配置功能；应能输出电子式互感器整体的采样响应延时；采样值发送间隔离散值应小于 10μs；应能提供点对点和组网输出接口；输出应能支持多种采样频率，用于保护、测控的输出接口采样频率宜为 4000Hz；若电子式互感器由合并单元提供电源，合并单元应具备对激光器的监视以及取能回路的监视能力；输出采样数据的品质标志应能实时反映自检状态，不附加任何延时或展宽。

合并单元按功能满足要求、装置配置优化、安全可靠的原则进行配置：①110kV 线路间隔合并单元应按单套配置，以线路为单元配置合并单元，各线路间隔配置 1 台合并单元，安装于 GIS 线路间隔智能汇控柜内，布置在配电装置场地。间隔内电流互感器、电压互感器公用 1 套合并单元；②110kV 分段合并单元按单套配置，合并单元集成智能终端功能，本期共计配置合并单元智能终端一体化装置 1 套；③110kV 母线合并单元双套配置，合并单元集成智能终端功能，合并单元接收两段母线电压信号，安装于 GIS 母线间隔智能汇控柜内，布置在配电装置场地。本期配置合并单元智能终端一体化装置 2 套，具备母线接地开关操作及信息采集功能；④主变压器各侧合并单元按双套配置，本期共计配置合并单元 6 台，安装于 GIS 主变压器间隔智能汇控柜及中低压侧主变压器进线开关柜内，布置在配电装置场地，主变压器各侧智能终端单套配置，本体智能终端单套配置，本期共计配置智能终端 4 台；⑤35、10kV 不配置合并单元及智能终端（主变压器间隔除外），35、10kV 出线间隔采用常规互感器，按间隔配置单套保护测控装置一体化装置，就地分散安装于高压开关柜内；⑥所有智能终端、合并单元智能终端一体化装置均布置于配电装置就地智能控制柜或开关柜。

2）智能终端单元。智能单元应具备的功能包括：接收保护的跳合闸 GOOSE 命令、测控装置的控制 GOOSE 命令，输入断路器、隔离开关位置等信号，电流自保持功能、跳合闸回路监视等。智能单元还应将保护动作信息经 GOOSE 网反馈至后台。智能终端应具备三跳硬触点输入接口、可灵活配置的保护点对点接口（最大考虑 10 个）和 GOOSE 网络接口；至少提供 2 组分相跳闸触点和 1 组合闸触点；具备对时功能、事件报文记录功能；跳/合闸命令需可靠校验；智能终端的动作时间应不大于 7ms；智能终端具备跳/合闸命令输出的监测功能。当智能终端接收到跳闸命令后，应通过 GOOSE 网发出收到跳令的报文；智能终端的告警信息通过 GOOSE 网上送。

智能单元配置单路直流电源，具备 1 组跳闸回路和 1 组合闸回路，配置多个独立的 GOOSE 口满足保护装置直接跳闸的要求；应能接收光纤 1588 对时。

断路器压力闭锁、防跳以及三相不一致保护功能由断路器本体实现。①110kV 智能单元：本变电站取消 110kV 断路器操作箱，本期配置 110kV 断路器（线路/主变压器/分段）智能单元 9 套，110kV 母线设智能单元 2 套；组屏方案：智能单元就地安装于 GIS 汇控柜中，按断路器单套配置智能单元，110kV 每段母线的母线设备均配置 1 套智能单元。②35kV 智能合并单元：本变电站取消 35kV 主变压器进线断路器操作箱，本期配置 35kV 主变压器进线断路器智能合并单元 4 套。组屏方案：35kV 主变压器进线智能单元与合并单元整合就地分散安装于高压开关柜内。③10kV 智能合并单元：本变电站取消 10kV 主变压器进线断路器操作箱，本期配置 10kV 主变压器进线断路器智能合并单元 4 套；组屏方案：10kV 主变压器进线智能单元与合并单元整合就地分散安装于高压开关柜内。

3）智能控制柜：①就地控制柜按间隔进行配置；②每面智能控制柜内包含合并单元、智能终端等设备；③110kV 母线配置一面智能控制柜，每面智能控制柜内包含合并单元智能终端一体化装置；④主变压器本体配置一面智能控制柜，柜内含主变压器本体智能终端 1 套。

（4）网络通信设备。

1）站控层网络。①站控层网络配置原则：全站统一构建 MMS 网，网络形式采用星形网；站控层网络采用 100M 以太网；站控层网络采用 MMS、GOOSE（联闭锁）、SNTP 同步对时三网合一；站控层交换机全站统一配置，同时按照 110、35、10kV 电压等级的方式分别配置交换机。②站控层网络交换机数量：交换机至 I/O 智能设备间采用单星型方式连接；MMS 交换机按 110、35、10kV 电压等级各配置 1 台交换机，提高了 MMS 网络的可靠性、安全性，方便扩建、检修、运行。

2）间隔层网络交换机采用单套星形以太网络：110kV 线路及主变压器本体本期及远景共配置 1 台间隔层交换机；35、10kV 本期各配置 1 台间隔层交换机、远景配置 2 台间隔层交换机。

3）过程层网络交换机采用单套星形以太网络，SMV 和 GOOSE 共网传输。

过程层网络采用 100M 以太网。按照 Q/GDW 383—2009 对保护装置采样要求，向保护装置传输的采样值信号采用点对点直接采样方式。过程层交换机采用面向间隔的原则配置，采用多间隔共用交换机方式；每台主变压器配置 1 台过程层交换机，主变压器本期配置 1 台，远景 2 台；每两回 110kV 线路配置 1 台，本期 1 台，远期 2 台；110kV 过程层设置 1 台中心交换机，与 110kV 母线保护共同组柜。

采用 GMRP（组播注册协议）技术实现网络流量自动控制，同时采用交换机 VLAN 划分技术实现不同单元之间的二次信息流量控制。

4. 在线监测系统

根据国家电网公司《智能变电站技术导则》和《智能变电站设计规范》的原则要求：各类设备状态监测系统应统一后台、接口类型和传输规约，全站应配置唯一的设备状态监测后台系统，对站内设备的状态监测数据进行汇总、诊断分析，在具备条件时，设备状态监测后台系统可与监控后台实现整合，为实现状态检修高级应用功能提供技术支撑。

在线监测系统采用分层分布式结构，由传感器、在线监测终端、IED 和在线监测中心等部分组成。在线监测终端按要求配置，如油中溶解气体监测终端、局部放电监测终端、断路器机械特性监测终端等，终端就地安装。各类 IED 根据终端种类配置，安装于就地智能汇控柜中，以 IEC 61850 协议将数据上传至状态监测中心，中心控制和管理各现场监测终端，完成数据接收、入库和故障诊断等功能，同时也是变电站运行和检修维护的咨询管理平台。状态监测中心预留网络接口，可将状态监测数据上传至 PMS 中。图 9-3 给出了在线监测的系统结构图，具体配置见表 9-1。

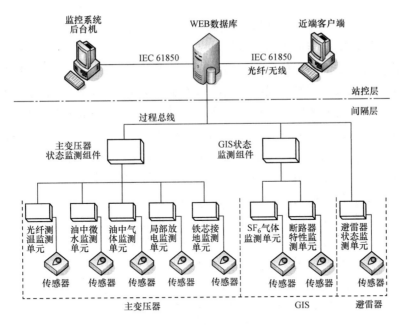

图 9-3 状态监测系统框图

表 9-1	在线监测系统配置表	台
序 号	在线监测项目	数 量
1	油中气体监测装置	2
2	油中微水监测装置	2
3	避雷器监测装置	21
4	SF_6 气体监测装置	8
5	断路器机械特性监测装置	8
6	变压器监测 IED	2
7	避雷器监测 IED	2
8	断路器监测 IED	2
9	SF_6 气体监测 IED	2
10	智能汇控柜	4

5. 交直流一体化系统

全站采用交直流一体化系统，将交流电源系统、直流电源系统、UPS 逆变电源系统、通信电源系统统一设计和系统整合，形成站内唯一的交直流电源系统，满足站内各种交直流负荷用电的需求。

交直流一体化系统在功能上由各种模块组成，包括一体化监控模块、直流监控模块、充电模块、直流母线绝缘监测模块、带绝缘监测的 TSM 智能直流馈线模块、电池监测模块、DC/DC 通信电源模块、智能交流进线模块、TSM 智能交流馈线模块和逆变电源模块。交直流一体化系统对设备进行在线监测，通过一体化监控模块将站用电源所有开关智能模块化，集中功能分散化，实现模块外无二次接线，无跨屏二次电缆，建立数字化电源硬件平台。一体化监控模块通过以太网接口按 IEC 61850 规约与站控层网络连接，使站用电系统成为开放式系统，实现与监控后台通信，实现对交直流控制电源全参数透明化管理、可以建立专家智能管理系统，避免人为误操作，进一步提高电源系统运行可靠性。

交流电源由交流低压配电柜提供；直流系统配置 1 套 220V 高频开关充电装置，采用两套充电机装置；蓄电池选用 300Ah 阀式铅酸蓄电池 1 组，容量按 2h 放电考虑；配置 1 套 UPS 电源，采用主机单套配置，主机容量按 3kVA 考虑；通信电源配置一套 DC/DC 装置；配置一体化电源监控系统，每组蓄电池配置一套蓄电池在线监测单元。

交流电源分系统额定输出电压为 AC380/220V，两进线，采用单母线分段接线方式，三相五线制。直流电源分系统额定输出电压为 DC220V，采用单母线分段接线方式，三充两电。逆变电源分系统额定输出电压为 AC220V，采用单母线接线方式，单相制。通信电源分系统额定输出电压为 DC48V，采用单母线接线方式。

（1）站用交流电源。设置 2 台站用工作变压器，380/220V 母线采用单母线分段接线，2 台站用工作变压器分别接入 I、II 段工作段母线上，站用变压器不考虑并列运行的可能。正常运行情况下，2 台站用变压器各带 1 段母线分列运行，互为备用，设置分段备自投。对于变电站重要负荷，应分别从 2 段母线上双回供电。

（2）直流系统。本站采用智能交直流电源一体化系统，通信专用电源系统设置两套 DC/DC 转换装置，不设单独的高频开关电源及蓄电池组，DC/DC 转换模块电源由站用直流系统引入。本站按无人值班变电站设计，220V 直流系统容量满足全站交流事故断电后工作 2h，并可继续为 48V 直流系统供电 4h。

为保证对变电站监控系统、继电保护、事故照明、断路器操作及通信设备等负荷的供电，依据 DL/T 5044—2004《电力工程直流系统设计技术规程》，该变电站设置 220V 蓄电池 1 组，配置 2 套高频开关电源。

直流电源采用智能高频开关操作电源，智能化监控模块通过以太网口，采用 IEC 61850 规约与变电站计算机监控系统通信，实现"四遥"功能。蓄电池设蓄电池在线检测装置 1 套，可实时检测每节蓄电池的电压、电流、温度及容量等参数。直流系统采用单母线分段接线，2 套充电装置应接入不同母线段，蓄电池应跨接在 2 段母线上。

直流系统供电网络采用一级供电方式。直流主屏对馈线屏每段母线各引接一回馈线，采用环网供电方式对布置在就地开关柜内的各测控单元、保护等装置供电；采用辐射状供电方式为 GIS 室智能单元及电子互感器提供直流电源，这样可节省大量的长距离电缆，并减少主电缆沟内大量常规控制电缆的敷设。

（3）UPS 电源。全站冗余配置 3kVA UPS 电源，每套 UPS 电源容量按全站负荷配置，为站内自动化系统、时钟同步系统、消防报警系统等装置提供不间断的高质量交流电源。

UPS 电源使用的直流电源取自全站公用的 220V 蓄电池组，不再单独装设蓄电池。

6. 其他二次系统方案

（1）全站时钟同步系统。全站配置 1 套 GPS/北斗双卫星时间同步系统。配置 2 套主时钟对时装置，分别接收美国 GPS 卫星和中国北斗卫星发送的协调世界时（UTC）信号作为外部时间基准信号，互为备用。对时精度≤1μs，可以满足站内所有设备对时精度的要求。

1）站控层设备对时方式：采用 SNTP 网络对时方式。

2）间隔层和过程层设备对时方式：采用 IEEE 1588 网络对时方式，以 IRIG-B（DC）码对时作为备用方式。

（2）智能辅助控制系统。全站配置 1 套智能辅助系统综合监控平台后台系统，包括智能辅助系统综合监控平台、图像监视及安全警卫子系统、火灾自动报警及消防子系统、环境监测子系统；全站配置 1 台独立的智能辅助系统综合监控平台后台主机，含后台服务器、液晶显示器、灯光控制单元、网桥、电源。

（3）图像监视及安全警卫子系统。图像安全监视系统由图像采集设备、图像数据传输设备、视频合成设备、视频服务器、防盗探测设备等构成。图像采集设备包括摄像机和云台解码器，安装在变电站的 110kV 配电装置区、主变压器、35kV 及 10kV 配电室、继电器室及变电站大门等部位；视频服务器安装在主控楼二次设备室内。具体配置原则见表 9-2。

表 9-2　　　　　　　　　　　　视频安全监视系统配置原则

序　号	安　装　地　点	摄　像　头　类　型
1	主变压器	室外快球
2	110kV 设备区	室外快球
3	35、10kV 设备区	一体化摄像机
4	10kV 电容器区	一体化摄像机
5	二次设备间（含通信设备）	一体化摄像机
6	一楼门厅	一体化摄像机
7	全景	室外快球
8	红外对射装置或电子围栏	
9	门禁装置	

图像监视及安全警卫系统预留可以接入省电力公司的办公信息网的功能和接口配置，采用具有开放视频解码协议包的 SDK 协议与应急指挥中心主站通信，传输视频和报警信号，并对现场设备进行控制，要求通道带宽不小于 4M。

（4）火灾自动报警子系统。配置智能型火灾自动报警装置 1 套。

火灾自动报警系统设备包括火灾报警控制器、探测器、控制模块、信号模块、手动报警按钮等。

火灾探测区域划分：GIS 配电装置区及楼道、继电器室、主变压器、电容电抗室、35kV 及 10kV 配电室等。

火灾报警控制器采用 DL/T 860 或 IEC 61850 通信标准与计算机监控系统后台通信，具备实现对采暖、通风系统的闭锁以及与图像监视系统的联动功能。

（5）环境监测子系统。配置环境数据处理单元 1 台，温湿度传感器、风速传感器、水浸探头。

7. 高级应用功能

（1）在变电站监控系统上安装 1 套智能告警及事故信息综合分析决策系统，对信号进行分类显示处理，提取故障报警信息，辅助故障判断及处理。此系统的推出大大提高了变电站安全运行的可靠性，满足了变电站的实际需求，减轻了运行人员的工作量。

（2）在站内配置无功电压分析控制系统，综合利用变压器有载调压、无功补偿设备自动调节等手段，通过智能变电站先进的通信手段采集多方数据，监视电网的无功状态，运用先进的数学模型、信息模型，从基于电网的角度对广域分散的电网无功装置进行协调优化控制，达到系统安全经济运行和优化控制的目的。

（3）对信息进行合理的分类，实现信息的分层控制，使相关运行职能部门在日常和事故情况下有层次、分优先级获取到所需要的信息。

（4）设备状态监测与状态检修系统是一个多层结构的软硬件结合的综合应用系统。状态检修系统应围绕国家电网公司设备状态检修辅助决策系统进行建设，并结合电网的运行方式和检修计划，合理进行故障设备的检修管理。

▶ 9.2　虹桥 220kV 智能变电站工程改造实例

虹桥变电站是 1 座 220kV 有人值守变电站，始建于 1994 年。2005 年以后分别进行了主变压器增容、断路器无油化改造、对 220kV 系统的改扩建以及 10kV 开关柜的更换。现运行 2 台 180MVA 主变压器，220kV 为双母接线，进出线 6 回，110kV 为双母带旁母接线，进出线 8 回，10kV 为单母分段接线，出线 10 回，10kV 设备初步实现综合自动化。虹桥变电站一次接线图如图 9-4 所示（见文后插页）。

2010 年，虹桥变电站进行了智能化改造，改造后的虹桥变电站具有设备信息化、功能集成化、结构紧凑化和状态可视化等特点，站内高压设备在线监测系统数据接入华北网输变电设备状态监测系统；信息一体化平台接入唐山调控一体化系统，实现顺序控制、智能告警及故障信息综合分析决策、设备状态可视化、经济运行与优化控制和源端维护等高级功能。

9.2.1　智能化改造项目

1. 一次系统改造

在主变压器、电流互感器、断路器、母线避雷器、高压避雷器等高压设备上安装状态监测装置，配置智能组件并接入状态监测系统，采用 IEC 61850 通信规约将高压设备运行状态上传至信息一体化平台，实现设备状态可视化及自诊断。

2. 二次系统改造

（1）继电保护设备智能化改造。对于虹桥站实际情况，继电保护设备智能化改造是指对不支持 IEC 61850 通信规约的设备硬件进行更换，同时对通信规约为 103 的保护装置进行改造，将所有保护装置装入监控系统一体化平台，建立完善的智能告警及分析决策系统和故障信息综合分析系统，再通过调度数据网和调度端调控一体化系统和继电保护主站相连，实现所有保护软压板远方投退和定值区切换、保护动作报告的远方调取、远端复归报警信号等功能。

（2）故障录波器智能化改造。更换故障录波器管理机和采集板，故障录波主站系统和故障录波器采用 IEC 61850 通信规约。改造后的故障录波器一方面通过故障录波专网与故录主站通信并实现 WEB 发布；另一方面，通过以太网口和监控后台相连，为故障信息综合分析决策系统提供录波数据。

（3）测控功能智能化改造。虹桥站为 1996 年投运的非综合自动化站，通过改造，主控制室安装采用 IEC 61850 通信协议的测控装置，实现一、二次设备的数据采集与监控。

（4）计量系统智能化改造。TA/TV 与电能表是计量装置的重要组成部分。对计量系统智能化改造，采用高精度智能电能表，并集中组屏，采用终端通过 IEC 61850 通信规约与信息一体化平台通信，通过调度数据专网及专用电话通道将数据传输至电量系统主站，实现 WEB 发布。

（5）一体化电源改造。安装 1 套一体化电源代替原有的直流屏、站用电屏、UPS 屏，并对蓄电池进行增容改造，建立站用电源信息共享后台。成功实现全站交流、直流、UPS 电源统一管理，远方监测、分析和控制。

3. 辅助系统改造

建设智能附属设施管理系统。对站内视频、照明、门禁、安防、温控、消防等附属设施及局部气候条件实现全面、可视化监控和管理，为无人值班站建设提供软硬件支撑。

9.2.2 智能化改造方案

根据国家电网公司批复的 220kV 虹桥变电站智能化改造方案，虹桥变电站一次设备未变动。结合实际情况，220kV 虹桥变电站智能化改造后系统结构如图 9-5 所示。

互感器采用常规互感器，电缆连接，直采直跳模式。同时新增断路器、变压器、避雷器等在线监测智能组件，增加辅助系统。测控装置以及原有保护、录波等装置全部接入站控层网络与信息一体化平台互联，信息一体化平台与远方调度或其他部门连接。按变电站源维护的要求实现调度端图形模型自动生成。站控层为双网配置，网络采用星型结构。

1. 信息一体化平台

全站信息通过开放、标准的接口，进行统一建模，建立信息统一的存取平台，提供高效、稳定的信息一体化平台。该平台独立于目前的监控系统，其实施不影响站内设备的运行和控制。信息一体化平台要完成站中 SCADA 数据、电能量数据、故障录波数据、保护信息数据、无功控制数据、一次设备在线监测数据和智能辅助系统数据等各子系统的集成工作，并以一体化平台为基础构建各类高级应用，为变电站智能化和站内信息数据的深化应用提供信息平台支持。参考 IEC 61850 抽象通信服务接口 ASCI 和 PIOPC 接口实现对外数据的发布，为高级应用和远方监控中心提供数据。虹桥变电站信息一体化平台主界面如图 9-6 所示。

2. 高级应用

虹桥变电站改造方案中，重点对一键式顺控、智能告警、故障综合分析、远方投退软压板、状态估计等高级应用功能进行研究和探索，并将相关功能嵌入到信息一体化平台中，高级应用程序界面如图 9-7 所示。

（1）一键式顺序控制。通过对顺控的操作内容进行标准化建模，使得顺控达到规范统一，建立一个大部分厂家都可以接受的通用程控模型，规范各厂家与调度交互的通信过程、通信协议以及通信内容，使调度无差异的接受和处理程序化控制。程控每步执行的实际结

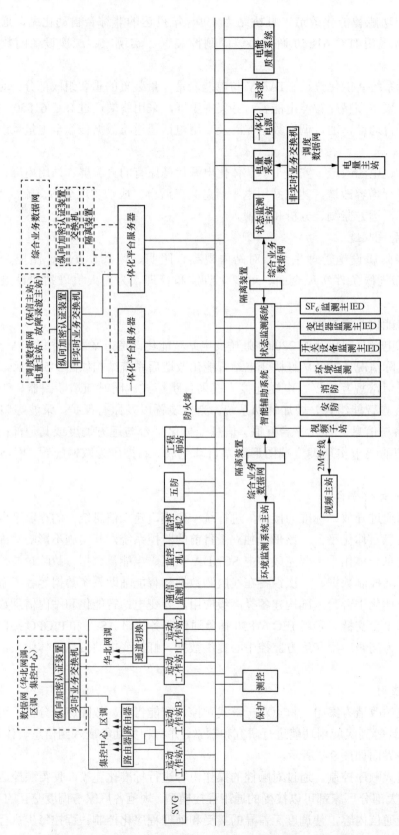

图 9-5　220kV 虹桥变电站智能化改造后系统结构

果经过视频互动最直接的方式反馈至调度端。对程序化控制执行的操作都是一个复杂的执行序列，这些序列可以由几个单个的程控过程组成。程序化控制应该具备合并多个典型程控、一次执行多个程控的功能。顺控不仅可以完成对断路器、隔离开关等一次设备可控，而且在执行步骤中应加入对保护软压板的控制操作。

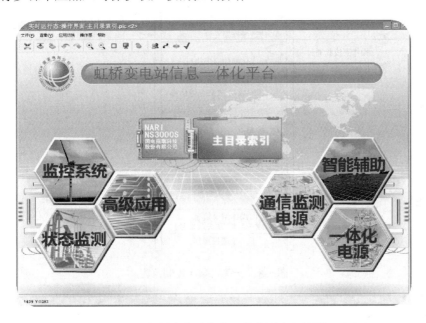

图 9-6　虹桥变电站信息一体化平台主界面

图 9-7　信息一体化平台高级应用程序界面

　　支持单步执行方式，对流程可以进行加锁、解锁，支持流程执行异常陷阱处理。编译程控流程后，下载至逻辑单元装置执行，可使控制正确、高效执行。基于调度端的顺控操作，调度端将顺控指令发至站控端，通过五防后进行顺控操作。具体一键式顺序控制流程如图 9-8 所示。

　　（2）智能告警与故障综合分析。通过研究智能告警系统与人机界面的集成方式，开发出智能告警人机显示界面，有效实现信息分层的理念。基于信息一体化平台开发故障信息综合分析软件，提供故障诊断和定位，如图 9-9 所示。设备动作情况的监视和评判等故障分析功能，提出可行的故障信息综合分析方案。

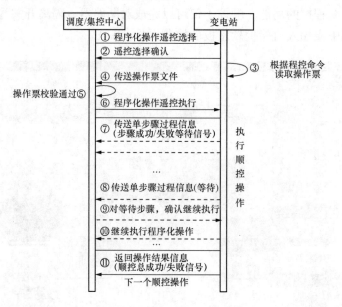

图 9-8　一键式顺序控制流程

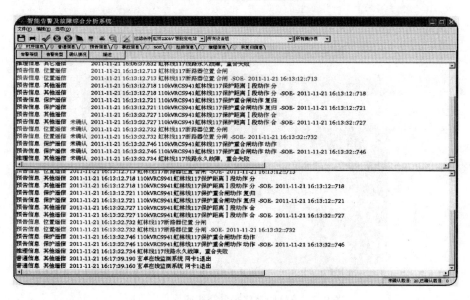

图 9-9　智能告警界面

（3）远方投退压板。通过 IEC 61850 标准，在平台服务器内部建立保护装置软压板的相应映射关系，并与实际压板相关联，实现保护软压板的远程化操作。

3. 一次设备智能化

一次设备智能化主要内容是二次系统网络化和标准化以及配置在线监测系统。在线监测系统由现场监测终端、功能 IED 及在线监测中心等组成，完成对设备各种参数的采集、传输、计算、分析、决策等功能。虹桥变电站一次设备智能化改造主要实现了变压器、容

图 9-10　变压器智能组件柜

性设备、避雷器、220/110kV 断路器、10kV 开关柜等的改造，具体智能设备理论可参考本书第 4 章相关内容。

（1）变压器智能化改造。在 220kV 变压器上安装了油色谱在线监测、局部放电在线监测、铁芯接地电流监测以及冷却控制等系统各 1 套，变压器各个监测 IED 就地安装于主变压器智能组件柜，包括变压器油色谱及微水监测 IED、变压器局放 IED、控制参量 IED 和风冷控制 IED 等。图 9-10 为变压器的智能汇控柜安装现场。

在线监测专家软件可以实现主变压器油温、局部放电、铁芯接地电流、油色谱分析结果及冷却器运行状态等参数信息的展示以及变压器运行状态的诊断，如图 9-11 所示。

图 9-11　主变压器在线监测信息

（2）容性设备智能化改造。变电站智能化改造就是将站内 126 组容性设备（电流互感器、电容式电压互感器等）安装带电监测装置。利用带电测试仪器和容性设备带电监测装置可以完成在设备运行情况下进行设备电容量以及介质损耗值的测试。通过对测试数据的分析可以判断设备的运行情况。

（3）避雷器智能化改造。虹桥变电站现有 220kV 避雷器 4 组、110kV 避雷器 4 组，均安装了避雷器在线监测装置，其将测量泄漏电流等数据发送给避雷器 IED，IED 计算得到避雷器运行条件下的全电流、阻性电流、容性电流以及雷击次数，监测软件能够评估避雷器健康状态并给出避雷器状态检修建议，如图 9-12 所示。

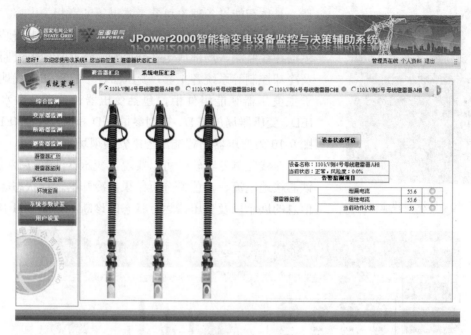

图 9-12　避雷器监测软件界面

（4）220/110kV 断路器智能化。虹桥变电站的 9 组 220kV 断路器全部为分相操作，14 组 110kV 断路器为三相一体操作。现场监测终端完成分/合闸线圈电流等信息的监测，并将上述数据上传至断路器 IED，其实现开关分/合闸电流、分/合闸时间、分/合闸速度、SF_6 气体压力、运行温度等信息计算，在线监测专家软件完成断路器状态的评估，如图 9-13 所示。

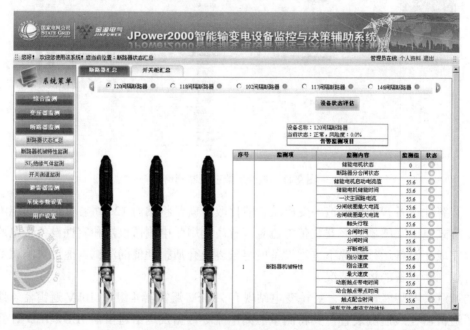

图 9-13　断路器监测软件界面

（5）10kV 开关柜智能化改造。10kV 开关柜智能化改造实现了开关柜内部母排温度的实时监测，温度监测装置通过无线方式将数据传输至开关柜测温 IED，在线监测专家软件完成开关柜状态的评估，如图 9-14 所示。

图 9-14　开关柜监测软件界面

（6）在线监测数据共享。虹桥变电站是国内首次按照国家电网公司标准接口协议 I2，实现站端高压设备在线监测数据接入网省公司级变电设备状态监测系统的变电站。将高压设备状态监测数据，通过站端监测平台按照标准传输协议接入华北电力科学研究院 CAG 中，如图 9-15 所示。

4. 计量系统智能化

采用智能电能表对全站计量屏柜、电能表及二次回路电缆进行更换；采用专用二次回路，对电流互感器计量回路的连接电缆进行更换；采用新型智能电量采集终端对关口电量采集系统及变电站电量采集终端进行更换。通过 IEC 61850 规约将电量采集终端采集的电能量数据传输至监控后台，同时通过网络通道传输至唐山供电公司地调主站。

5. 电能质量在线监测系统建设

变电站改造安装了电能质量监测设备，将电能质量监测设备接入已经运行的华北电网电能质量数字化分析平台。监测、记录和计算统计的电能质量主要指标有电压、电流 RMS、电流 THD、频率、电流不平衡度、闪变、电流谐波、间谐波、电流相角、有功、无功、视在功率、功率因数、波形系数、基波相位因数、峰值系数、过电压、欠电压、断电、电压暂降和短时中断等。

6. AVC 系统

实现了 AVC 与 SVG 设备协同进行站域电压、无功综合控制，充分利用 AVC 系统的区域化控制模式和 SVG 系统的线性化调节及反应迅速的特点，通过制定科学合理的控制策略，两套系统充分发挥各自优势，互相补充，不仅极大地提高了站域电压和无功的优化调节及控制效果，还有效地减少了设备调节次数，如图9-16所示。

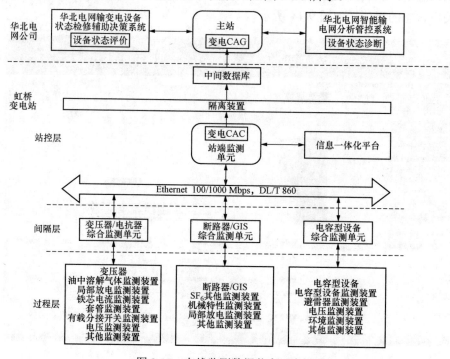

图9-15　在线监测数据共享示意图

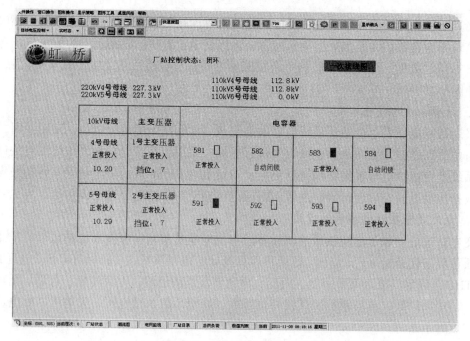

图9-16　AVC系统软件界面

7. 辅助系统智能化

对站内视频、照明、门禁、安防、消防等附属设施及局部气候条件实现全面可视化监控和管理,如图 9-17 所示。虹桥变电站还配置了变电站自动巡视机器人,配置了红外与可见光一体摄像机,充分发挥红外测温在发现设备缺陷方面的优势,实时监测设备发热情况,实现自动报警功能,提高了运行人员设备巡视能力和设备状态监测能力。

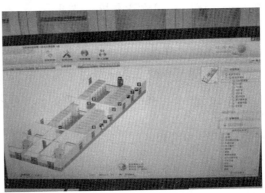

图 9-17 智能辅助系统软件界面

220kV 虹桥变电站智能化改造工程于 2011 年 10 月 30 日开始试运行。截至目前,智能化一、二次设备、智能辅助系统、信息一体化平台及相应的高级应用运行情况良好,显著提高了变电站的自动化、互动化程度,降低了运行人员工作强度。

9.3 洛川 750kV 智能变电站工程实例

9.3.1 工程概况

洛川 750kV 变电站于 2011 年 2 月 27 日晚 11 时 11 分投运成功。工程建设规模为:主变压器本期为 1×2100MVA,远期为 2×2100MVA。主变压器选用户外、单相、三绕组、自耦、无励磁调压、强迫油循环、油浸式智能变压器,设 1 台备用变压器。每台主变压器低压侧远期配置 3×120Mvar 低压并联电抗器、3×120Mvar 低压并联电容器组,本期在 1 号主变压器低压侧配置 3×120Mvar 低压并联电抗器,一次接线图如图 9-18 所示(见文后插页)。

750kV 电气主接线远期及本期均采用一个半断路器接线,远期出线 8 回,本期出线 2 回,远期共 5 串,本期按 1 个完整串、1 个不完整串配置,本期安装 5 台断路器。750kV 进出线回路出口不装设隔离开关。750kV 避雷器和电压互感器回路均不装设隔离开关。

330kV 电气主接线采用一个半断路器接线,远期出线 12 回,本期出线 4 回。远期共 7 串,本期按 2 个完整串和 1 个不完整串配置。本期安装 8 台断路器。330kV 进出线回路出口不装设隔离开关。330kV 避雷器和电压互感器回路均不装设隔离开关。

66kV 电气主接线采用单元式单母线接线,每台变压器低压侧各接一段 66kV 母线。主变压器 66kV 进线侧装设总断路器。本工程远期每台主变压器 66kV 侧需要安装 3×120Mvar 并联电容器,3×120Mvar 并联电抗器,1 台站用变压器。本期每台主变压器 66kV 侧需要安装 3×120Mvar 并联电抗器,1 台站用变压器。

无功补偿装置远期考虑在 750kV 出线至渭南的 1 回、榆横的 2 回、备用的 2 回均考虑装设 750kV 高压电抗器和中性点小电抗。本期在 750kV 渭南 1 出线上装设一组 300Mvar

高压并联电抗器及 1000Ω 中性点小电抗。

本站智能一次设备总体方案为：电力功能元件+智能组件。一次设备通过附加智能组件实现智能化，使一次设备不但可以根据运行的实际情况进行操作上的智能控制，同时还可根据在线监测和故障诊断的结果进行状态检修。

9.3.2 配置方案

1. 系统元件继电保护及安全自动装置

（1）750kV 线路保护。洛川至渭南东每回线路配置 2 套完全独立的分相电流差动保护。2 套保护通道采用复用 2M 光纤通道，1 套保护采用本线路的 OPGW，另外 1 套采用迂回的光纤通道。

洛川至渭南东每回线路配置 2 套过电压保护，将 2 套过电压保护分别布置在 2 套分相电流差动保护柜中，与光差保护共用通道。

（2）330kV 线路保护。洛川 750kV 变电站至黄陵双回线、洛川 330kV 变电站双回线，每回线路配置 2 套完全独立的分相电流差动保护，2 套保护通道采用复用 2M 光纤通道。

洛川 750kV 变电站至黄陵双回线、洛川 330kV 变电站双回线，每回线路配置 2 套过电压保护，将 2 套过电压保护分别布置在 2 套分相电流差动保护柜中，与光差保护共用通道。

（3）断路器保护。断路器保护按断路器双重化配置。

（4）母线保护。750、330kV 每条母线配置 2 套微机型快速母线保护，66kV 母线配置 1 套母差保护。

（5）元件保护。主变压器及高压并联电抗器的保护均配置双重化的主后一体化的电气量保护和 1 套非电量保护。保护装置通信接口均采用 IEC 61850 规约，支持采样值和 GOOSE 信息点对点及网络的交换方式。非电量保护由本体智能单元实现，就地下放布置。

主变压器保护双重化配置，非电量保护就地安装在变压器智能汇控柜中。

高抗保护双重化配置，非电量保护就地安装在高抗智能汇控柜中。

66kV 电抗器保护单套配置，本期 1 号站用工作变压器和站用备用变压器单套配置，380V 站用分支备自投均由站用一体化系统实现。

2. 电子式互感器配置方案

750kV 部分、330kV 完整串和 66kV 采用基于 Rogowski 线圈原理的有源电子式电流互感器，330kV 不完整串采用无源光纤型电子式电流互感器，全站采用电容分压技术的有源电子式电压互感器。

3. 保护系统

（1）保护配置。对 750、330kV 间隔，以及保护有双重化要求的间隔，智能单元按间隔双重化配置。智能单元就地布置于智能汇控柜内。66kV 除主变压器间隔采用双重化配置外，其余间隔均采用单重化配置。750、330kV 及 66kV 母线设备智能单元均采用单重化配置。

对 750、330kV 间隔，合并单元采用双重化配置。合并单元布置于保护柜内。对于 66kV 间隔，除了主变压器进线合并单元采用双重化配置外，其余间隔均采用单套配置。

主变压器设置 1 套微机故障录波器，750、330kV 各配置 2 套故障录波器。全站设置 1 套保护及故障信息管理系统。该系统与保护装置之间不直接进行通信，保护信息通过监控系统采集后，实现信息共享。故障录波装置独立组网，将信息直接接入保护及故障信息管理系统。

（2）信息传输方式。根据保护应满足直采直跳的要求，全站保护用采样值采用点对点传输方式，通信规约采用 IEC 60044-8；保护跳闸采用点对点直跳方式，保护信息交互、开关量信息采用 GOOSE 网络传输方式，通信规约采用 IEC 61850-8-1。

GOOSE 按电压等级分成 750kV GOOSE 网、330kV GOOSE 网。双重化配置的保护和智能单元分别接在不同的 GOOSE 网段上。

测控、PMU、计量采样值采用 SV 网络方式，通信规约采用 IEC 61850-9-2。SMV 按电压等级分成 750kV SMV 网、330kV SMV 网。测控、PMU 接在 SMV1 网段上，计量接在 SMV2 网段上。

智能单元的控制回路和操动机构接口采用强电一对一接线。各间隔智能单元保留主要回路应急手动操作跳、合手段，并应相互独立、互不影响，功能上不依靠智能监控系统。

（3）交换机配置。750kV GOOSE 网络交换机按串配置，每串冗余配置 24 光口交换机 2 台。330kV 按串配置交换机，每串冗余配置 24 光口交换机 2 台。750、330kV 母线按母线单元冗余配置 24 光口交换机 2 台。

750kV SMV 网络交换机按串配置，每串冗余配置 16 光口交换机 2 台。330kV 按串配置交换机，每串冗余配置 16 光口交换机 2 台。750、330kV 各配置 1 台 16 光口 SMV 中心交换机 1 台。

4. 调度自动化

本工程本期全部采用具有数字接口的电子式电能表、数字式 PMU 装置。洛川 750kV 变电站属于西北网调和陕西省调直调，设备的运行检修管理工作由超高压运行公司负责。

5. 在线监测系统

洛川 750kV 智能变电站电气一次设备智能化与常规站相比采用了大量的在线监测设备。主要被监测的一次设备有 750kV 变压器及高抗、750kV SF$_6$ 断路器和全站避雷器。

（1）变压器及高抗在线监测。750kV 3 台分相变压器，电抗器 9 台分相安装变压器油色谱在线监测、特高频局部放电在线监测、油位测量、气体继电器聚集量监测、铁芯电流监测等装置。

（2）断路器在线监测。750kV 27 台分相断路器安装了 SF$_6$ 气体监测、机械特性在线监测等装置。

（3）避雷器在线监测。750kV 避雷器及 330kV 避雷器在线监测系统共 60 台全部安装了避雷器在线监测装置。

根据国家电网公司《智能变电站技术导则》和《高压设备智能化技术导则》技术要求，全站统一了状态监测装置数据采集和诊断分析平台，采用 MDS4000 在线监测系统，主要对主变压器、电抗器、750kV 断路器和全避雷器等高压电气设备进行全面监测，分析诊断各监测参数，进行故障定位、故障预警、远程监测。实现各监测量由"单项诊断"向"综合诊断"的转变，多参量的在线监测系统的应用，实现大规模一次设备的状态检修，为减少定期检修和停电次数提供了保证。防止高压电气设备事故的发生。

6. 智能辅助系统

洛川 750kV 智能变电站配置一套智能辅助系统，该系统实现了站内图像监视系统与火灾自动报警系统的联动功能，实现了火灾自动报警系统与暖通系统的联动功能，从而实现全站的安全、防火、防盗功能。

7. 高级应用功能

洛川 750kV 智能变电站全站设置统一的信息一体化平台，实现全站信息的数据交互功能，在此基础上实现了顺控操作、源端维护、设备状态可视化、智能告警、继电保护信息综合监视及分析、经济运行及优化控制、状态检修辅助决策系统等共 7 项高级应用功能。

洛川 750kV 智能变电站于 2009 年 4 月 10 日开工建设，于 2011 年 2 月 27 日建成投产，成为世界上目前运行电压等级最高的智能变电站。

附录 A　国内智能变电站技术规范与标准

编　号	名　称
Q/GDW 383	智能变电站技术导则
Q/GDW 393	110（66）～220kV 智能变电站设计规范
Q/GDW 394	330kV～750kV 智能变电站设计规范
Q/GDW 414	变电站智能化改造技术规范
Q/GDW 580	变电站智能化改造工程验收规范
Q/GDW 640	110（66）kV 变电站智能化改造工程标准化设计规范
Q/GDW 641	220kV 变电站智能化改造工程标准化设计规范
Q/GDW 642	330kV～750kV 变电站智能化改造工程标准化设计规范
Q/GDW 679	智能变电站一体化监控系统建设技术规范
GB/T 26862	电力系统同步相量测量装置检测规范
DL/T 1101	35kV～110kV 变电站自动化系统验收规范
DL/T 5149	220kV～500kV 变电所计算机监控系统设计技术规程
DL/T 5202	电能量计量系统设计技术规程
Q/GDW 214	变电站计算机监控系统现场验收管理规程
Q/GDW 431	智能变电站自动化系统现场调试导则
Q/GDW 539	变电设备在线监测系统安装验收规范
Q/GDW 540.1	变电设备在线监测装置检验规范　第 1 部分：通用检验规范
Q/GDW 540.2	变电设备在线监测装置检验规范　第 2 部分：变压器油中溶解气体在线监测装置
Q/GDW 540.3	变电设备在线监测装置检验规范　第 3 部分：电容型设备及金属氧化物避雷器绝缘在线监测装置
Q/GDW 549	变电站监控系统微机型试验装置技术条件
DL/T 448	电能计量装置技术管理规程
DL/T 587	微机继电保护装置运行管理规程
DL/T 623	电力系统继电保护及安全自动装置运行评价规程
Q/GDW 395	电力系统继电保护及安全自动装置运行评价规程
Q/GDW 422	国家电网继电保护整定计算技术规范
Q/GDW 538	变电设备在线监测系统运行管理规范
GB/T 14285	继电保护和安全自动装置技术规程
DL/T 448	电能计量装置技术管理规程
DL/T 478	继电保护和安全自动装置通用技术条件
DL/T 860	变电站通信网络和系统
DL/T 995	继电保护和电网安全自动装置检验规程

续表

编　号	名　称
DL/T 1146	DL/T 860 实施技术规范
DL/T 5149	220kV～500kV 变电所计算机监控系统设计技术规程
DL/T 5202	电能量计量系统设计技术规程
Q/GDW 273	继电保护故障信息处理系统技术规范
Q/GDW 396	IEC 61850 工程继电保护应用模型
Q/GDW 441	智能变电站继电保护技术规范
Q/GDW 616	基于 DL/T 860 标准的变电设备在线监测装置应用规范
Q/GDW 678	智能变电站一体化监控系统功能规范
GB/T 20840.7	互感器 第 7 部分：电子式电压互感器
GB/T 20840.8	互感器 第 8 部分：电子式电流互感器
Q/GDW Z 410	高压设备智能化技术导则
Q/GDW 424	电子式电流互感器技术规范
Q/GDW 425	电子式电压互感器技术规范
Q/GDW 426	智能变电站合并单元技术规范
Q/GDW 427	智能变电站测控单元技术规范
Q/GDW 428	智能变电站智能终端技术规范
Q/GDW 429	智能变电站网络交换机技术规范
Q/GDW 430	智能变电站智能控制柜技术规范
Q/GDW 534	变电设备在线监测系统技术导则
Q/GDW 535	变电设备在线监测装置通用技术规范
Q/GDW 536	变压器油中溶解气体在线监测装置技术规范
Q/GDW 537	电容型设备及金属氧化物避雷器绝缘在线监测装置技术规范
GB/T 22386	电力系统暂态数据交换通用格式
Q/GDW 215	电力系统数据标记语言—E 语言规范
Q/GDW 622	电力系统简单服务接口规范
Q/GDW 623	电力系统动态消息编码规范
Q/GDW 624	电力系统图形描述规范

附录 B　IEC 61850　标　准

标　准	应　用　领　域
IEC 61850-90-1	应用 IEC 61850 进行变电站间通信
IEC 61850-90-2	应用 IEC 61850 进行变电站和控制中心通信
IEC 61850-90-3	在状态监测领域应用 IEC 61850
IEC 61850-90-4	变电站网络工程指南
IEC 61850-90-5	根据 IEEE C37.118 应用 IEC 61850 传输同步相量信息
IEC 61850-90-6	在配电自动化领域应用 IEC 61850
IEC 61850-90-7	光伏、储能和其他 DER 逆变器的 IEC 61850 对象模型
IEC 61850-90-8	电动车辆的 IEC 61850 对象模型
IEC 61850-90-9	电池储能设备的 IEC 61850 对象模型
IEC 61850-90-10	计划建模（Modeling of schedules）
IEC 61850-90-11	基于 IEC 61850 应用的逻辑建模的方法论
IEC 61850-90-12	广域网络工程指南
IEC 61850-7-5	应用逻辑节点对各类应用进行建模—通用原则
IEC 61850-7-500	应用逻辑节点对变电站的应用进行建模的相关概念和指南
IEC 61850-7-510	水电厂建模概念和指南
IEC 61850-7-520	分布式能源建模概念和指南

参 考 文 献

[1] 刘振亚等. 国家电网公司输变电工程通用设计—110（66）～750kV 智能变电站部分 [M]. 北京：中国电力出版社，2011.

[2] 黄新波等. 变电设备在线监测与故障诊断 [M]. 北京：中国电力出版社，2010.

[3] 申屠刚. 智能化变电站架构及标准化信息平台研究 [D]. 浙江：浙江大学，2010.

[4] 田成凤. 智能变电站相关技术研究及应用 [D]. 天津：天津大学，2010.

[5] 陈文升，钱唯克，楼晓东. 智能变电站实现方式研究及展望 [J]. 华东电力，2010，38（10）：1570-1573.

[6] 司卫国. 智能变电站若干关键技术研究与工程应用 [D]. 上海：上海大学，2009.

[7] 李梦超，王允平，李献伟，等. 智能变电站技术及特点分析 [J]. 电力系统保护与控制，2010，38（18）：59-62.

[8] 中国电力企业联合会科技服务中心. 2009 年全国输变电设备状态检修技术交流研讨会论文集 [C]，西安，2009.

[9] 中国电力企业联合会科技服务中心. 2007 年全国输变电设备状态检修技术交流研讨会论文集 [C]，海口，2007.

[10] 卓乐友. 电力工程电气设计手册 [M]. 北京：中国电力出版社.

[11] 焦东升，陆冬良，应俊豪，等. 动态电能质量实时监测系统的设计与实现 [J]. 电网技术，2011，35（5）：110-113.

[12] 马永强，周林，武剑，等. 基于 LabVIEW 的新型电能质量实时监测系统 [J]. 电测与仪表，2009，46（519）：40-44.

[13] 王和生，郁志良. 数字化变电站中故障录波装置的应用 [J]. 华东电力，2011，39（4）：663-664.

[14] 束洪春，邬乾晋，张广斌，等. 基于神经网络的单端行波故障测距方法 [J]. 中国电机工程学报，2011，31（4）：85-91.

[15] 刘雪飞，刘国亮. 关于变电站五防闭锁装置的探讨 [J]. 电力系统保护与控制，2008，36（19）：77-79.

[16] 唐成虹，宋斌，胡国，等. 基于 IEC 61850 标准的新型变电站防误系统 [J]. 电力系统自动化，2009，33（5）：96-99.

[17] 黄少雄，李端超. 智能变电站中五防的设计与实现 [J]. 华东电力，2011，39（5）：760-762.

[18] 朱德恒，严璋，谈克熊，等. 电气设备状态监测与故障诊断技术 [M]. 北京：中国电力出版社，2009.

[19] 杨启平，薛五德. 电力变压器的状态维修与在线监测 [J]. 上海电力学院学报，2008，24（3）：254-258.

[20] 韩月，耿宝宏，高强. 智能变电站变电设备在线监测系统研究 [J]. 东北电力技术，2011，（1），17-20.

[21] 黄官宝，黄新波. 开关柜智能监测指示仪的设计 [C]. 2009 年全国输变电设备状态检修技术交流研讨会论文集，2009.

[22] 黄新波，张海军. 绝缘子泄漏电流在线监测系统的设计与实现 [C]. 中国国际供电会议，2006.

[23] 黄新波，程荣贵，等. 绝缘子泄漏电流在线监测系统的联网方案与实施 [J]. 广东电力，2007，4：65-67.

[24] 李小博，黄新波，等. 基于 ZigBee 网络的智能变电站设备温度综合监测系统 [J]. 高压电器 2011，

47（8）：18-23.

[25] 强建军，黄新波，等．基于 GPRS 网络的金属氧化物避雷器在线监测系统设计 [J]．电瓷避雷器 2009，12：40-44.

[26] 田毅，黄新波．高压开关柜温升在线监测系统 [J]．高压电器，2010，3：64-69.

[27] 刘伟，黄新波．电容型高压设备介损在线监测系统的现场采集单元设计 [J]．计算机测量与控制，2010，18：233-238.

[28] 黄新波，罗兵，等．用灰关联法分析气象因素对 MOA 在线监测的影响 [J]．高电压技术，2010，6：1468-1475.

[29] 黄新波，章云，等．变电站容性设备介损在线监测系统设计 [J]．高电压技术，2008，8：1594-1599.

[30] Xinbo Huang，Biao Huang，et al. Design of Compositive on-line monitoring and fault diagnosis system for High-voltage Switch Cabinet. The 2nd International Conference on Electrical and Control Engineering（ICECE2011）.

[31] Xinbo Huang，Yong Wang，et al. Intelligent design of insulation Tester. The 2nd International Conference on Electrical and Control Engineering（ICECE2011）.

[32] Huang Xinbo，He Xia. Design of an On-line Monitoring System of Mechanical Characteristics of High Voltage Circuit Breakers. The 2nd International Conference on Electronics，Communications and Control.

[33] 黄新波，王霄宽．智能变电站断路器状态监测 IED 的设计 [J]．电力系统自动化．2012.

[34] 黄新波，方寿贤．基于互联网的智能高压开关柜设计 [J]．电力自动化设备．2012.

[35] 王红亮，黄新波，等．智能变电站电容型设备介质损耗在线监测 IED 设计 [J]．高压电器．2012，48（1）：1-6.

[36] 田丽平．电子式互感器 IED 的软硬件设计与实现 [D]．南昌：华东交通大学，2008.

[37] 成凤．变电站智能电子设备通信和人机交互设计 [D]．北京：北京交通大学，2007.

[38] 殷志良，刘万顺，等．一种遵循 IEC 61850 标准的合并单元同步的实现新方法 [J]．电力系统自动化，2004，28（11）：57-61.

[39] 姚静．基于 FPGA 的光电互感器合并单元的方案设计及实现 [D]．南京：东南大学，2010.

[40] 张永宜，郗珂庆．基于线性霍尔器件的位置解码方法 [J]，电子科技，2008，21（8）：9-10.

[41] 周斌，黄国方，王耀鑫，等．在变电站智能设备中实现 B 码对时 [J]．电力自动化设备，2005，25（9）：86-87.

[42] 刘慧源，郝后堂，李延新，等．数字化变电站同步方案分析 [J]．电力系统自动化，2009，33（3）：55-57.

[43] 汪祺航．数字化变电站高精度时钟同步技术的研究 [D]．南京：东南大学，2010.

[44] 张永宜，段志宏．基于专家知识库的电力变压器故障诊断系统 [J]．西安工程大学学报，2011，25（4）：547-550.

[45] 张洪源．基于 IEEE 1588 的数字化变电站时钟同步技术的应用研究 [D]．成都：西南交通大学，2010.

[46] 郭昆丽，宋玲芳．基于无功裕度定位的配电网络无功优化规划 [J]．陕西科技大学学报，2009，27（1）：146-149.

[47] 冯军．智能变电站原理及测试技术 [M]．北京：中国电力出版社，2011.

[48] 葛维春，王芝茗，等．一、二次设备状态监测信息融合及在 PMS 建设中的应用 [J]．电力系统保

护与控制，2011，39（21）：150-154.

［49］张金江，郭创新等. 变电站设备状态监测系统及其 IEC 模型协调［J］. 电力系统自动化，2009，33（20）：67-72.

［50］周水斌，田志国，等. 满足 IEC 61850 要求的站用时钟服务器［J］. 电力系统保护与控制，2010，38（7）：56-58.

［51］任雁铭，秦立军，杨奇逊. IEC 61850 通信协议体系介绍和分析［J］. 电力系统自动化. 2000，24（8）：62-64.

［52］吴在军，胡敏强. 变电站通信网络和系统协议 IEC 61850 标准介绍［J］. 电力自动化设备，2002，22（11）：70-72.

［53］孙丹，施玉祥，梁志成. IEC 61850 一致性测试研究及实验室实现［J］. 江苏电机工程，2007，26（8）：66-69.

［54］郑永康，刘明忠，等. 使用 KEMA 测试工具开展 IEC 61850 一致性测试［J］. 四川电力技术，2011，34（2）：18-20.

［55］许克崃，童晓阳，等. 基于 IEC 61850 的变电站通信网络结构选型及对设备设计影响的分析［J］. 电气应用，2009，28（17）：50-54.

［56］罗理鉴. 智能变电站一次设备智能化的研究［D］. 河北：华北电力大学，2011.

［57］王宁，张可畏，等. 智能 GIS 及其发展现状［J］. 高压电器，2004，（2）：139-141.

［58］张冠军，黄新波，赵文彬. 智能化电力变压器的概念与实现［J］. 高科技与产业化，2009，7：86-90

［59］Liu Jiansheng，Feng Da，Zhang Fan. A Novel Method for Remote On-line Temperature Detection of Substation High-voltage Contacts. Automation of Electric Power Systems，2004，28（4）：54-57.

［60］宁炳武. ZigBee 网络组网研究与实现［D］. 大连：大连理工大学，2007.

［61］范舜. 高压开关设备状态监测与诊断技术［M］. 北京：机械工业出版社，2001.

［62］黄新波. 输电线路在线监测与故障诊断［M］. 北京：中国电力出版社，2008.

［63］徐庆贺. 监控视频流分析的关键技术研究及应用［D］. 上海：上海交通大学，2008.

［64］张金凤，杨森，郑连清. 模式识别在变电站遥视系统中的应用研究概述［J］. 电气应用，2007，26（12）：50-53.

［65］孙凤杰，崔维新，张晋保，等. 远程数字视频监控与图像识别技术在电力系统中的应用［J］. 电网技术，2005，29（5）：81-84.

［66］周立群. 变电站远程视频监控系统研究［D］. 武汉：武汉理工大学，2009.

［67］冯玲涛，赖映军，孙宗罡. 视频监控系统在电力调度中的应用. 煤矿现代化，2009（3）：56-59.

［68］刘志祥，娄坚鑫，郑清风，等. 变电站视频监控系统中行为识别功能设计与实现［J］. 电力系统自动化，2010，34（22）：117-119.

［69］韩兴平，王飞，许自纲. 数字视频监控技术在电力系统中的应用［J］. 电力科学与工程，2008，24（9）：55-58.

［70］王越. 基于 PDA 的变电站实时巡检系统在成都双流机场的应用研究［D］. 重庆：重庆大学，2008.

［71］鲁守银，钱庆林，张斌，等. 变电站设备巡检机器人的研制［J］. 电力系统自动化，2006，30（13），94-98.

［72］曹景玉. 10kV 线路电压无功补偿装置的研制［D］. 济南：山东大学，2006.

[73] 吴伟东. 变电站电压无功控制装置研究 [D]. 南宁：广西大学，2005.

[74] 刘鹏. 基于 DSPIC30F6014 的备用电源自动投入装置设计 [D]. 太原：太原理工大学，2011.

[75] 肖波. 智能备用电源自动投入装置的研究 [D]. 西安：西安理工大学，2008.

[76] 胡跃辉. 基于 DSP 的主变压器冷却系统控制装置的研究与设计 [D]. 长沙：湖南大学，2008.

[77] 职迎安，马瑜. 变压器冷却器新型智能控制柜的研制 [J]. 变压器，2007，9（44）：33-34.

[78] 樊陈. 基于 IEC 61850 标准的变电站 IED 配置研究 [D]. 成都：西南交通大学. 2007.

[79] 韩法玲，黄润长. 基于 IEC 61850 标准的 IED 建模分析 [J]. 电力系统保护与控制，2010，38（19）：219-222.

[80] 王洪炼. 基于 IEC 61850 的 IED 配置器设计与实现 [D]. 成都：西南交通大学，2008.

[81] 陈伟根，赵涛. 改进的变压器绕组热点温度估算方法 [J]. 高压电器，2009，45：53-56.

[82] 国家电网公司智能变电站技术培训班，2011.

[83] 黄文龙，程华，梅峰，等. 变电站五防一体化在线监控系统的设计与实现 [J]. 电力系统保护与控制，2009，37（27）：112-114.

[84] 杨海晶，张东英，吴琼. 电力系统柔性 SCADA 框架设计及功能分析 [J]. 电网技术，2006，30（15）：36-38.

[85] 刘成印，高峰，马金平，等. 一体化的变电站电源系统 [J]. 电力自动化设备，2010，30（9）：111-112.

[86] 蒋宏图，袁越，杨昕霖. 智能变电站信息一体化平台的设计 [J]. 电力自动化设备，2011，31（8）：131-133.